합격비법

https://rangssem.com

cafe.naver.com/rangssem

교재 인증

※ 위 교재 인증란에 네이버 카페 아이디를 적고 등업 신청 시 첨부하면
랑쌤에듀 카페에서 무료 학습자료를 다운 받을 수 있습니다.

랑쌤에듀 네이버 카페

Contents
차례

- **10년도** .... P. 12
    01. 산업안전기사 실기 10년 1회차
    02. 산업안전기사 실기 10년 2회차
    03. 산업안전기사 실기 10년 3회차

- **11년도** .... P. 30
    01. 산업안전기사 실기 11년 1회차
    02. 산업안전기사 실기 11년 2회차
    03. 산업안전기사 실기 11년 3회차

- **12년도** .... P. 48
    01. 산업안전기사 실기 12년 1회차
    02. 산업안전기사 실기 12년 2회차
    03. 산업안전기사 실기 12년 3회차

- **13년도** .... P. 66
    01. 산업안전기사 실기 13년 1회차
    02. 산업안전기사 실기 13년 2회차
    03. 산업안전기사 실기 13년 3회차

- **14년도** .... P. 82
    01. 산업안전기사 실기 14년 1회차
    02. 산업안전기사 실기 14년 2회차
    03. 산업안전기사 실기 14년 3회차

- **15년도** .... P. 98
    01. 산업안전기사 실기 15년 1회차
    02. 산업안전기사 실기 15년 2회차
    03. 산업안전기사 실기 15년 3회차

- **16년도** .... P. 116
    01. 산업안전기사 실기 16년 1회차
    02. 산업안전기사 실기 16년 2회차
    03. 산업안전기사 실기 16년 3회차

- **17년도** .... P. 132
    01. 산업안전기사 실기 17년 1회차
    02. 산업안전기사 실기 17년 2회차
    03. 산업안전기사 실기 17년 3회차

- **18년도** .... P. 144
    01. 산업안전기사 실기 18년 1회차
    02. 산업안전기사 실기 18년 2회차
    03. 산업안전기사 실기 18년 3회차

- **19년도** .... P. 168
    01. 산업안전기사 실기 19년 1회차
    02. 산업안전기사 실기 19년 2회차
    03. 산업안전기사 실기 19년 3회차

- **20년도** .... P. 184
    01. 산업안전기사 실기 20년 1회차
    02. 산업안전기사 실기 20년 2회차
    03. 산업안전기사 실기 20년 3회차
    04. 산업안전기사 실기 20년 4회차

- **21년도** .... P. 208
    01. 산업안전기사 실기 21년 1회차
    02. 산업안전기사 실기 21년 2회차
    03. 산업안전기사 실기 21년 3회차

- **22년도** .... P. 226
    01. 산업안전기사 실기 22년 1회차
    02. 산업안전기사 실기 22년 2회차
    03. 산업안전기사 실기 22년 3회차

- **23년도** .... P. 244
    01. 산업안전기사 실기 23년 1회차
    02. 산업안전기사 실기 23년 2회차
    03. 산업안전기사 실기 23년 3회차

- **24년도** .... P. 262
    01. 산업안전기사 실기 24년 1회차
    02. 산업안전기사 실기 24년 2회차
    03. 산업안전기사 실기 24년 3회차

- **2010년 ~ 2024년 작업형 기출문제(압축)** .... P. 280

시험 안내

직무 분야	안전관리	중직무 분야	안전관리	자격 종목	산업안전기사	적용 기간	2024.1.1.~2026.12.31.

○ 직무내용: 제조 및 서비스업 등 각 산업현장에 소속되어 산업재해 예방계획의 수립에 관한사항을 수행하며, 작업환경의 점검 및 개선에 관한 사항, 사고사례 분석 및 개선에 관한 사항, 근로자의 안전교육 및 훈련 등을 수행하는 직무이다.

실기검정방법	복합형	시험시간	2시간 30분 (필답형 1시간 30분, 작업형 1시간)

실기 과목명	주요항목	세부항목
산업안전관리 실무	1. 산업안전관리 계획수립	1. 산업안전계획 수립하기
		2. 산업재해예방계획 수립하기
		3. 안전보건관리규정 작성하기
		4. 산업안전관리 매뉴얼 개발하기
	2. 기계작업공정 특성 분석	1. 안전관리상 고려사항 결정하기
		2. 관련 공정 특성 분석하기
		3. 유사 공정 안전관리 사례 분석하기
		4. 기계 위험 안전조건 분석하기
	3. 산업재해 대응	1. 산업재해 처리 절차 수립하기
		2. 산업재해자 응급조치하기
		3. 산업재해원인 분석하기
		4. 산업재해 대책 수립하기
	4. 사업장 안전점검	1. 산업안전 점검계획 수립하기
		2. 산업안전 점검표 작성하기
		3. 산업안전 점검 실행하기
		4. 산업안전 점검 평가하기
	5. 기계안전시설 관리	1. 안전시설 관리 계획하기
		2. 안전시설 설치하기
		3. 안전시설 관리하기
	6. 산업안전 보호장비관리	1. 보호구 관리하기
		2. 안전장구 관리하기
	7. 정전기 위험관리	1. 정전기 발생방지 계획수립하기
		2. 정전기 위험요소 파악하기
		3. 정전기 위험요소 제거하기
	8. 전기 방폭 관리	1. 사고 예방 계획수립하기
		2. 전기 방폭 결함요소 파악하기
		3. 전기 방폭 결함요소 제거하기
	9. 전기작업안전관리	1. 전기작업 위험성 파악하기
		2. 정전작업 지원하기
		3. 활선작업 지원하기
		4. 충전전로 근접작업 안전지원하기

실기 과목명	주요항목	세부항목
	10. 화재·폭발·누출사고 예방	1. 화재·폭발·누출요소 파악하기
		2. 화재·폭발·누출 예방 계획수립하기
		3. 화재·폭발·누출 사고 예방활동 하기
	11. 화학물질 안전관리 실행	1. 유해·위험성 확인하기
		2. MSDS 활용하기
	12. 화공안전점검	1. 안전점검계획 수립하기
		2. 안전점검표 작성하기
		3. 안전점검 실행하기
		4. 안전점검 평가하기
	13. 건설공사 특성분석	1. 건설공사 특수성 분석하기
		2. 안전관리 고려사항 확인하기
		3. 관련 공사자료 활용하기
	14. 건설현장 안전시설 관리	1. 안전시설 관리 계획하기
		2. 안전시설 설치하기
		3. 안전시설 관리하기
		4. 안전시설 적용하기
	15. 건설공사 위험성평가	1. 건설공사 위험성평가 사전준비하기
		2. 건설공사 유해·위험요인파악하기
		3. 건설공사 위험성 결정하기
		4. 건설공사 위험성평가 보고서 작성하기
		5. 건설공사 위험성 감소대책 수립하기
		6. 건설공사 위험성 감소대책 타당성 검토하기

4주만에 합격하기!

산업안전기사 실기 최단기 정복 스터디플랜

	1일차	2일차	3일차
1주차	[필답형 기출문제 풀이] 10년 기출문제 풀이 11년 기출문제 풀이	12년 기출문제 풀이 13년 기출문제 풀이	14년 기출문제 풀이 15년 기출문제 풀이
	8일차	9일차	10일차
2주차	[필답형 기출문제 2회독] 10년 기출문제 회독 11년 기출문제 회독 12년 기출문제 회독	13년 기출문제 회독 14년 기출문제 회독 15년 기출문제 회독	16년 기출문제 회독 17년 기출문제 회독 18년 기출문제 회독
	15일차	16일차	17일차
3주차	18년 기출문제 회독 19년 기출문제 회독 20년 기출문제 회독 21년 기출문제 회독	22년 기출문제 회독 23년 기출문제 회독 24년 기출문제 회독	[작업형 기출문제 풀이] 1번 ~ 40번
	22일차	23일차	24일차
4주차	201번 ~ 240번	241번 ~ 256번	[작업형 기출문제 2회독] 1번 ~ 60번

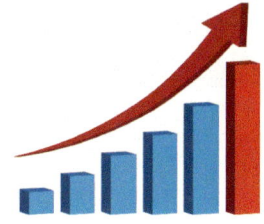

4일차	5일차	6일차	7일차
6년 기출문제 풀이 7년 기출문제 풀이	18년 기출문제 풀이 19년 기출문제 풀이	20년 기출문제 풀이 21년 기출문제 풀이	22년 기출문제 풀이 23년 기출문제 풀이 24년 기출문제 풀이
11일차	12일차	13일차 [필답형 기출문제 3회독]	14일차
9년 기출문제 회독 20년 기출문제 회독 21년 기출문제 회독	22년 기출문제 회독 23년 기출문제 회독 24년 기출문제 회독	10년 기출문제 회독 11년 기출문제 회독 12년 기출문제 회독 13년 기출문제 회독	14년 기출문제 회독 15년 기출문제 회독 16년 기출문제 회독 17년 기출문제 회독
18일차	19일차	20일차	21일차
1번 ~ 80번	81번 ~ 120번	121번 ~ 160번	161번 ~ 200번
25일차	26일차	27일차	28일차
61번 ~ 120번	121번 ~ 180번	181번 ~ 240번	241번 ~ 256번 까지 회독 후 총 정리

이 책의 특징

합격비법 시리즈는 다년간의 국가기술 자격증 수험서적의 제작 노하우를 모두 담은 교재로 모든 수험생 여러분의 합격을 위한 교재입니다. 비전공자, 직장인 등 쉽지 않은 공부 환경에 있는 수험생들도 쉽고 빠르게 공부할 수 있는 구성으로 지금까지 많은 합격자를 배출한 교재입니다.

"산업안전기사"는 산업안전보건법 등의 법령을 암기하여 문제를 푸는 과목입니다. 이 법령들은 계속해서 개정이 되기 때문에 최근에 개정된 법령으로 암기를 하고 시험을 치러야 합니다. 합격비법 시리즈는 매년 최신 개정 법령을 빠르고 정확하게 적용하여 수험생 여러분이 믿고 공부할 수 있도록 최선을 다하고 있습니다.

합격비법 시리즈는 단순히 교재만을 제공하는 것이 아닌 효율적인 학습을 위한 여러 가지 콘탠츠를 제공합니다.

유투브 "랑쌤에듀" 채널에 해당 교재를 보고 들을 수 있는 무료강의가 업로드 되어있습니다. 이 강의들은 랑쌤에듀 공식 홈페이지에서 판매중인 강의와 동일한 퀄리티로 공부하는데에 큰 도움이 될 것입니다.

카카오톡 오픈채팅 검색창에 "랑쌤에듀"를 검색하면 과목별 오픈채팅방이 나옵니다. 자신에게 맞는 과목의 오픈채팅방에서 자유롭게 질문과 답변을 주고받을 수 있는 환경이 마련돼있습니다. 혼자 공부하는 것보다 다른 수험생들과 정보를 주고받으며 공부하는 것이 더 효율적인 공부 방법이 될 것입니다.

네이버 카페 "랑쌤에듀"에서 교재 등업을 하면 여러 가지 학습자료들을 무료로 이용하실 수 있습니다. 또한 하.세.열(하루 세 번 열문제) 퀴즈, 시험 전 총정리 실시간 강의 일정, 교재 정오표 및 법령 변경 사항 등의 정보도 카페에 수시로 공지를 하고 있습니다.

합격비법 시리즈는 앞으로도 수험생 여러분의 합격을 위해 최선을 다 할 것이며 더 좋은 수험서적을 만들 수 있도록 노력하겠습니다. 목표로 하신 자격증을 취득하는 그 날까지 모든 수험생 여러분들 파이팅 입니다!

■ 산업안전보건법 시행규칙 [별지 제30호서식]

산업재해조사표

※ 뒤쪽의 작성방법을 읽고 작성해 주시기 바라며, [ ]에는 해당하는 곳에 √ 표시를 합니다. (앞쪽)

I. 사업장 정보	①산재관리번호 (사업개시번호)			사업자등록번호		
	②사업장명			③근로자 수		
	④업종			소재지	(-)	
	⑤재해자가 사내 수급인 소속인 경우(건설업 제 외)	원도급인 사업장명		⑥재해자가 파견근로 자인 경우	파견사업주 사업장명	
		사업장 산재관리번호 (사업개시번호)			사업장 산재관리번호 (사업개시번호)	
	건설업만 작성	발주자		[ ]민간 [ ]국가·지방자치단체 [ ]공공기관		
		⑦원수급 사업장명		공사현장 명		
		⑧원수급 사업장 산재 관리번호(사업개시번 호)				
		⑨공사종류		공정률	%	공사금액 백만원

※ 아래 항목은 재해자별로 각각 작성하되, 같은 재해로 재해자가 여러 명이 발생한 경우에는 별도 서식에 추가로 적습니다.

II. 재해 정보	성명		주민등록번호 (외국인등록번호)		성별	[ ]남 [ ]여
	국적	[ ]내국인 [ ]외국인 [국적:]	⑩체류자격:		⑪직업	
	입사일	년 월 일	⑫같은 종류업무 근속 기간		년 월	
	⑬고용형태	[ ]상용 [ ]임시 [ ]일용 [ ]무급가족종사자 [ ]자영업자 [ ]그 밖의 사항 [ ]				
	⑭근무형태	[ ]정상 [ ]2교대 [ ]3교대 [ ]4교대 [ ]시간제 [ ]그 밖의 사항 [ ]				
	⑮상해종류 (질병명)		⑯상해부위 (질병부위)		⑰휴업예상 일수	휴업 [ ]일
					사망 여부	[ ] 사망

III. 재해 발생 개요 및 원인	⑱ 재해 발생 개요	발생일시	[ ]년 [ ]월 [ ]일 [ ]요일 [ ]시 [ ]분
		발생장소	
		재해관련 작업 유형	
		재해발생 당시 상황	
	⑲재해발생원인		

IV. ⑳재발 방지 계획	

※ 위 재발방지 계획 이행을 위한 안전보건교육 및 기술지도 등을 한국산업안전보건공단에서 무료로 제공하고 있으니 즉시 기술지원 서비스를 받고자 하는 경우 오른쪽에 √ 표시를 하시기 바랍니다.   즉시 기술지원 서비스 요청[ ]

작성자 성명
작성자 전화번호   작성일   년   월   일
                    사업주   (서명 또는 인)
                    근로자대표(재해자)   (서명 또는 인)

( )지방고용노동청장(지청장) 귀하

재해 분류자 기입란 (사업장에서는 작성하지 않습니다)	발생형태	□□□	기인물	□□□□□
	작업지역·공정	□□□	작업내용	□□□

210mm×297mm[백상지(80g/㎡) 또는 중질지(80g/㎡)]

산업안전기사 실기
필답형

01. 10년도 기출문제
02. 11년도 기출문제
03. 12년도 기출문제
04. 13년도 기출문제
05. 14년도 기출문제
06. 15년도 기출문제
07. 16년도 기출문제
08. 17년도 기출문제
09. 18년도 기출문제
10. 19년도 기출문제
11. 20년도 기출문제
12. 21년도 기출문제
13. 22년도 기출문제
14. 23년도 기출문제
15. 24년도 기출문제

2010 1회차 산업안전기사 실기 필답형 기출문제

01 【5점】
「산업안전보건법」상, 안전인증 대상 보호구를 5가지 쓰시오.

해설
① 안전화
② 안전장갑
③ 방진마스크
④ 방독마스크
⑤ 송기마스크

참고
산업안전보건법 시행령
제74조(안전인증대상기계등)
*안전인증 대상 보호구
① 추락 및 감전 위험방지용 안전모
② 안전화
③ 안전장갑
④ 방진마스크
⑤ 방독마스크
⑥ 송기마스크
⑦ 전동식 호흡보호구
⑧ 보호복
⑨ 안전대
⑩ 차광 및 비산물 위험방지용 보안경
⑪ 용접용 보안면
⑫ 방음용 귀마개 또는 귀덮개

02 【4점】
「산업안전보건법」에 따라 다음 보기를 참고 하여 다음 물음에 각각 2개씩 쓰시오.

[보기]
① 니트로화합물 ② 리튬 ③ 황
④ 질산 및 그 염류 ⑤ 산화프로필렌
⑥ 아세틸렌 ⑦ 하이드라진 유도체 ⑧ 수소

(1) 폭발성물질 및 유기과산화물
(2) 물반응성물질 및 인화성고체

해설
(1) ①, ⑦
(2) ②, ③

참고
산업안전보건기준에 관한 규칙
[별표 1] 위험물질의 종류

폭발성물질 및 유기과산화물	물반응성물질 및 인화성고체
① 질산에스테르 ② 니트로화합물 ③ 니트로소화합물 ④ 아조화합물 ⑤ 디아조화합물 ⑥ 하이드라진 유도체 ⑦ 유기과산화물	① 리튬 ② 칼륨·나트륨 ③ 황 ④ 황린 ⑤ 황화인·적린 ⑥ 셀룰로이드류 ⑦ 알킬알루미늄·알킬리튬 ⑧ 마그네슘분말 ⑨ 금속분말 ⑩ 알칼리금속 ⑪ 유기금속화합물 ⑫ 금속의 수소화물 ⑬ 금속의 인화물 ⑭ 칼슘 탄화물·알루미늄 탄화물

03 【4점】

「산업안전보건법」상, 굴착면의 높이가 $2m$ 이상이 되는 지반의 굴착작업에 있어서, 사업주는 근로자의 위험을 방지하기 위해 작업계획서를 작성하여 작업하도록 해야한다. 이 때의 사전조사사항을 4가지 쓰시오.

해설
① 형상·지질 및 지층의 상태
② 균열·함수·용수 및 동결의 유무 또는 상태
③ 매설물 등의 유무 또는 상태
④ 지반의 지하수위 상태

참고
산업안전보건기준에 관한 규칙
[별표 4] 사전조사 및 작업계획서 내용
*굴착 작업시 사전조사 내용

① 형상·지질 및 지층의 상태
② 균열·함수·용수 및 동결의 유무 또는 상태
③ 매설물 등의 유무 또는 상태
④ 지반의 지하수위 상태

04 【4점】

「방호장치 안전인증고시」상, 다음에 해당하는 방폭구조 기호를 각각 쓰시오.

[보기]
① 내압 방폭구조
② 충전 방폭구조
③ 본질안전 방폭구조
④ 몰드 방폭구조
⑤ 비점화 방폭구조

해설
① Ex d
② Ex q
③ Ex ia, ib
④ Ex m
⑤ Ex n

참고
방호장치 안전인증고시
[별표 6] 가스·증기방폭구조인 전기기기의 일반성능기준
*방폭구조의 종류

종류	내용
내압 방폭구조 (d)	용기 내 폭발시 용기가 그 압력을 견디고 개구부 등을 통해 외부에 인화될 우려가 없는 구조
본질안전 방폭구조 (ia, ib)	운전 중 단선, 단락, 지락에 의한 사고 시 폭발 점화원의 발생이 방지된 구조
비점화 방폭구조 (n)	운전중에 점화원을 차단하여 폭발이 일어나지 않고, 이상 상태에서 짧은시간 동안 방폭기능을 할 수 있는 구조
몰드 방폭구조 (m)	전기불꽃, 고온 발생 부분은 컴파운드로 밀폐한 구조
충전 방폭구조 (q)	미세한 석영가루를 이용하여 방폭작용을 할 수 있는 구조

05 【3점】

「산업안전보건법」상, 컨베이어 작업시작 전, 사업주가 관리감독자로 하여금 점검하도록 해야 할 사항을 3가지 쓰시오.

해설
① 원동기 및 풀리 기능의 이상 유무
② 이탈 등의 방지장치 기능의 이상 유무
③ 비상정지장치 기능의 이상 유무

참고
산업안전보건기준에 관한 규칙
[별표 3] 작업시작 전 점검사항
*컨베이어 작업시작 전 점검사항

① 원동기 및 풀리 기능의 이상 유무
② 이탈 등의 방지장치 기능의 이상 유무
③ 비상정지장치 기능의 이상 유무
④ 원동기·회전축·기어 및 풀리 등의 덮개 또는 울 등의 이상 유무

06 【3점】

「산업안전보건법」상, 다음 보기에 해당하는 기계의 방호장치를 각각 1가지씩 쓰시오.

[보기]
① 롤러기 ② 연삭기

해설
① 급정지장치
② 덮개

참고
산업안전보건법 시행령
제77조(자율안전확인대상기계등)

① 롤러기 급정지장치
② 연삭기 덮개

07 【3점】

「산업안전보건법」상, 사업주가 화물운반용 또는 고정용으로 사용할 수 없는 섬유로프의 조건을 2가지 쓰시오.

해설
① 꼬임이 끊어진 것
② 심하게 손상되거나 부식된 것

참고
산업안전보건기준에 관한 규칙
제387조(꼬임이 끊어진 섬유로프 등의 사용 금지)

① 꼬임이 끊어진 것
② 심하게 손상되거나 부식된 것

08 【4점】

「산업안전보건법」상, 사업주가 근로자에게 실시해야하는 안전보건교육 중, 관리감독자 정기교육의 내용을 4가지 쓰시오.

해설
① 산업안전 및 사고 예방에 관한 사항
② 산업보건 및 직업병 예방에 관한 사항
③ 위험성 평가에 관한 사항
④ 직무스트레스 예방 및 관리에 관한 사항

참고
산업안전보건법 시행규칙
[별표 5] 안전보건교육 교육대상별 교육내용
*관리감독자 안전보건 정기교육

① 산업안전 및 사고 예방에 관한 사항
② 산업보건 및 직업병 예방에 관한 사항
③ 위험성평가에 관한 사항
④ 유해·위험 작업환경 관리에 관한 사항
⑤ 산업안전보건법령 및 산업재해보상보험 제도에 관한 사항
⑥ 직무스트레스 예방 및 관리에 관한 사항
⑦ 직장 내 괴롭힘, 고객의 폭언 등으로 인한 건강장해 예방 및 관리에 관한 사항
⑧ 작업공정의 유해·위험과 재해 예방대책에 관한 사항
⑨ 사업장 내 안전보건관리체제 및 안전·보건조치 현황에 관한 사항
⑩ 표준안전 작업방법 결정 및 지도·감독 요령에 관한 사항
⑪ 현장근로자와의 의사소통능력 및 강의능력 등 안전보건교육 능력 배양에 관한 사항
⑫ 비상시 또는 재해 발생시 긴급조치에 관한 사항
⑬ 그 밖의 관리감독자의 역할과 임무에 관한 사항

09 【4점】

「산업안전보건법」상, 안전보건 표지에 있어 경고 표지의 종류를 4가지 쓰시오.
(단, 위험장소 경고는 제외한다.)

해설
① 인화성물질 경고
② 산화성물질 경고
③ 폭발성물질 경고
④ 부식성물질 경고

참고
산업안전보건법 시행규칙
[별표 6] 안전보건표지의 종류와 형태
*경고표지

인화성물질 경고	산화성물질 경고	폭발성물질 경고	급성독성 물질경고
부식성물질 경고	방사성물질 경고	고압전기 경고	매달린물체 경고
낙하물 경고	고온 경고	저온 경고	몸균형상실 경고
레이저광선 경고	위험장소 경고	발암성·변이원성·생식독성·전신독성·호흡기과민성물질 경고	

10 【4점】

「산업안전보건법」에 따라 공정안전보고서에 포함되어야 하는 사항을 4가지 쓰시오.

해설
① 공정안전자료
② 공정위험성평가서
③ 안전운전계획
④ 비상조치계획

참고
산업안전보건법 시행령
제44조(공정안전보고서의 내용)
① 공정안전자료
② 공정위험성평가서
③ 안전운전계획
④ 비상조치계획

11 【5점】

근로자 1500명 중 사망 2명, 영구전노동 불능 상해 2명, 기타 요양재해로 인한 부상자 72명의 근로손실일수는 1200일 이었다. 이 때 강도율을 구하시오.
(단, 1일 작업시간 8시간, 연근로일수 280일 이다.)

해설
$$강도율 = \frac{근로손실일수}{연근로 총시간수} \times 10^3$$
$$= \frac{7500 \times 2 + 7500 \times 2 + 1200}{1500 \times 8 \times 280} \times 10^3 = 9.29$$

참고
*상해 정도별 분류

종류	상해 정도
영구 전노동 불능상해	부상의 결과로 근로의 기능을 완전히 상실 (신체 장해자 등급 1~3급)
영구 일부노동 불능상해	부상의 결과로 신체 일부가 영구적으로 노동의 기능 상실 (신체 장해자 등급 4~14급)
일시 전노동 불능상해	의사의 진단으로 일정기간 정규 노동에 종사할 수 없는 정도
일시 일부노동 불능상해	의사의 진단으로 일정기간 정규 노동에 종사할 수 없으나, 휴무 상태가 아닌 일시적인 가벼운 노동에 종사할 수 있는 정도

*요양근로손실일수 산정요령

신체 장해자 등급	근로손실 일 수
사망	7500일
1~3급	7500일
4급	5500일
5급	4000일
6급	3000일
7급	2200일
8급	1500일
9급	1000일
10급	600일
11급	400일
12급	200일
13급	100일
14급	50일

12 【4점】
부품배치의 4원칙을 쓰시오.

출제 기준에서 제외된 내용입니다.

13 【4점】
하인리히의 재해예방대책 4원칙 중 2가지를 쓰고 설명하시오.

출제 기준에서 제외된 내용입니다.

14 【4점】
다음 FT도에서 컷셋(cut set)을 모두 구하시오.

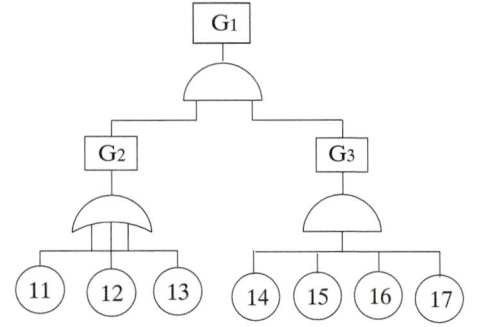

출제 기준에서 제외된 내용입니다.

2010 2회차 산업안전기사 실기 필답형 기출문제

01 【4점】
「산업안전보건법」상, 다음 그림에 해당하는 안전보건표지의 명칭을 쓰시오.

| ①  | ②  | ③  | ④  |

> 해설
> ① 화기금지
> ② 폭발성물질경고
> ③ 부식성물질경고
> ④ 고압전기경고

> 참고
> 산업안전보건법 시행규칙
> [별표 6] 안전보건표지의 종류와 형태
> *금지표지 및 경고표지

출입금지	보행금지	차량통행금지	사용금지

탑승금지 	금연 	화기금지 	물체이동금지 

인화성물질 경고	산화성물질 경고	폭발성물질 경고	급성독성 물질경고

부식성물질 경고	방사성물질 경고	고압전기 경고	매달린물체 경고

낙하물 경고	고온 경고	저온 경고	몸균형상실 경고

레이저광선 경고	위험장소 경고	발암성·변이원성·생식독성·전신독성·호흡기과민성물질 경고	

02 【5점】

다음 보기 중 「산업안전보건법」상, 산업안전관리비로 사용 가능한 항목을 4가지 고르시오.

[보기]
① 면장갑 및 코팅장갑의 구입비
② 안전보건 교육장내 냉·난방 설비 설치비
③ 안전보건 관리자용 안전 순찰차량의 유류비
④ 교통통제를 위한 교통정리자의 인건비
⑤ 외부인 출입금지, 공사장 경계표시를 위한 가설 울타리
⑥ 위생 및 긴급 피난용 시설비
⑦ 안전보건교육장의 대지 구입비
⑧ 안전관련 간행물, 잡지 구독비

[해설]
②, ③, ⑥, ⑧

[참고]
*산업안전보건관리비 적용 가능 내역
① 안전관리자 등의 인건비 및 각종 업무 수당 등
② 안전시설비 등
③ 개인보호구 및 안전장구 구입비 등
④ 사업장의 안전진단비
⑤ 안전보건교육비 및 행사비 등
⑥ 근로자의 건강관리비 등

03 【5점】

「산업안전보건법」상, 기계의 원동기·회전축·기어·풀리·플라이휠·벨트 및 체인 등의 근로자의 위험 방지를 위한 방호장치를 3가지 쓰시오.

[해설]
① 덮개
② 울
③ 슬리브

[참고]
산업안전보건기준에 관한 규칙
제87조(원동기·회전축 등의 위험 방지)

사업주는 기계의 원동기·회전축·기어·풀리·플라이휠·벨트 및 체인 등 근로자가 위험에 처할 우려가 있는 부위에 <u>덮개·울·슬리브 및 건널다리</u> 등을 설치하여야 한다.

04 【4점】

「산업안전보건법」상, 다음 기계 또는 설비에 설치해야 하는 방호장치를 1개씩 쓰시오.

[보기]
① 아세틸렌용접장치
② 교류아크용접기
③ 압력용기
④ 연삭기

[해설]
① 안전기
② 자동전격방지기
③ 압력방출용 파열판
④ 덮개

[참고]
산업안전보건법 시행령
제74조(안전인증대상기계등), 제77조(자율안전확인대상기계등)
① 아세틸렌 용접장치용 안전기
② 교류아크용접기용 자동전격방지기
③ 압력용기 압력방출용 파열판 또는 안전밸브
④ 연삭기 덮개

05 【3점】

「산업안전보건법」상, 중량물의 취급하는 작업 시, 사업주는 근로자의 위험을 방지하기 위하여 작업계획서를 작성하고 그 계획에 따라 작업을 하도록 하여야 한다. 이 때 작업 계획서에 포함돼야할 사항을 3가지 쓰시오.

해설
① 추락위험을 예방할 수 있는 안전대책
② 낙하위험을 예방할 수 있는 안전대책
③ 전도위험을 예방할 수 있는 안전대책

참고
산업안전보건기준에 관한 규칙
[별표 4] 사전조사 및 작업계획서 내용
*중량물의 취급작업시 작업계획서 내용

① 추락위험을 예방할 수 있는 안전대책
② 낙하위험을 예방할 수 있는 안전대책
③ 전도위험을 예방할 수 있는 안전대책
④ 협착위험을 예방할 수 있는 안전대책
⑤ 붕괴위험을 예방할 수 있는 안전대책

06 【4점】

「산업안전보건법」상, 근로자의 추락 등에 의한 위험을 방지하기 위해 설치하는 안전난간의 주요 구성 요소를 4가지 쓰시오.

해설
① 상부 난간대
② 중간 난간대
③ 발끝막이판
④ 난간기둥

참고
산업안전보건기준에 관한 규칙
제13조(안전난간의 구조 및 설치요건)

① 상부 난간대
② 중간 난간대
③ 발끝막이판
④ 난간기둥

07 【4점】

「산업안전보건법」상, 다음의 각 작업에서의 조도 기준에 대한 빈칸을 채우시오.
(단, 갱도 등의 작업장은 제외한다.)

작업	조도
초정밀작업	(①)Lux 이상
정밀작업	(②)Lux 이상
보통작업	(③)Lux 이상
그 외 작업	(④)Lux 이상

해설
① 750
② 300
③ 150
④ 75

참고
산업안전보건기준에 관한 규칙
제8조(조도)

작업	조도
초정밀작업	750Lux 이상
정밀작업	300Lux 이상
보통작업	150Lux 이상
그 외 작업	75Lux 이상

08 【4점】

다음 보기는 산업재해 발생 시 조치내용의 순서일 때 빈칸을 채우시오.

[보기]
산업재해발생 → (①) → (②) → 원인강구 → (③) → 대책실시계획 → 실시 → (④)

해설
① 긴급처리 ② 재해조사
③ 대책수립 ④ 평가

참고
*산업재해 발생 시 조치 순서

재해발생 → 긴급처리 → 재해조사 → 원인강구 → 대책수립 → 대책실시계획 → 실시 → 평가

09 【4점】

「산업안전보건법」상, 사업장의 안전 및 보건을 유지하기 위하여 안전보건관리규정을 작성하려 할 때, 포함되어야 할 사항을 4가지 쓰시오.

해설
① 안전 및 보건에 관한 관리조직과 그 직무에 관한 사항
② 안전보건교육에 관한 사항
③ 작업장의 안전 및 보건 관리에 관한 사항
④ 사고 조사 및 대책 수립에 관한 사항

참고
산업안전보건법
제25조(안전보건관리규정의 작성)
① 안전 및 보건에 관한 관리조직과 그 직무에 관한 사항
② 안전보건교육에 관한 사항
③ 작업장의 안전 및 보건 관리에 관한 사항
④ 사고 조사 및 대책 수립에 관한 사항
⑤ 그 밖에 안전 및 보건에 관한 사항

10 【3점】

다음 보기는 「보호구 안전인증 고시」에 따른 방독마스크에 관한 용어에 관한 설명이다. 각 항에 해당하는 용어를 쓰시오.

[보기]
(1) 대응하는 가스에 대하여 정화통 내부의 흡착제가 포화 상태가 되어 흡착력을 상실한 상태
(2) 방독마스크(복합형 포함)의 성능에 방진마스크의 성능이 포함된 방독마스크

해설
① 파과
② 겸용 방독마스크

참고
보호구 안전인증 고시
제13조(정의)

종류	정의
파과	대응하는 가스에 대하여 정화통 내부의 흡착제가 포화상태가 되어 흡착능력을 상실한 상태
파과시간	어느 일정온도의 유해물질 등을 포함한 공기를 일정 유량으로 정화통에 통과하기 시작부터 파과가 보일 때 까지의 시간
파과곡선	파과시간과 유해물질 등에 대한 농도와의 관계를 나타낸 곡선
전면형 방독마스크	유해물질 등으로부터 안면부 전체(입, 코, 눈)를 덮을 수 있는 구조의 방독마스크
반면형 방독마스크	유해물질 등으로부터 안면부의 입과 코를 덮을 수 있는 구조의 방독마스크
복합용 방독마스크	두 종류 이상의 유해물질 등에 대한 제독능력이 있는 방독마스크
겸용 방독마스크	방독마스크(복합용 포함)의 성능에 방진마스크의 성능이 포함된 방독마스크

11 【5점】

부탄(C_4H_{10})에 대한 각 물음에 답하시오.
(단, 부탄의 연소하한계는 $1.6 vol\%$이다.)

(1) 화학양론식(부탄의 연소반응식)
(2) 최소산소농도(MOC) $[vol\%]$

해설

(1) $2C_4H_{10}$ + $13O_2$ → $8CO_2$ + $10H_2O$
    (부탄)   (산소)   (이산화탄소) (물)

(2) $MOC = $ 폭발하한계 $\times \dfrac{\text{산소 몰 수}}{\text{연소가스 몰 수}} = 1.6 \times \dfrac{13}{2}$
    $= 10.4 vol\%$

13 【4점】

다음 보기의 주의의 특성에 대하여 각각 설명하시오.

[보기]
① 선택성   ② 변동성   ③ 방향성

출제 기준에서 제외된 내용입니다.

12 【4점】

접지공사 종류에서 접지저항값 및 접지선의 굵기에 대한 표의 빈칸을 채우시오.

종별	접지저항	접지선의 굵기
제1종	(①)Ω 이하	공칭단면적 (④)mm^2 이상의 연동선
제3종	(②)Ω 이하	공칭단면적 (⑤)mm^2 이상의 연동선
특별 제3종	(③)Ω 이하	공칭단면적 $2.5mm^2$ 이상의 연동선

출제 기준에서 제외된 내용입니다.

14 【4점】

A 사업장의 제품은 10000시간 동안 10개의 제품에 고장이 발생될 때 다음을 구하시오.
(단, 이 제품의 수명은 지수분포를 따른다.)

(1) 고장률 $[건/hr]$
(2) 900시간 동안 적어도 1개의 제품이 고장날 확률

출제 기준에서 제외된 내용입니다.

2010 3회차 산업안전기사 실기 필답형 기출문제

01 【4점】

「산업안전보건법」상, 사업주가 근로자에게 실시해야 하는 안전보건교육 중, 다음 보기에 해당하는 교육 시간을 각각 쓰시오.

[보기]
① 안전관리자 보수교육
② 사무직 종사 근로자의 정기교육
③ 안전보건관리 책임자의 신규교육시간이 6시간 이상일 때 보수교육
④ 근로계약기간이 1주일 초과 1개월 이하인 기간제 근로자의 채용시의 교육
⑤ 일용근로자 및 근로계약기간이 1주일 이하인 기간제 근로자의 작업내용변경시의 교육

해설
① 24시간 이상
② 매반기 6시간 이상
③ 6시간 이상
④ 4시간 이상
⑤ 1시간 이상

참고
산업안전보건법 시행규칙
[별표 4] 안전보건교육 교육과정별 교육시간
*안전보건관리 책임자 등에 대한 교육 및 근로자 안전보건교육

교육대상	교육시간	
	신규교육	보수교육
안전보건관리책임자	6시간 이상	6시간 이상
안전관리자, 안전관리전문기관의 종사자	34시간 이상	24시간 이상
보건관리자, 보건관리전문기관의 종사자	34시간 이상	24시간 이상
건설재해예방전문지도기관의 종사자	34시간 이상	24시간 이상
석면조사기관의 종사자	34시간 이상	24시간 이상
안전보건관리담당자	-	8시간 이상
안전검사기관, 자율안전검사기관의 종사자	34시간 이상	24시간 이상

교육과정	교육대상	교육시간
정기교육	사무직 종사 근로자	매반기 6시간 이상
	판매업무에 직접 종사하는 근로자	매반기 6시간 이상
	판매업무 외에 종사하는 근로자	매반기 12시간 이상
채용 시의 교육	일용근로자	1시간 이상
	근로계약기간 1주일 이하인 근로자	1시간 이상
	근로계약기간 1주일 초과 1개월 이하인 근로자	4시간 이상
	그 밖의 근로자	8시간 이상
작업내용 변경 시의 교육	일용근로자	1시간 이상
	근로계약기간 1주일 이하인 근로자	1시간 이상
	그 밖의 근로자	2시간 이상
건설업기초 안전보건교육	건설 일용근로자	4시간 이상

✔ 특별 교육 과정은 제외한 내용입니다.

02 【4점】

다음은 「산업안전보건법」상, 안전보건표지의 색도 기준 표이다. 빈칸을 채우시오.

색채	색도기준	용도
빨간색	(①)	금지
		경고
노란색	(②)	경고
파란색	(③)	지시
녹색	2.5G 4/10	안내
흰색	N9.5	
검은색	(④)	

해설
① 7.5R 4/14
② 5Y 8.5/12
③ 2.5PB 4/10
④ N0.5

참고
산업안전보건법 시행규칙
[별표 8] 안전보건표지의 색도기준 및 용도

색채	색도기준	용도	사용 예시
빨간색	7.5R 4/14	금지	정지신호, 소화설비 및 그 장소, 유해행위의 금지
		경고	화학물질 취급장소의 유해·위험 경고
노란색	5Y 8.5/12	경고	화학물질 취급장소에서의 유해·위험 경고 이외의 위험경고, 주의표지 또는 기계 방호물
파란색	2.5PB 4/10	지시	특정 행위의 지시 및 사실의 고지
녹색	2.5G 4/10	안내	비상구 및 피난소, 사람 또는 차량의 통행표지
흰색	N9.5		파란색 또는 녹색에 대한 보조색
검은색	N0.5		문자 및 빨간색 또는 노란색에 대한 보조색

03 【4점】

「보호구 안전인증 고시」상, 사용구분에 따른 차광보안경의 종류를 4가지 쓰시오.

해설
① 자외선용
② 적외선용
③ 복합용
④ 용접용

참고
보호구 안전인증 고시
[별표 10] 차광보안경의 성능기준

종류	사용구분
자외선용	자외선이 발생하는 장소
적외선용	적외선이 발생하는 장소
복합용	자외선 및 적외선이 발생하는 장소
용접용	산소용접작업등과 같이 자외선, 적외선 및 강렬한 가시광선이 발생하는 장소

04 【4점】

「산업안전보건법」상, 산업안전보건위원회의 심의 의결 사항을 4가지 쓰시오.
(단, 그 밖에 해당 사업장 근로자의 안전 및 보건을 유지·증진시키기 위하여 필요한 사항은 제외한다.)

해설
① 사업장의 산업재해 예방계획의 수립에 관한 사항
② 안전보건관리규정의 작성 및 변경에 관한 사항
③ 안전보건교육에 관한 사항
④ 작업환경측정 등 작업환경의 점검 및 개선에 관한 사항

> [참고]
> 산업안전보건법
> 제24조(산업안전보건위원회)
> *심의 의결 사항
> ① 사업장의 산업재해 예방계획의 수립에 관한 사항
> ② 안전보건관리규정의 작성 및 변경에 관한 사항
> ③ 안전보건교육에 관한 사항
> ④ 작업환경측정 등 작업환경의 점검 및 개선에 관한 사항
> ⑤ 근로자의 건강진단 등 건강관리에 관한 사항
> ⑥ 산업재해의 원인 조사 및 재발 방지대책 수립에 관한 사항
> ⑦ 산업재해에 관한 통계의 기록 및 유지에 관한 사항
> ⑧ 안전장치 및 보호구 구입 시 적격품 여부 확인에 관한 사항
> ⑨ 그 밖에 근로자의 유해·위험 방지조치에 관한 사항으로서 고용노동부령으로 정하는 사항

05 【3점】

보일링 현상 방지대책을 3가지 쓰시오.

> [해설]
> ① 흙막이벽의 근입장을 깊게 한다.
> ② 흙막이벽 배면의 지하수위를 낮춘다.
> ③ 굴착저면 하부의 지하수 흐름을 막는다.

> [참고]
> *보일링(Boiling)현상
> 사질지반 굴착시 흙막이벽 배면의 지하수가 굴착저면으로 흘러들어와 흙과 물이 분출되는 현상
>
> *보일링(Boiling)현상의 방지대책
> ① 흙막이벽의 근입장을 깊게 한다.
> ② 흙막이벽 배면의 지하수위를 낮춘다.
> ③ 굴착저면 하부의 지하수 흐름을 막는다.

06 【4점】

다음 보기에서 「산업안전보건법」상, 안전인증대상 기계·기구 및 설비, 방호장치 또는 보호구에 해당하는 것을 6가지 쓰시오.

> [보기]
> ① 안전대 ② 연삭기 덮개 ③ 파쇄기
> ④ 충돌·협착 등의 위험 방지에 필요한 산업용 로봇 방호장치
> ⑤ 압력용기 ⑥ 양중기용 과부하방지장치
> ⑦ 교류아크용접기용 자동전격방지기 ⑧ 곤돌라
> ⑨ 동력식 수동대패용 칼날 접촉방지장치
> ⑩ 용접용 보안면

> [해설]
> ①, ④, ⑤, ⑥, ⑧, ⑩

> [참고]
> 산업안전보건법 시행령
> 제74조(안전인증대상기계등)
>
> | | |
> |---|---|
> | 기계 또는 설비 | ① 프레스
② 전단기 및 절곡기
③ 크레인
④ 리프트
⑤ 압력용기
⑥ 롤러기
⑦ 사출성형기
⑧ 고소 작업대
⑨ 곤돌라 |
> | 방호장치 | ① 프레스 및 전단기 방호장치
② 양중기용 과부하 방지장치
③ 보일러 압력방출용 안전밸브
④ 압력용기 압력방출용 안전밸브
⑤ 압력용기 압력방출용 파열판
⑥ 절연용 방호구 및 활선작업용 기구
⑦ 방폭구조 전기기계·기구 및 부품
⑧ 추락·낙하 및 붕괴 등의 위험방지 및 보호에 필요한 가설기자재로서 고용노동부장관이 정하여 고시하는 것
⑨ 충돌·협착 등의 위험 방지에 필요한 산업용 로봇 방호장치로서 고용노동부장관이 정하여 고시하는 것 |

보호구	① 추락 및 감전 위험방지용 안전모 ② 안전화 ③ 안전장갑 ④ 방진마스크 ⑤ 방독마스크 ⑥ 송기마스크 ⑦ 전동식 호흡보호구 ⑧ 보호복 ⑨ 안전대 ⑩ 차광 및 비산물 위험방지용 보안경 ⑪ 용접용 보안면 ⑫ 방음용 귀마개 또는 귀덮개

07 【4점】

「산업안전보건법」상, 사업주는 과압에 따른 폭발을 방지하기 위하여 폭발 방지 성능과 규격을 갖춘 안전밸브 또는 파열판을 설치하여야 할 때, 안전밸브 또는 파열판을 설치해야 하는 경우를 2가지 쓰시오.

> **해설**
> ① 반응 폭주 등 급격한 압력 상승 우려가 있는 경우
> ② 급성 독성물질의 누출로 인하여 주위의 작업환경을 오염시킬 우려가 있는 경우

> **참고**
> 산업안전보건기준에 관한 규칙
> 제262조(파열판의 설치)
>
> ① 반응 폭주 등 급격한 압력 상승 우려가 있는 경우
> ② 급성 독성물질의 누출로 인하여 주위의 작업환경을 오염시킬 우려가 있는 경우
> ③ 운전 중 안전밸브에 이상 물질이 누적되어 안전밸브가 작동되지 아니할 우려가 있는 경우

08 【5점】

「산업안전보건법」상, 비, 눈 그 밖의 악천후로 인하여 작업을 중지시킨 후 또는 비계를 조립·해체하거나 변경한 후에 그 비계에서 작업을 하는 경우, 해당 작업을 시작하기 전에 점검해야 할 항목을 4가지 쓰시오.

> **해설**
> ① 발판 재료의 손상 여부 및 부착 또는 걸림 상태
> ② 해당 비계의 연결부 또는 접속부의 풀림 상태
> ③ 손잡이의 탈락 여부
> ④ 기둥의 침하, 변형, 변위 또는 흔들림 상태

> **참고**
> 산업안전보건기준에 관한 규칙
> 제58조(비계의 점검 및 보수)
>
> ① 발판 재료의 손상 여부 및 부착 또는 걸림 상태
> ② 해당 비계의 연결부 또는 접속부의 풀림 상태
> ③ 연결 재료 및 연결 철물의 손상 또는 부식 상태
> ④ 손잡이의 탈락 여부
> ⑤ 기둥의 침하, 변형, 변위 또는 흔들림 상태
> ⑥ 로프의 부착 상태 및 매단 장치의 흔들림 상태

09 【4점】

「산업안전보건법」상, 구내운반차를 사용하여 작업할 때, 사업주가 작업 시작 전 관리감독자로 하여금 점검하도록 해야하는 사항을 3가지 쓰시오.

> **해설**
> ① 제동장치 및 조종장치 기능의 이상 유무
> ② 하역장치 및 유압장치 기능의 이상 유무
> ③ 바퀴의 이상 유무

> **참고**
> 산업안전보건기준에 관한 규칙
> [별표 3] 작업시작 전 점검사항
> *구내운반차를 사용하여 작업을 할 때
> ① 제동장치 및 조종장치 기능의 이상 유무
> ② 하역장치 및 유압장치 기능의 이상 유무
> ③ 바퀴의 이상 유무
> ④ 전조등・후미등・방향지시기 및 경음기 기능의 이상 유무
> ⑤ 충전장치를 포함한 홀더 등의 결합상태의 이상 유무

10 【4점】

다음 보기는 「방호장치 안전인증 고시」상, 방호장치 프레스에 관한 설명이다. 빈칸을 채우시오.

> [보기]
> - 광전자식 방호장치의 일반구조에 있어 정상동작표시램프는 (①)색, 위험표시램프는 (②)색으로 하며, 쉽게 근로자가 볼 수 있는 곳에 설치해야 한다.
> - 양수조작식 방호장치의 일반구조에 있어 누름버튼의 상호간 내측거리는 (③)mm 이상이어야 한다.
> - 손쳐내기식 방호장치의 일반구조에 있어 슬라이드 하행정거리의 (④) 위치에서 손을 완전히 밀어내야 한다.
> - 수인식 방호장치의 일반구조에 있어 수인끈의 재료는 합성섬유로 직경이 (⑤)mm 이상이어야 한다.

> **해설**
> ① 녹   ② 붉은   ③ 300   ④ 3/4   ⑤ 4

> **참고**
> 방호장치 안전인증 고시
> [별표 1] 프레스 또는 전단기 방호장치의 성능기준
> *방호장치의 일반사항
> ① 광전자식 방호장치의 일반구조에서 정상동작 표시램프는 녹색, 위험표시램프는 붉은색으로 하며, 쉽게 근로자가 볼 수 있는 곳에 설치해야 한다.
> ② 양수조작식 방호장치의 일반구조에서 누름버튼의 상호간 내측거리는 300mm 이상이어야 한다.
> ③ 손쳐내기식 방호장치의 일반구조에 있어 슬라이드 하행정거리의 3/4 위치에서 손을 완전히 밀어내야한다.
> ④ 수인식 방호장치의 일반구조에 있어 수인끈의 재료는 합성섬유로 직경이 4mm 이상이어야 한다.

11 【4점】

「보호구 안전인증 고시」상, 의무안전인증대상 보호구 중 안전화에 있어 성능구분에 따른 안전화의 종류를 5가지 쓰시오.

> **해설**
> ① 가죽제 안전화
> ② 고무제 안전화
> ③ 정전기 안전화
> ④ 발등 안전화
> ⑤ 절연화

> **참고**
> 보호구 안전인증 고시
> [별표 2] 안전화의 명칭・종류・등급
> ① 가죽제 안전화
> ② 고무제 안전화
> ③ 정전기 안전화
> ④ 발등 안전화
> ⑤ 절연화
> ⑥ 절연장화
> ⑦ 화학물질용 안전화

12 【4점】

어느 사업장의 도수율이 12이고 지난 한해동안 12건의 재해로 인하여 15명의 재해자가 발생하여 총 휴업일수는 146일일 때 사업장의 강도율을 구하시오.
(단, 근로자는 1일 10시간씩 연간 250일 근무한다.)

해설

도수율 $= \dfrac{\text{재해건수}}{\text{연근로 총시간수}} \times 10^6$ 에서,

연근로 총시간수 $= \dfrac{\text{재해건수}}{\text{도수율}} \times 10^6 = \dfrac{12}{12} \times 10^6 = 10^6$ 시간

∴ 강도율 $= \dfrac{\text{근로손실일수}}{\text{연근로 총시간수}} \times 10^3$

$= \dfrac{146 \times \dfrac{250}{365}}{10^6} \times 10^3 = 0.1$

13 【3점】

다음 보기는 FT의 각 단계별 내용일 때 올바른 순서대로 번호를 나열하시오.

[보기]
① 정상사상의 원인이 되는 기초사상을 분석한다.
② 정상사상과의 관계는 논리게이트를 이용하여 도해한다.
③ 분석현상이 된 시스템을 정의한다.
④ 이전단계에서 결정된 사상이 조금 더 전개가 가능한지 검사한다.
⑤ 정성·정량적으로 해석 평가한다.
⑥ FT를 간소화한다.

출제 기준에서 제외된 내용입니다.

14 【4점】

고장률이 1시간당 0.01로 일정한 기계가 있을 때 이 기계에서 처음 100시간동안 고장이 발생할 확률을 구하시오.

출제 기준에서 제외된 내용입니다.

2011년 1회차 산업안전기사 실기 필답형 기출문제

01 【4점】
「산업안전보건법」상, 안전보건표지에 있어 경고표지의 종류를 4가지 쓰시오.

해설
① 인화성물질 경고
② 산화성물질 경고
③ 폭발성물질 경고
④ 부식성물질 경고

참고
산업안전보건법 시행규칙
[별표 6] 안전보건표지의 종류와 형태
*경고표지

인화성물질 경고	산화성물질 경고	폭발성물질 경고	급성독성물질경고
부식성물질 경고	방사성물질 경고	고압전기 경고	매달린물체 경고
낙하물 경고	고온 경고	저온 경고	몸균형상실 경고
레이저광선 경고	위험장소 경고	발암성·변이원성·생식독성·전신독성·호흡기과민성물질 경고	

02 【4점】
다음 보기에서 「산업안전보건법」상, 위험물질들을 다음 물음에 대하여 각각 2개씩 쓰시오.

[보기]
① 니트로글리세린 ② 리튬 ③ 황
④ 염소산칼륨 ⑤ 질산나트륨 ⑥ 셀룰로이드
⑦ 마그네슘분말 ⑧ 질산에스테르류

(1) 산화성액체 및 산화성고체
(2) 폭발성물질 및 유기과산화물

해설
(1) ④, ⑤
(2) ①, ⑧

참고
산업안전보건기준에 관한 규칙
[별표 1] 위험물질의 종류

산화성 액체 및 산화성고체	폭발성물질 및 유기과산화물
① 차아염소산 및 그 염류	
② 아염소산 및 그 염류	
③ 염소산 및 그 염류	① 질산에스테르
④ 과염소산 및 그 염류	② 니트로화합물
⑤ 브롬산 및 그 염류	③ 니트로소화합물
⑥ 요오드산 및 그 염류	④ 아조화합물
⑦ 과산화수소 및 무기과산화물	⑤ 디아조화합물
⑧ 질산 및 그 염류	⑥ 하이드라진 유도체
⑨ 과망간산 및 그 염류	⑦ 유기과산화물
⑩ 중크롬산 및 그 염류	

03 【4점】

「산업안전보건법」상, 사다리식 통로 등을 설치하는 경우 사업주가 준수해야할 사항을 4가지 쓰시오.

해설
① 견고한 구조로 할 것
② 심한 손상·부식 등이 없는 재료를 사용할 것
③ 발판의 간격은 일정하게 할 것
④ 폭은 30cm 이상으로 할 것

참고
산업안전보건기준에 관한 규칙
제24조(사다리식 통로 등의 구조)

① 견고한 구조로 할 것
② 심한 손상·부식 등이 없는 재료를 사용할 것
③ 발판의 간격은 일정하게 할 것
④ 발판과 벽과의 사이는 15cm 이상의 간격을 유지할 것
⑤ 폭은 30cm 이상으로 할 것
⑥ 사다리가 넘어지거나 미끄러지는 것을 방지하기 위한 조치를 할 것
⑦ 사다리의 상단은 걸쳐놓은 지점으로부터 60cm 이상 올라가도록 할 것
⑧ 사다리식 통로의 길이가 10m 이상인 경우에는 5m 이내마다 계단참을 설치할 것
⑨ 사다리식 통로의 기울기는 75° 이하로 할 것 다만, 고정식 사다리식 통로의 기울기는 90° 이하로 하고, 그 높이가 7m 이상인 경우에는 다음 각 목의 구분에 따른 조치를 할 것
  ㉠ 등받이울이 있어도 근로자 이동에 지장이 없는 경우: 바닥으로부터 높이가 2.5m 되는 지점부터 등받이울을 설치할 것
  ㉡ 등받이울이 있으면 근로자가 이동이 곤란한 경우: 한국산업표준에서 정하는 기준에 적합한 개인용 추락 방지 시스템을 설치하고 근로자로 하여금 한국산업표준에서 정하는 기준에 적합한 전신안전대를 사용하도록 할 것
⑩ 접이식 사다리 기둥은 사용 시 접혀지거나 펼쳐지지 않도록 철물 등을 사용하여 견고하게 조치할 것

04 【4점】

「화학물질의 분류·표시 및 물질안전보건자료에 관한 기준」상, 물질안전보건자료(MSDS) 작성 시 포함사항 16가지 중 다음 제외사항을 뺀 4가지를 쓰시오.

[제외사항]
① 화학제품과 회사에 관한 정보
② 구성성분의 명칭 및 함유량
③ 취급 및 저장 방법
④ 물리화학적 특성
⑤ 폐기시 주의사항
⑥ 그 밖의 참고사항

해설
① 유해성·위험성
② 응급조치요령
③ 폭발·화재시 대처방법
④ 누출사고시 대처방법

참고
화학물질의 분류·표시 및 물질안전보건자료에 관한 기준
제10조(작성항목)

① 화학제품과 회사에 관한 정보
② 유해성·위험성
③ 구성성분의 명칭 및 함유량
④ 응급조치요령
⑤ 폭발·화재시 대처방법
⑥ 누출사고시 대처방법
⑦ 취급 및 저장방법
⑧ 노출방지 및 개인보호구
⑨ 물리화학적 특성
⑩ 안정성 및 반응성
⑪ 독성에 관한 정보
⑫ 환경에 미치는 영향
⑬ 폐기 시 주의사항
⑭ 운송에 필요한 정보
⑮ 법적규제 현황
⑯ 그 밖의 참고사항

05 【3점】

다음 보기에서 「산업안전보건법」상, 산업재해 조사표의 주요항목에 해당하지 않는 것을 3가지 고르시오.

[보기]
① 재해자의 국적 ② 재발방지계획
③ 재해발생 일시 ④ 고용형태
⑤ 휴업예상일수 ⑥ 급여수준
⑦ 응급조치내역 ⑧ 작업지역·공정
⑨ 재해자 복귀일시

해설
⑥, ⑦, ⑨

참고
산업안전보건법 시행규칙
[별지 제30호 서식] 산업재해조사표
별지 서식은 해당 교재의 마지막 목차를 확인하시기 바랍니다.

06 【4점】

다음 보기에서 기계설비의 설치 시 시스템 안전의 5단계를 순서에 맞게 나열하시오.

[보기]
① 조업단계
② 구상단계
③ 사양결정단계
④ 제작단계
⑤ 설계단계

해설
② → ③ → ⑤ → ④ → ①

참고
*기계설비 설치시 시스템 안전 5단계
① 구상단계
② 사양결정단계
③ 설계단계
④ 제작단계
⑤ 조업단계

07 【3점】

다음 설명에 알맞은 방호장치를 각각 쓰시오.

[보기]
(1) 양중기에 정격하중 이상의 하중이 부과되었을 경우 자동적으로 감아올리는 동작을 정지하는 장치

(2) 양중기의 훅 등에 물건을 매달아 올릴 때 일정 높이 이상으로 감아올리는 것을 방지하는 장치

해설
(1) 과부하방지장치 (2) 권과방지장치

08 【4점】

「산업안전보건법」상, 사업주가 근로자에게 실시해야하는 안전보건교육 중, 다음 보기의 교육시간을 각각 쓰시오.

[보기]
① 안전보건관리책임자 보수교육
② 안전보건관리책임자 신규교육
③ 안전관리자 신규교육
④ 건설재해예방전문지도기관 종사자 보수교육

해설
① 6시간 이상
② 6시간 이상
③ 34시간 이상
④ 24시간 이상

참고
산업안전보건법 시행규칙
[별표 4] 안전보건교육 교육과정별 교육시간
*안전보건관리책임자 등에 대한 교육

교육대상	교육시간	
	신규교육	보수교육
안전보건관리책임자	6시간 이상	6시간 이상
안전관리자, 안전관리전문기관의 종사자	34시간 이상	24시간 이상
보건관리자, 보건관리전문기관의 종사자	34시간 이상	24시간 이상
건설재해예방전문지도기관의 종사자	34시간 이상	24시간 이상
석면조사기관의 종사자	34시간 이상	24시간 이상
안전보건관리담당자	–	8시간 이상
안전검사기관, 자율안전검사기관의 종사자	34시간 이상	24시간 이상

09 【4점】

다음 보기는 「산업안전보건법」상, 보일러 방호장치에 관한 내용일 때 빈칸을 채우시오.

[보기]
사업주는 보일러의 안전한 가동을 위하여 보일러 규격에 맞는 압력방출장치를 1개 또는 2개 이상 설치하고 (①) 이하에서 작동되도록 하여야 한다. 다만, 압력방출장치가 2개 이상 설치된 경우에는 (①) 이하에서 1개가 작동되고, 다른 압력방출장치는 (①)의 (②) 이하에서 작동되도록 부착하여야 한다.

해설
① 최고사용압력 ② 1.05배

참고
산업안전보건기준에 관한 규칙
제116조(압력방출장치)
사업주는 보일러의 안전한 가동을 위하여 보일러 규격에 맞는 압력방출장치를 1개 또는 2개 이상 설치하고 최고사용압력 이하에서 작동되도록 하여야 한다. 다만, 압력방출장치가 2개 이상 설치된 경우에는 최고사용압력 이하에서 1개가 작동되고, 다른 압력방출장치는 최고사용압력 1.05배 이하에서 작동되도록 부착하여야 한다.

10 【4점】

「산업안전보건법」상, 안전보건총괄책임자 지정대상 사업으로 상시근로자가 50명 이상이어야 하는 사업을 2가지 쓰시오.

해설
① 1차 금속 제조업
② 토사석 광업

> **참고**
> 산업안전보건법 시행령
> 제52조(안전보건총괄책임자 지정 대상사업)
> ① 선박 및 보트 건조업
> ② 1차 금속 제조업
> ③ 토사석 광업

11 【4점】

다음 각각 이론의 5단계를 쓰시오.

(1) 하인리히 도미노 이론
(2) 아담스의 연쇄 이론

출제 기준에서 제외된 내용입니다.

12 【4점】

적응기제에서 다음 각 종류 2가지씩 쓰시오.

(1) 방어기제
(2) 도피기제

출제 기준에서 제외된 내용입니다.

13 【4점】

「산업안전보건법」상, 정전작업 요령에 포함되어야 할 사항 4가지를 쓰시오.

출제 기준에서 제외된 내용입니다.

14 【5점】

트랜지스터 5개와 저항 10개가 직렬로 연결되어 있으며, 트랜지스터 평균 고장률은 0.00002, 저항 평균
고장률은 0.0001일 때 다음을 구하시오.

(1) 회로의 시간이 1500시간일 때의 신뢰도
(2) 평균수명($MTBF$) [시간]

출제 기준에서 제외된 내용입니다.

2011 2회차 산업안전기사 실기 필답형 기출문제

01 【3점】
「산업안전보건법」상, 산업안전보건위원회의 근로자위원자격을 3가지 쓰시오.

해설
① 근로자 대표
② 근로자대표가 지명하는 1명 이상의 명예감독관
③ 근로자대표가 지명하는 9명 이내의 해당 사업장의 근로자

참고
산업안전보건법 시행령
제35조(산업안전보건위원회의 구성)
① 근로자 대표
② 근로자대표가 지명하는 1명 이상의 명예감독관
③ 근로자대표가 지명하는 9명 이내의 해당 사업장의 근로자

02 【3점】
「산업안전보건법」상, 공정안전보고서 제출 대상이 되는 유해·위험설비가 아닌 시설·설비의 종류를 2가지 쓰시오.

해설
① 원자력 설비
② 군사시설

참고
산업안전보건법 시행령
제43조(공정안전보고서의 제출 대상)
① 원자력 설비
② 군사시설
③ 사업주가 해당 사업장 내에서 직접 사용하기 위한 난방용 연료의 저장설비 및 사용설비
④ 도매·소매시설
⑤ 차량 등의 운송설비
⑥ 액화석유가스의 충전·저장시설
⑦ 가스공급시설

03 【4점】
다음 보기는 「방호장치 자율안전기준 고시」상, 롤러기 급정지장치 원주속도와 안전거리에 관한 내용일 때, 빈칸을 채우시오.

[보기]
(①)m/min 이상 : 앞면 롤러 원주의 (②) 이내
(③)m/min 미만 : 앞면 롤러 원주의 (④) 이내

해설
① 30 ② $\frac{1}{2.5}$ ③ 30 ④ $\frac{1}{3}$

> **참고**
> 방호장치 자율안전기준 고시
> [별표 3] 롤러기 급정지장치의 성능기준
> *무부하동작에서 급정지거리
>
> | 속도 기준 | 급정지거리 기준 |
> |---|---|
> | 30m/min 이상 | 앞면 롤러 원주의 $\frac{1}{2.5}$ 이내 |
> | 30m/min 미만 | 앞면 롤러 원주의 $\frac{1}{3}$ 이내 |

04 【5점】

「산업안전보건법」상, 사업주가 크레인, 이동식 크레인, 곤돌라에 정상적으로 작동될 수 있도록 조정해 두어야 하는 방호장치를 4가지 쓰시오.

> **해설**
> ① 권과방지장치
> ② 과부하방지장치
> ③ 제동장치
> ④ 비상정지장치

> **참고**
> 산업안전보건기준에 관한 규칙
> 제134조(방호장치의 조정)
> ① 권과방지장치
> ② 과부하방지장치
> ③ 제동장치
> ④ 비상정지장치
> ⑤ 그 밖의 방호장치(승강기의 파이널 리미트 스위치, 속도조절기, 출입문 인터록 등)

05 【4점】

「할로겐화합물 및 불활성기체소화설비의 화재안전성능기준」에 소화기에 사용하는 할로겐원소의 연소 억제제의 종류를 4가지 쓰시오.

> **해설**
> ① 불소
> ② 염소
> ③ 브롬
> ④ 요오드

> **참고**
> 할로겐화합물 및 불활성기체소화설비의 화재안전성능기준
> 제3조(정의)
>
> | 할로겐화합물 소화약제 | 불활성기체 소화약제 |
> |---|---|
> | 불소(F) | 헬륨(He) |
> | 염소(Cl) | 네온(Ne) |
> | 브롬(Br) | 아르곤(Ar) |
> | 요오드(I) | 질소(N) |

06 【3점】

와이어로프의 꼬임형식을 2가지 쓰시오.

> **해설**
> ① 보통꼬임 ② 랭꼬임

> **참고**
> ① 보통꼬임 : 스트랜드의 꼬임 방향과 소선의 꼬임 방향이 반대방향인 꼬임이다.
> ② 랭꼬임 : 스트랜드의 꼬임 방향과 소선의 꼬임 방향이 동일방향인 꼬임이다.

07 【4점】

「산업안전보건법」상, 경고표지 중 위험장소 경고 표지를 그리시오.
(단, 색상표시는 글자로 나타내시오.)

> 해설

바탕 : 노란색
느낌표 : 검정색
테두리 검정색

> 참고

산업안전보건법 시행규칙
[별표 6] 안전보건표지의 종류와 형태
*경고표지

인화성물질 경고	산화성물질 경고	폭발성물질 경고	급성독성 물질경고
부식성물질 경고	방사성물질 경고	고압전기 경고	매달린물체 경고
낙하물 경고	고온 경고	저온 경고	몸균형상실 경고
레이저광선 경고	위험장소 경고	발암성·변이원성·생식 독성·전신독성·호흡기 과민성물질 경고	

08 【4점】

「산업안전보건법」상, 자율검사프로그램의 인정을 취소하거나 인정받은 자율검사프로그램의 내용에 따라 검사를 하도록 개선을 명할 수 있는 경우를 2가지 쓰시오.

> 해설

① 거짓이나 그 밖의 부정한 방법으로 자율검사 프로그램을 인정받은 경우
② 자율검사프로그램을 인정받고도 검사를 하지 아니한 경우

> 참고

산업안전보건법
제99조(자율검사프로그램 인정의 취소 등)

① 거짓이나 그 밖의 부정한 방법으로 자율검사 프로그램을 인정받은 경우
② 자율검사프로그램을 인정받고도 검사를 하지 아니한 경우
③ 인정받은 자율검사프로그램의 내용에 따라 검사를 하지 아니한 경우

09 【5점】

다음 보기를 「방호장치 안전인증 고시」를 참고하여 방폭구조의 표시를 쓰시오.

[보기]
- 방폭구조 : 용기 내 폭발 시 용기가 폭발 압력을 견디며 틈을 통해 냉각효과로 인하여 외부에 인화될 우려가 없는 구조
- 최대안전틈새 : $0.8mm$
- 최고표면온도 : 90℃

> 해설

Ex d IIB T5

> [참고]
> 방호장치 안전인증 고시
> [별표 6] 가스·증기방폭구조인 전기기기의 일반성능기준
> *방폭구조의 종류

종류	내용
내압 방폭구조 (d)	용기 내 폭발시 용기가 그 압력을 견디고 개구부 등을 통해 외부에 인화될 우려가 없는 구조
압력 방폭구조 (p)	용기 내에 보호가스를 압입시켜 대기압 이상으로 유지하여 폭발성 가스가 유입되지 않도록 하는 구조
안전증 방폭구조 (e)	운전 중에 생기는 아크, 스파크, 발열 등의 발화원을 제거하여 안전도를 증가시킨 구조
유입 방폭구조 (o)	전기불꽃, 아크, 고온 발생 부분을 기름으로 채워 폭발성 가스 또는 증기에 인화되지 않도록 한 구조
본질안전 방폭구조 (ia, ib)	운전 중 단선, 단락, 지락에 의한 사고 시 폭발 점화원의 발생이 방지된 구조
비점화 방폭구조 (n)	운전중에 점화원을 차단하여 폭발이 일어나지 않고, 이상 상태에서 짧은시간 동안 방폭기능을 할 수 있는 구조
몰드 방폭구조 (m)	전기불꽃, 고온 발생 부분은 컴파운드로 밀폐한 구조
충전 방폭구조 (q)	미세한 석영가루를 이용하여 방폭작용을 할 수 있는 구조
특수 방폭구조 (s)	앞서 언급한 이외의 구조로서 폭발성 가스의 인화를 확실히 방지할 수 있도록 한 것이 실험 결과로서 확인되는 구조

*가연성가스의 폭발등급 및 내압방폭구조의 폭발등급

가스 그룹	최대안전틈새	가스 명칭
IIA	0.9mm 이상	프로판 가스
IIB	0.5mm 초과 0.9mm 미만	에틸렌 가스
IIC	0.5mm 이하	수소 또는 아세틸렌 가스

*방폭전기기기의 최고표면온도에 따른 분류

최고표면온도 [℃]	온도등급
300 초과 450 이하	T1
200 초과 300 이하	T2
135 초과 200 이하	T3
100 초과 135 이하	T4
85 초과 100 이하	T5
85 이하	T6

10 【4점】

다음 보기는 「산업안전보건법」상, 타워크레인의 작업 중지에 관한 내용일 때, 빈칸을 채우시오.

> [보기]
> - 운전작업을 중지하여야 하는 순간풍속 : (①)m/s
> - 설치·수리·점검 또는 해체 작업을 중지하여야 하는 순간풍속 : (②)m/s

해설
① 15 ② 10

참고
산업안전보건기준에 관한 규칙
제37조(악천후 및 강풍 시 작업중지)

풍속	조치사항
순간 풍속 매 초당 10m를 초과하는 경우 (풍속 10m/s 초과)	타워크레인의 설치·수리·점검 또는 해체작업을 중지
순간 풍속 매 초당 15m를 초과하는 경우 (풍속 15m/s 초과)	타워크레인, 이동식크레인, 리프트 등의 운전작업을 중지

11 【5점】

어떤 사업장의 평균근로자수는 400명, 연간 80건의 재해 발생과 100명의 재해자 발생으로 인하여 근로손실일수 800일이 발생하였을 때 종합재해지수(FSI)를 구하시오.
(단, 근무일수는 연간 280일, 근무시간은 1일 8시간이다.)

해설

$$도수율 = \frac{재해건수}{연근로\ 총시간수} \times 10^6$$
$$= \frac{80}{400 \times 8 \times 280} \times 10^6 = 89.29$$

$$강도율 = \frac{근로손실일수}{연근로\ 총시간수} \times 10^3$$
$$= \frac{800}{400 \times 8 \times 280} \times 10^3 = 0.89$$

$$\therefore 종합재해지수 = \sqrt{도수율 \times 강도율}$$
$$= \sqrt{89.29 \times 0.89} = 8.91$$

12 【3점】

다음 보기의 FTA단계를 순서대로 나열하시오.

[보기]
① FT도 작성
② 재해원인 규명
③ 개선계획 작성
④ TOP 사상 정의
⑤ 개선안 실시계획

출제 기준에서 제외된 내용입니다.

13 【4점】

다음 파동의 그래프를 보고 각 물음에 답 하시오.

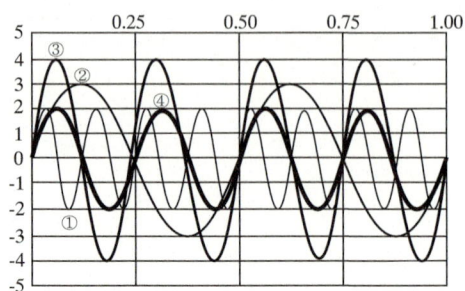

(1) 음의 높이가 가장 높은 음파의 종류와 그 이유
(2) 음의 강도가 가장 센 음파의 종류와 그 이유

출제 기준에서 제외된 내용입니다.

14 【4점】

「산업안전보건법」상, 무재해운동을 추진하던 도중 사고 또는 재해가 발생하더라도 무재해로 인정되는 경우 4가지를 쓰시오.

출제 기준에서 제외된 내용입니다.

Memo

2011 3회차 산업안전기사 실기 필답형 기출문제

01 【4점】
「산업안전보건법」상, 노사협의체 설치 대상 사업장 및 정기회의 개최주기를 각각 쓰시오.

[해설]
① 공사금액이 120억(토목공사업은 150억) 이상인 건설공사
② 2개월 마다

[참고]
산업안전보건법 시행령
제63조(노사협의체의 설치 대상), 제65조(노사협의체의 운영)
① 노사협의체를 구성해야 하는 건설 공사는 공사금액이 120억원(토목공사업은 150억원) 이상인 건설공사를 말한다.
② 정기회의는 2개월 마다 노사협의체의 위원장이 소집하며, 임시회의는 위원장이 필요하다고 인정할 때에 소집한다.

02 【5점】
지게차 중량이 $1000kg$ 일 때, 지게차 안정성 유지를 위한 허용 화물중량$[kg]$을 구하시오. (단, $a=1.2m$, $b=1.5m$ 이다.)

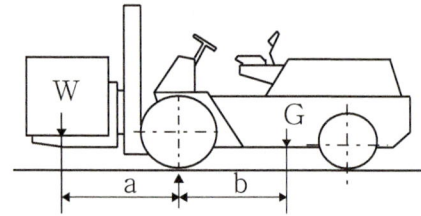

[해설]
$W \times a \leq 1000 \times b$
$\therefore W \leq \dfrac{1000b}{a} = \dfrac{1000 \times 1.5}{1.2} = 1250 kg$

[참고]
*지게차의 허용 화물중량
$W \times a \leq G \times b$
여기서,
W : 허용 화물중량 $[kg]$
a : 앞바퀴에서 화물의 무게중심까지의 최단거리 $[m]$
G : 지게차의 중량 $[kg]$
b : 앞바퀴에서 지게차의 무게중심까지의 최단거리 $[m]$

03 【4점】

「산업안전보건법」상, 인체에 대전된 정전기에 의한 화재 또는 폭발 위험이 있는 경우 사업주가 하여야 할 조치를 4가지 쓰시오.

해설
① 정전기 대전방지용 안전화 착용
② 제전복 착용
③ 정전기 제전용구 사용
④ 작업장 바닥 등에 도전성을 갖추도록

참고
산업안전보건기준에 관한 규칙
제325조(정전기로 인한 화재 폭발 등 방지)

사업주는 인체에 대전된 정전기에 의한 화재 또는 폭발 위험이 있는 경우에는 <u>정전기 대전방지용 안전화 착용, 제전복 착용, 정전기 제전용구 사용</u> 등의 조치를 하거나 <u>작업장 바닥 등에 도전성을 갖추도록</u> 하는 등 필요한 조치를 하여야 한다.

04 【4점】

「산업안전보건법」상, 안전인증대상 기계·기구 등이 안전기준에 적합한지를 확인하기 위하여 안전인증 심사의 종류 4가지를 쓰시오.

해설
① 예비심사
② 서면심사
③ 기술능력 및 생산체계 심사
④ 제품심사

참고
산업안전보건법 시행규칙
제110조(안전인증 심사의 종류 및 방법)

심사의 종류	심사기간	
예비심사	7일	
서면심사	15일 (외국에서 제조한 경우 30일)	
기술능력 및 생산체계 심사	30일 (외국에서 제조한 경우 45일)	
제품심사	개별	15일
	형식별	30일 (일부 보호구는 60일)

05 【5점】

다음 보기는 「산업안전보건법」상, 급성독성물질에 대한 설명일 때, 빈칸을 채우시오.

[보기]
- LD_{50}은 (①)mg/kg을 쥐에 대한 경구투입 실험에 의하여 실험동물의 50%를 사망케한다.
- LD_{50}은 (②)mg/kg을 쥐 또는 토끼에 대한 경피흡수실험에 의하여 실험동물의 50%를 사망케한다.
- LC_{50}은 가스로 (③)ppm을 쥐에 대한 4시간 동안 흡입실험에 의하여 실험동물의 50%를 사망케한다.
- LC_{50}은 증기로 (④)mg/ℓ을 쥐에 대한 4시간 동안 흡입실험에 의하여 실험동물의 50%를 사망케한다.
- LC_{50}은 분진 또는 미스트로 (⑤)mg/ℓ을 쥐에 대한 4시간 동안 흡입실험에 의하여 실험동물의 50%를 사망케한다.

해설
① 300 ② 1000 ③ 2500 ④ 10 ⑤ 1

> [참고]
> 산업안전보건기준에 관한 규칙
> [별표 1] 위험물질의 종류
> *급성 독성 물질
>
> | 분류 | 기준 |
> |---|---|
> | LD_{50} (경구, 쥐) | $300mg/kg$ 이하 |
> | LD_{50} (경피, 토끼 또는 쥐) | $1000mg/kg$ 이하 |
> | 가스 LC_{50} (쥐, 4시간 흡입) | $2500ppm$ 이하 |
> | 증기 LC_{50} (쥐, 4시간 흡입) | $10mg/\ell$ 이하 |
> | 분진, 미스트 LC_{50} (쥐, 4시간 흡입) | $1mg/\ell$ 이하 |

06 【3점】

「산업안전보건법」상 관계자외 출입금지표지 종류 3가지를 쓰시오.

> [해설]
> ① 허가대상유해물질 취급
> ② 석면취급 및 해체·제거
> ③ 금지유해물질 취급

> [참고]
> 산업안전보건법 시행규칙
> [별표 7] 안전보건표지의 종류별 용도, 설치·부착 장소, 형태 및 색채
> ① 허가대상유해물질 취급
> ② 석면취급 및 해체·제거
> ③ 금지유해물질 취급

07 【4점】

「산업안전보건법」상 굴착면에 높이가 $2m$ 이상이 되는 지반의 굴착작업을 하는 경우 작업장의 지형·지반 및 지층 상태 등에 대한 사전조사 후 작성하여야 하는 작업계획서의 포함사항 4가지를 쓰시오.

> [해설]
> ① 굴착방법 및 순서, 토사 반출 방법
> ② 필요한 인원 및 장비 사용계획
> ④ 사업장 내 연락방법 및 신호방법
> ⑥ 작업지휘자의 배치계획

> [참고]
> 산업안전보건기준에 관한 규칙
> [별표 4] 사전조사 및 작업계획서 내용
> *굴착작업의 작업계획서 내용
> ① 굴착방법 및 순서, 토사 반출 방법
> ② 필요한 인원 및 장비 사용계획
> ③ 매설물 등에 대한 이설·보호대책
> ④ 사업장 내 연락방법 및 신호방법
> ⑤ 흙막이 지보공 설치방법 및 계측계획
> ⑥ 작업지휘자의 배치계획

08 【4점】

다음 보기는 「산업안전보건법」상, 작업 중 근로자의 추락 등의 위험을 방지하기 위하여 안전난간을 설치하는 기준에 대한 설명일 때, 빈칸을 채우시오.

[보기]
- 상부난간대 : 바닥면·발판 또는 경사로의 표면으로부터 (①)cm 이상
- 발끝막이판 : 바닥면 등으로부터 (②)cm 이상
- 난간대 : 지름 (③)cm 이상 금속제 파이프
- 하중 : (④)kg 이상 하중에 견딜 수 있는 튼튼한 구조

⑥ 난간대는 지름 2.7cm 이상의 금속제 파이프나 그 이상의 강도가 있는 재료일 것
⑦ 안전난간은 구조적으로 가장 취약한 지점에서 가장 취약한 방향으로 작용하는 100kg 이상의 하중에 견딜 수 있는 튼튼한 구조일 것

해설
① 90 ② 10 ③ 2.7 ④ 100

참고
산업안전보건기준에 관한 규칙
제13조(안전난간의 구조 및 설치요건)
① 상부 난간대, 중간 난간대, 발끝막이판 및 난간기둥으로 구성할 것. 다만, 중간 난간대, 발끝막이판 및 난간기둥은 이와 비슷한 구조와 성능을 가진 것으로 대체할 수 있다.
② 상부 난간대는 바닥면·발판 또는 경사로의 표면으로부터 90cm 이상 지점에 설치하고, 상부 난간대를 120cm 이하에 설치하는 경우에는 중간 난간대는 상부 난간대와 바닥면등의 중간에 설치하여야 하며, 120cm 이상 지점에 설치하는 경우에는 중간 난간대를 2단 이상으로 균등하게 설치하고 난간의 상하 간격은 60cm 이하가 되도록 할 것. 다만, 난간기둥 간의 간격이 25cm 이하인 경우에는 중간 난간대를 설치하지 아니할 수 있다.
③ 발끝막이판은 바닥면등으로부터 10cm 이상의 높이를 유지할 것. 다만, 물체가 떨어지거나 날아올 위험이 없거나 그 위험을 방지할 수 있는 망을 설치하는 등 필요한 예방 조치를 한 장소는 제외한다.
④ 난간기둥은 상부 난간대와 중간 난간대를 견고하게 떠받칠 수 있도록 적정한 간격을 유지할 것
⑤ 상부 난간대와 중간 난간대는 난간 길이 전체에 걸쳐 바닥면등과 평행을 유지할 것

09 【3점】

다음 보기는 「산업안전보건법」상, 신규 화학물질의 제조 및 수입 등에 관한 설명일 때, 빈칸을 채우시오.

[보기]
신규화학물질을 제조하거나 수입하려는 자는 제조하거나 수입하려는 날 (①)일 전까지 신규화학물질 유해성·위험성 조사보고서에 따른 서류를 첨부하여 (②)에게 제출할 것

해설
① 30 ② 고용노동부장관

참고
산업안전보건법 시행규칙
제147조(신규화학물질의 유해성·위험성 조사보고서의 제출)

신규화학물질을 제조하거나 수입하려는 자는 제조하거나 수입하려는 날 30일(연간 제조하거나 수입하려는 양이 100킬로그램 이상 1톤 미만인 경우에는 14일) 전까지 신규화학물질 유해성·위험성 조사보고서에 따른 서류를 첨부하여 고용노동부장관에게 제출해야 한다.

10 【4점】

다음 보기의 재해발생 형태를 각각 쓰시오.

[보기]
(1) 폭발과 화재 두 현상이 복합적으로 발생된 경우
(2) 재해 당시 바닥면과 신체가 떨어진 상태로 더 낮은 위치로 떨어진 경우
(3) 재해 당시 바닥면과 신체가 접해있는 상태에서 더 낮은 위치로 떨어진 경우
(4) 재해자가 넘어짐에 인하여 기계의 동력전달부위 등에 끼어서 신체부위가 절단된 경우

해설
(1) 폭발 (2) 떨어짐 (3) 넘어짐 (4) 끼임

참고
산업재해 기록 분류에 관한 지침
KOSHA GUIDE G-83-2016
① 폭발과 화재, 두 현상이 복합적으로 발생된 경우에는 발생형태를 '폭발'로 분류한다.
② 사고 당시 바닥면과 신체가 떨어진 상태로 더 낮은 위치로 떨어진 경우에는 '떨어짐'으로, 바닥면과 신체가 접해있는 상태에서 더 낮은 위치로 떨어진 경우에는 '넘어짐'으로 분류한다.
③ 재해자가 넘어짐으로 인하여 기계의 동력전달부위 등에 끼이는 사고가 발생하여 신체부위가 절단된 경우에는 '끼임'으로 분류한다.

11 【4점】

프레스기의 SPM이 200이고, 클러치의 맞물림 개소수가 5개인 경우 양수기동식 방호장치의 안전거리[mm]를 구하시오.

해설
$$T_m = \left(\frac{1}{5} + \frac{1}{2}\right) \times \left(\frac{60000}{200}\right) = 210 ms$$

$$D_m = 1.6 T_m = 1.6 \times 210 = 336 mm$$

참고
프레스 방호장치의 선정 설치 및 사용 기술지침
KOSHA GUIDE M-122-2012
*양수기동식 방호장치의 안전거리

$$D_m = 1.6 T_m$$

여기서,
D_m : 안전거리 [mm]
T_m : 총 소요시간 [ms]
$$T_m = \left(\frac{1}{\text{클러치개수}} + \frac{1}{2}\right) \times \left(\frac{60000}{\text{매분행정수}}\right)$$

12 【3점】

파블로프 조건반사설 학습의 원리 3가지를 쓰시오.

출제 기준에서 제외된 내용입니다.

13 【4점】

미국방성 위험성평가 중 위험도(MIL-STD-882B) 4가지를 쓰시오.

> 출제 기준에서 제외된 내용입니다.

14 【4점】

시스템 안전 프로그램(SSPP)의 포함사항 4가지를 쓰시오.

> 출제 기준에서 제외된 내용입니다.

2012 1회차 산업안전기사 실기 필답형 기출문제

01 【3점】

다음 보기를 참고하여 「산업안전보건법」에 따라 산업재해조사표를 작성하려할 때 산업재해조사표의 주요 작성항목이 아닌 것을 3가지 고르시오.

[보기]
① 발생일시　　② 목격자 인적사항
③ 재해발생 당시 상황
④ 상해종류(질병명)　⑤ 고용형태
⑥ 재해발생원인　　⑦ 가해물
⑧ 재발방지계획　⑨ 재해발생후 첫 출근일자

해설
②, ⑦, ⑨

참고
산업안전보건법 시행규칙
[별지 제30호 서식] 산업재해조사표

별지 서식은 해당 교재의 마지막 목차를 확인하시기 바랍니다.

02 【4점】

다음 보기는 「산업안전보건법」상, 사업주가 철골공사 작업을 중지해야 하는 조건을 나타낼 때, 빈칸을 채우시오.

[보기]
- 풍속 : 초당 (①)m 이상인 경우
- 강우량 : 시간당 (②)mm 이상인 경우
- 강설량 : 시간당 (③)cm 이상인 경우

해설
① 10　② 1　③ 1

참고
산업안전보건기준에 관한 규칙
제383조(작업의 제한)

종류	기준
풍속	초당 10m (10m/s)이상인 경우
강우량	시간당 1mm (1mm/hr)이상인 경우
강설량	시간당 1cm (1cm/hr)이상인 경우

03 【4점】

「산업안전보건법」상, 비, 눈 그 밖의 악천후로 인하여 작업을 중지시킨 후 또는 비계를 조립·해체하거나 변경한 후에 그 비계에서 작업을 하는 경우, 해당 작업을 시작하기 전에 점검해야 할 항목을 4가지 쓰시오.

해설
① 발판 재료의 손상 여부 및 부착 또는 걸림 상태
② 해당 비계의 연결부 또는 접속부의 풀림 상태
③ 손잡이의 탈락 여부
④ 기둥의 침하, 변형, 변위 또는 흔들림 상태

참고
산업안전보건기준에 관한 규칙
제58조(비계의 점검 및 보수)
① 발판 재료의 손상 여부 및 부착 또는 걸림 상태
② 해당 비계의 연결부 또는 접속부의 풀림 상태
③ 연결 재료 및 연결 철물의 손상 또는 부식 상태
④ 손잡이의 탈락 여부
⑤ 기둥의 침하, 변형, 변위 또는 흔들림 상태
⑥ 로프의 부착 상태 및 매단 장치의 흔들림 상태

04 【3점】

「산업안전보건법」상, 산업용 로봇의 작동범위 내에서 해당 로봇에 대하여 교시 등의 작업 시 예기치 못한 작동 또는 오조작에 의한 위험을 방지하기 위하여 수립해야 하는 지침사항을 4가지 쓰시오.
(단, 그 밖의 로봇의 예기치 못한 작동 또는 오조작에의한 위험을 방지하기 위하여 필요한 조치는 제외하여 쓰시오.)

해설
① 로봇의 조작방법 및 순서
② 작업 중의 매니퓰레이터의 속도
③ 2명 이상의 근로자에게 작업을 시킬 경우의 신호방법
④ 이상을 발견한 경우의 조치

참고
산업안전보건기준에 관한 규칙
제222조(교시 등)
① 로봇의 조작방법 및 순서
② 작업 중의 매니퓰레이터의 속도
③ 2명 이상의 근로자에게 작업을 시킬 경우의 신호방법
④ 이상을 발견한 경우의 조치
⑤ 이상을 발견하여 로봇의 운전을 정지시킨 후, 이를 재가동 시킬 경우의 조치

05 【5점】

「산업안전보건법」상, 설비를 사용할 때에 정전기에 의한 화재 또는 폭발 등의 위험이 발생할 우려가 있는 경우, 이를 방지하는 대책을 4가지 쓰시오.

해설
① 접지
② 도전성 재료 사용
③ 가습
④ 제전장치 사용

참고
산업안전보건기준에 관한 규칙
제325조(정전기로 인한 화재 폭발 등 방지)

사업주는 설비를 사용할 때에 정전기에 의한 화재 또는 폭발 등의 위험이 발생할 우려가 있는 경우에는 해당 설비에 대하여 확실한 방법으로 접지를 하거나, 도전성 재료를 사용하거나 가습 및 점화원이 될 우려가 없는 제전장치를 사용하는 등 정전기의 발생을 억제하거나 제거하기 위하여 필요한 조치를 하여야 한다.

06 【4점】

「산업안전보건법」상, 물질안전보건자료(MSDS)의 작성·비치대상에서 제외되는 화학물질을 4가지 쓰시오.
(단, 화학물질 또는 혼합물로서 일반소비자의 생활용으로 제공되는 것과 그 밖에 고용노동부장관이 독성, 폭발성 등으로 인한 위해의 정도가 적다고 인정하여 고시하는 화학물질은 제외한다.)

해설
① '농약관리법'에 따른 농약
② '비료관리법'에 따른 비료
③ '사료관리법'에 따른 사료
④ '화장품법'에 따른 화장품

참고
산업안전보건법 시행령
제86조(물질안전보건자료의 작성·제출 제외 대상 화학물질 등)
① '건강기능식품에 관한 법률'에 따른 건강기능식품
② '농약관리법'에 따른 농약
③ '마약류 관리에 관한 법률'에 따른 마약 및 향정신성의약품
④ '비료관리법'에 따른 비료
⑤ '사료관리법'에 따른 사료
⑥ '생활주변방사선 안전관리법'에 따른 원료물질
⑦ '생활화학제품 및 살생물제의 안전관리에 관한 법률'에 따른 안전확인대상생활화학제품 및 살생물제품 중 일반소비자의 생활용으로 제공되는 제품
⑧ '식품위생법'에 따른 식품 및 식품첨가물
⑨ '약사법'에 따른 의약품 및 의약외품
⑩ '원자력안전법'에 따른 방사성물질
⑪ '위생용품 관리법'에 따른 위생용품
⑫ '의료기기법'에 따른 의료기기
⑬ '첨단재생의료 및 첨단바이오의약품 안전 및 지원에 관한 법률'에 따른 첨단바이오의약품
⑭ '총포·도검·화약류 등의 안전관리에 관한 법률'에 따른 화약류
⑮ '폐기물관리법'에 따른 폐기물
⑯ '화장품법'에 따른 화장품

07 【3점】

「산업안전보건법」상, 사업주는 압력용기 등을 식별할 수 있도록 하기 위하여 그 압력용기 등에 표시가 지워지지 않도록 각인 표시된 것을 사용하여야 한다. 이 때의 표시사항 3가지를 쓰시오.

해설
① 최고사용압력
② 제조연월일
③ 제조회사명

참고
산업안전보건기준에 관한 규칙
제120조(최고사용압력의 표시 등)
① 최고사용압력
② 제조연월일
③ 제조회사명

08 【4점】

「보호구 안전인증 고시」상, 사용구분에 따른 차광보안경의 종류를 4가지 쓰시오.

해설
① 자외선용
② 적외선용
③ 복합용
④ 용접용

참고
보호구 안전인증 고시
[별표 10] 차광보안경의 성능기준

종류	사용구분
자외선용	자외선이 발생하는 장소
적외선용	적외선이 발생하는 장소
복합용	자외선 및 적외선이 발생하는 장소
용접용	산소용접작업등과 같이 자외선, 적외선 및 강렬한 가시광선이 발생하는 장소

09 【4점】

「공정안전보고서의 제출·심사·확인 및 이행상태평가 등에 관한 규정」상, 공정안전보고서의 내용 중 공정 위험성 평가서에 적용하는 위험성 평가기법에 있어서 '저장탱크, 유틸리티설비 및 제조공정 중 고체건조·분쇄설비' 등 간단한 단위공정에 대한 위험성 평가기법을 3가지 쓰시오.

해설
① 체크리스트
② 공정위험분석기법
③ 공정안전성분석기법

참고
공정안전보고서의 제출·심사·확인 및 이행상태평가 등에 관한 규정 제29조(위험성 평가기법)
*저장탱크설비, 유틸리티설비 및 제조공정 중 고체 건조·분쇄설비 등 간단한 단위공정
① 체크리스트기법
② 작업자실수분석기법
③ 사고예상질문분석기법
④ 위험과 운전분석기법
⑤ 상대 위험순위결정기법
⑥ 공정위험분석기법
⑦ 공정안전성분석기법

10 【4점】

「고압가스 안전관리법 시행규칙」상, 다음 보기에서 내용적 $2L$ 이상 가스 용기의 외면에 적용하는 도색의 기준을 각각 쓰시오.
(단, 의료용은 제외한다.)

[보기]
① 산소 ② 암모니아 ③ 아세틸렌 ④ 질소

해설
① 녹색 ② 백색 ③ 황색 ④ 회색

참고
고압가스 안전관리법 시행규칙
[별표 24] 용기등의 표시
*가연성가스 및 독성가스의 용기

고압가스	도색
산소	녹색
수소	주황색
염소	갈색
탄산가스	청색
석유가스 또는 질소	회색
아세틸렌	황색
암모니아	백색

11 【4점】

다음 보기는 「산업안전보건법」상, 사업주가 근로자에게 실시해야하는 안전보건교육 내용이다. 각 항목에 맞는 교육 시간을 쓰시오.

[보기]
① 안전관리자 보수교육
② 보건관리자 신규교육
③ 안전보건관리책임자 보수교육
④ 건설재해예방전문지도기관 종사자 보수교육

해설
① 24시간 이상
② 34시간 이상
③ 6시간 이상
④ 24시간 이상

> **참고**
>
> 산업안전보건법 시행규칙
> [별표 4] 안전보건교육 교육과정별 교육시간
> *안전보건관리책임자 등에 대한 교육

교육대상	교육시간	
	신규교육	보수교육
안전보건관리책임자	6시간 이상	6시간 이상
안전관리자, 안전관리전문기관의 종사자	34시간 이상	24시간 이상
보건관리자, 보건관리전문기관의 종사자	34시간 이상	24시간 이상
건설재해예방전문 지도기관의 종사자	34시간 이상	24시간 이상
석면조사기관의 종사자	34시간 이상	24시간 이상
안전보건관리담당자	–	8시간 이상
안전검사기관, 자율안전검사기관의 종사자	34시간 이상	24시간 이상

12 【5점】

어떤 사업장에서 평균근로자수는 540명, 연간 12건의 재해 발생과 15명의 재해자 발생으로 인하여 근로손실일수 6500일이 발생하였을 때, 다음을 구하시오.
(단, 근무일수는 연간 280일, 근무시간은 1일 9시간 이다.)

(1) 도수율
(2) 강도율
(3) 연천인율
(4) 종합재해지수

> **해설**
>
> (1) 도수율 $= \dfrac{\text{재해건수}}{\text{연근로 총시간수}} \times 10^6$
> $= \dfrac{12}{540 \times 9 \times 280} \times 10^6 = 8.82$
>
> (2) 강도율 $= \dfrac{\text{근로손실일수}}{\text{연근로 총시간수}} \times 10^3$
> $= \dfrac{6500}{540 \times 9 \times 280} \times 10^3 = 4.78$
>
> (3) 연천인율 $= \dfrac{\text{재해자수}}{\text{연평균 근로자수}} \times 10^3$
> $= \dfrac{15}{540} \times 10^3 = 27.78$
>
> (4) 종합재해지수 $= \sqrt{\text{도수율} \times \text{강도율}}$
> $= \sqrt{8.82 \times 4.78} = 6.49$

13 【3점】

사람이 작업할 때 느끼는 실효온도(체감온도)에 영향을 주는 요인 3가지를 쓰시오.

출제 기준에서 제외된 내용입니다.

14 【5점】

~~다음 보기를 각각 Omission error와 Commission error로 분류하시오.~~

> [보기]
> ① ~~납 접합을 빠뜨렸다.~~
> ② ~~전선의 연결이 바뀌었다.~~
> ③ ~~부품을 빠뜨렸다.~~
> ④ ~~부품이 거꾸로 배열되었다.~~
> ⑤ ~~알맞지 않은 부품을 사용하였다.~~

출제 기준에서 제외된 내용입니다.

2012년 2회차 산업안전기사 실기 필답형 기출문제

01 【5점】
「공정안전보고서의 제출·심사·확인 및 이행상태평가 등에 관한 규정」상, 공정안전보고서 내용 중 안전작업허가 지침에 포함되어야 하는 위험작업의 종류를 5가지 쓰시오.

해설
① 화기작업
② 일반위험작업
③ 정전작업
④ 굴착작업
⑤ 방사선 사용작업

참고
공정안전보고서의 제출·심사·확인 및 이행상태평가 등에 관한 규정
제33조(안전작업허가)
① 화기작업
② 일반위험작업
③ 밀폐공간 출입작업
④ 정전작업
⑤ 굴착작업
⑥ 방사선 사용작업

02 【3점】
「산업안전보건법」상, 잠함 또는 우물통의 내부에서 근로자가 굴착작업을 하는 경우에, 잠함 또는 우물통의 급격한 침하에 의한 위험을 방지하기 위한 사업주의 준수사항 2가지를 쓰시오.

해설
① 침하관계도에 따라 굴착방법 및 재하량 등을 정할 것
② 바닥으로부터 천장 또는 보까지의 높이는 1.8m 이상 으로 할 것

참고
산업안전보건기준에 관한 규칙
제376조(급격한 침하로 인한 위험 방지)
① 침하관계도에 따라 굴착방법 및 재하량 등을 정할 것
② 바닥으로부터 천장 또는 보까지의 높이는 1.8m 이상 으로 할 것

03 【4점】
「산업안전보건법」상, 안전보건총괄책임자의 직무를 4가지 쓰시오.

해설
① 위험성 평가의 실시에 관한 사항
② 작업의 중지
③ 도급 시 산업재해 예방조치
④ 안전인증대상기계등과 자율안전확인대상기계 등의 사용 여부 확인

참고
산업안전보건법 시행령
제53조(안전보건총괄책임자의 직무 등)
① 위험성 평가의 실시에 관한 사항
② 작업의 중지
③ 도급 시 산업재해 예방조치
④ 산업안전보건관리비의 관계수급인 간의 사용에 관한 협의·조정 및 그 집행의 감독
⑤ 안전인증대상기계등과 자율안전확인대상기계 등의 사용 여부 확인

04 【3점】

「산업안전보건법」상, 공사용 가설도로를 설치하는 경우 사업주의 준수사항을 3가지 쓰시오.

해설
① 도로는 장비와 차량이 안전하게 운행할 수 있도록 견고하게 설치할 것
② 도로와 작업장이 접하여 있을 경우에는 울타리 등을 설치할 것
③ 차량의 속도제한 표지를 부착할 것

참고
산업안전보건기준에 관한 규칙
제379조(가설도로)
① 도로는 장비와 차량이 안전하게 운행할 수 있도록 견고하게 설치할 것
② 도로와 작업장이 접하여 있을 경우에는 울타리 등을 설치할 것
③ 도로는 배수를 위하여 경사지게 설치하거나 배수시설을 설치할 것
④ 차량의 속도제한 표지를 부착할 것

05 【5점】

「산업안전보건법」상, 방사선 업무와 관계되는 작업 (의료 및 실험용은 제외)에 종사하는 근로자에게 실시하여야 하는 특별 안전보건 교육 내용을 4가지 쓰시오.

해설
① 방사선의 유해·위험 및 인체에 미치는 영향
② 방사선의 측정기기 기능의 점검에 관한 사항
③ 방호거리·방호벽 및 방사선물질의 취급 요령에 관한 사항
④ 응급처치 및 보호구 착용에 관한 사항

참고
산업안전보건법 시행규칙
[별표 5] 안전보건교육 교육대상별 교육내용
*방사선 업무에 관계되는 작업
① 방사선의 유해·위험 및 인체에 미치는 영향
② 방사선의 측정기기 기능의 점검에 관한 사항
③ 방호거리·방호벽 및 방사선물질의 취급 요령에 관한 사항
④ 응급처치 및 보호구 착용에 관한 사항
⑤ 그 밖에 안전·보건관리에 필요한 사항

06 【4점】

「산업안전보건법」상, 지상높이가 $31m$ 이상 되는 건축물을 건설하는 공사현장에서 건설 공사 유해·위험방지계획서를 작성하여 제출하고자 할 때, 제출 대상에 해당하는 건축물 또는 시설 공사의 종류를 4가지 쓰시오.

해설
① 가설공사
② 구조물공사
③ 마감공사
④ 해체공사

참고
산업안전보건법 시행규칙
[별표 10] 유해위험방지계획서 첨부서류
*유해위험방지계획서 제출 공사 종류
① 가설공사
② 구조물공사
③ 마감공사
④ 기계 설비공사
⑤ 해체공사

07 【3점】

다음 보기는 「산업안전보건법」상, 아세틸렌용접장치 검사시 안전기의 설치위치에 대한 내용이다. 빈칸을 채우시오.

[보기]
- 사업주는 아세틸렌 용접장치의 취관마다 안전기를 설치하여야 한다. 다만, 주관 및 (①)에 가장 가까운 (②)마다 안전기를 부착한 경우에는 그러하지 아니하다.
- 사업주는 가스용기가 발생기와 분리되어 있는 아세틸렌 용접장치에 대하여 (③)에 안전기를 설치하여야 한다.

해설
① 취관
② 분기관
③ 발생기와 가스용기 사이

참고
산업안전보건기준에 관한 규칙
제289조(안전기의 설치)
① 사업주는 아세틸렌 용접장치의 취관마다 안전기를 설치하여야 한다. 다만, <u>주관</u> 및 취관에 가장 가까운 <u>분기관</u>마다 안전기를 부착한 경우에는 그러하지 아니하다.
② 사업주는 가스용기가 발생기와 분리되어 있는 아세틸렌 용접장치에 대하여 <u>발생기와 가스용기 사이</u>에 안전기를 설치하여야 한다.

08 【5점】

「보호구 안전인증 고시」상, 의무안전인증대상 보호구 중 안전화에 있어 성능구분에 따른 안전화의 종류를 5가지 쓰시오.

해설
① 가죽제 안전화
② 고무제 안전화
③ 정전기 안전화
④ 발등 안전화
⑤ 절연화

참고
보호구 안전인증 고시
[별표 2] 안전화의 명칭·종류·등급
① 가죽제 안전화
② 고무제 안전화
③ 정전기 안전화
④ 발등 안전화
⑤ 절연화
⑥ 절연장화
⑦ 화학물질용 안전화

09 【3점】

「산업안전보건법」상, 안전인증대상 기계·기구 등이 안전인증기준에 적합한지를 확인하기 위하여 진행하는 인증 심사의 종류 3가지를 쓰시오.

해설
① 예비심사
② 서면심사
③ 제품심사

참고
산업안전보건법 시행규칙
제110조(안전인증 심사의 종류 및 방법)

심사의 종류		심사기간
예비심사		7일
서면심사		15일 (외국에서 제조한 경우 30일)
기술능력 및 생산체계 심사		30일 (외국에서 제조한 경우 45일)
제품심사	개별	15일
	형식별	30일 (일부 보호구는 60일)

10 【4점】

DALZIEL의 관계식을 이용하여 심실세동을 일으킬 수 있는 에너지[J]를 구하시오.
(단, 인체의 전기저항은 500Ω, 통전시간은 1초 이다.)

해설
$$Q = \left(\frac{165 \times 10^{-3}}{\sqrt{T}}\right)^2 \times R \times T$$
$$= \left(\frac{165 \times 10^{-3}}{\sqrt{1}}\right)^2 \times 500 \times 1 = 13.61 J$$

참고
*심실세동 에너지(Q) [J]
$$Q = I^2 RT = \left(\frac{165 \times 10^{-3}}{\sqrt{T}}\right)^2 \times R \times T$$
여기서,
R : 저항 [Ω]
T : 시간 [sec] (주어지지 않을 경우 T=1sec)

11 【4점】

$1000 rpm$으로 회전하는 앞면 롤러의 지름이 $50cm$인 롤러기가 있을 때 다음을 구하시오.

(1) 앞면 롤러의 표면속도 [m/min]
(2) (1)의 관련 규정에 따른 급정지거리 [cm]

해설
(1) $V = \pi DN = \pi \times 0.5 \times 1000 = 1570.8 m/min$
(2) $S = \pi D \times \frac{1}{2.5} = \pi \times 50 \times \frac{1}{2.5} = 62.83 cm$

참고
$V = \pi DN$
여기서,
V : 원주속도 [m/min]
D : 연삭숫돌의 바깥지름 [cm]
N : 회전수 [rpm]
πD : 원주 둘레의 길이 [cm]

방호장치 자율안전기준 고시
[별표 3] 롤러기 급정지장치의 성능기준
*무부하동작에서 급정지거리

속도 기준	급정지거리 기준
30m/min 이상	앞면 롤러 원주의 $\frac{1}{2.5}$ 이내
30m/min 미만	앞면 롤러 원주의 $\frac{1}{3}$ 이내

12 【4점】
다음 표의 HAZOP 기법에 사용되는 가이드워드의 의미를 각각 쓰시오.

출제 기준에서 제외된 내용입니다.

13 【4점】
다음 양립성에 대한 예시를 들어 설명하시오.

(1) 공간 양립성
(2) 운동 양립성

출제 기준에서 제외된 내용입니다.

14 【4점】
다음 보기를 참고하여 다음 재해발생이론에 해당하는 번호를 각각 나열하시오.

[보기]
① 사회적 환경 및 유전적 요소(유전과 환경)
② 기본원인   ③ 불안전한 행동 및 불안전한 상태(직접원인)
④ 작전적 에러   ⑤ 사고   ⑥ 재해(상해)
⑦ 관리(통제)의 부족   ⑧ 개인적 결함
⑨ 관리적 결함(관리 구조)   ⑩ 전술적 에러

(1) 하인리히 도미노 이론
(2) 버드 신 도미노 이론
(3) 아담스 연쇄 이론
(4) 웨버 사고 연쇄반응 이론

출제 기준에서 제외된 내용입니다.

2012 3회차 산업안전기사 실기 필답형 기출문제

01 【4점】

「산업안전보건법」상, 비, 눈 그 밖의 악천후로 인하여 작업을 중지시킨 후 또는 비계를 조립·해체하거나 변경한 후에 그 비계에서 작업을 하는 경우, 해당 작업을 시작하기 전에 점검해야 할 항목을 4가지 쓰시오.

해설
① 발판 재료의 손상 여부 및 부착 또는 걸림 상태
② 해당 비계의 연결부 또는 접속부의 풀림 상태
③ 손잡이의 탈락 여부
④ 기둥의 침하, 변형, 변위 또는 흔들림 상태

참고
산업안전보건기준에 관한 규칙
제58조(비계의 점검 및 보수)
① 발판 재료의 손상 여부 및 부착 또는 걸림 상태
② 해당 비계의 연결부 또는 접속부의 풀림 상태
③ 연결 재료 및 연결 철물의 손상 또는 부식 상태
④ 손잡이의 탈락 여부
⑤ 기둥의 침하, 변형, 변위 또는 흔들림 상태
⑥ 로프의 부착 상태 및 매단 장치의 흔들림 상태

02 【3점】

프라이밍 발생원인 3가지를 쓰시오.

해설
① 주증기 밸브의 급격한 개방
② 보일러 부하의 급격한 변화
③ 관수의 수위가 적정선보다 높을 때

참고
*프라이밍(Priming)

보일러 부하의 급변으로 수위가 급상승하여 증기와 분리되지 않고 수면이 심하게 솟아올라 올바른 수위를 판단하지 못하는 현상

*프라이밍(Priming)의 발생원인

① 보일러 수에 불순물이 많이 포함되었을 경우
② 주증기 밸브의 급격한 개방
③ 보일러 부하의 급격한 변화
④ 관수의 수위가 적정선보다 높을 때

03 【4점】

「산업안전보건법」상, 화학설비 또는 그 배관의 밸브나 콕의 재료로 내구성이 있는 재료를 선정할 때, 사업주가 고려할 사항을 4가지 쓰시오.

해설
① 개폐의 빈도
② 위험물질등의 종류
③ 위험물질등의 온도
④ 위험물질등의 농도

> [참고]
> 산업안전보건기준에 관한 규칙
> 제259조(밸브 등의 재질)
> 사업주는 화학설비 또는 그 배관의 밸브나 콕에는 개폐의 빈도, 위험물질등의 종류·온도·농도 등에 따라 내구성이 있는 재료를 사용하여야 한다.

04 【4점】

「방호장치 안전인증 고시」상, Ex d IIA T4를 설명하시오.

> [해설]
> ① Ex d : 내압방폭구조
> ② IIA : 최대안전틈새 $0.9mm$ 이상
> ③ T4 : 최고표면온도 100℃ 초과 135℃ 이하

> [참고]
> 방호장치 안전인증 고시
> [별표 6] 가스·증기방폭구조인 전기기기의 일반성능기준
> *방폭구조의 종류

종류	내용
내압 방폭구조 (d)	용기 내 폭발시 용기가 그 압력을 견디고 개구부 등을 통해 외부에 인화될 우려가 없는 구조
압력 방폭구조 (p)	용기 내에 보호가스를 압입시켜 대기압 이상으로 유지하여 폭발성 가스가 유입되지 않도록 하는 구조
안전증 방폭구조 (e)	운전 중에 생기는 아크, 스파크, 발열 등의 발화원을 제거하여 안전도를 증가시킨 구조
유입 방폭구조 (o)	전기불꽃, 아크, 고온 발생 부분을 기름으로 채워 폭발성 가스 또는 증기에 인화되지 않도록 한 구조
본질안전 방폭구조 (ia, ib)	운전 중 단선, 단락, 지락에 의한 사고 시 폭발 점화원의 발생이 방지된 구조
비점화 방폭구조 (n)	운전중에 점화원을 차단하여 폭발이 일어나지 않고, 이상 상태에서 짧은시간 동안 방폭기능을 할 수 있는 구조
몰드 방폭구조 (m)	전기불꽃, 고온 발생 부분은 컴파운드로 밀폐한 구조

*가연성가스의 폭발등급 및 내압방폭구조의 폭발등급

가스 그룹	최대안전틈새	가스 명칭
IIA	$0.9mm$ 이상	프로판 가스
IIB	$0.5mm$ 초과 $0.9mm$ 미만	에틸렌 가스
IIC	$0.5mm$ 이하	수소 또는 아세틸렌 가스

*방폭전기기기의 최고표면온도에 따른 분류

최고표면온도 [℃]	온도등급
300 초과 450 이하	T1
200 초과 300 이하	T2
135 초과 200 이하	T3
100 초과 135 이하	T4
85 초과 100 이하	T5
85 이하	T6

05 【4점】

「산업안전보건법」상, 사업주는 위험물질을 제조·취급하는 바닥면의 가로 및 세로가 각 $3m$ 이상인 작업장과 그 작업장이 있는 건축물에 따른 출입구 외에 안전한 장소로 대피할 수 있는 비상구 1개 이상을 아래와 같은 구조로 설치하여야 할 때, 빈칸을 채우시오.

> [보기]
> - 출입구와 같은 방향에 있지 아니하고, 출입구로부터 (①)m 이상 떨어져 있을 것
> - 작업장의 각 부분으로부터 하나의 비상구 또는 출입구 까지의 수평거리가 (②)m 이하가 되도록 할 것
> - 비상구의 너비는 (③)m 이상으로 하고, 높이는 (④)m 이상으로 할 것

> [해설]
> ① 3   ② 50   ③ 0.75   ④ 1.5

> **참고**
> 산업안전보건기준에 관한 규칙
> 제17조(비상구의 설치)
> ① 출입구와 같은 방향에 있지 아니하고, 출입구로부터 <u>3m</u> 이상 떨어져 있을 것
> ② 작업장의 각 부분으로부터 하나의 비상구 또는 출입구까지의 수평거리가 <u>50m</u> 이하가 되도록 할 것
> ③ 비상구의 너비는 <u>0.75m</u> 이상으로 하고, 높이는 <u>1.5m</u> 이상으로 할 것
> ④ 비상구의 문은 피난 방향으로 열리도록 하고, 실내에서 항상 열 수 있는 구조로 할 것

06 【4점】

「산업안전보건법」상, 밀폐된 장소에서 하는 용접작업 또는 습한 장소에서 하는 전기용접 작업시 특별안전보건교육을 실시할 때, 교육내용을 4가지 쓰시오.
(단, 공통사항 및 그 밖에 안전보건관리에 필요한 사항은 제외한다.)

> **해설**
> ① 환기설비에 관한 사항
> ② 전격 방지 및 보호구 착용에 관한 사항
> ③ 질식 시 응급조치에 관한 사항
> ④ 작업환경 점검에 관한 사항

> **참고**
> 산업안전보건법 시행규칙
> [별표 5] 안전보건교육 교육대상별 교육내용
> *밀폐된 장소에서 하는 용접작업 또는 습한 장소에서 하는 전기용접 작업시 특별교육
> ① 작업순서, 안전작업방법 및 수칙에 관한 사항
> ② 환기설비에 관한 사항
> ③ 전격 방지 및 보호구 착용에 관한 사항
> ④ 질식 시 응급조치에 관한 사항
> ⑤ 작업환경 점검에 관한 사항
> ⑥ 그 밖에 안전·보건관리에 필요한 사항

07 【4점】

「산업안전보건법」상, 다음 보기의 경우 필요한 안전관리자의 최소 인원을 각각 쓰시오.

> [보기]
> ① 펄프 제조업 - 상시근로자 600명
> ② 고무제품 제조업 - 상시근로자 300명
> ③ 우편·통신업 - 상시근로자 500명
> ④ 건설업 - 공사금액 700억

> **해설**
> ① 2명 ② 1명 ③ 1명 ④ 1명

> **참고**
> 산업안전보건법 시행령
> [별표 3] 안전관리자를 두어야 하는 사업의 안전관리자 수
> ① 펄프, 종이 제품 제조업 :
>   상시근로자 500명 이상시 2명 이상
> ② 고무, 플라스틱 제품 제조업 :
>   상시근로자 50명 이상 500명 미만시 1명 이상
> ③ 우편·통신업 :
>   상시근로자 50명 이상 1천명 미만시 1명 이상
> ④ 건설업 :
>   공사금액 50억~800억 미만시 1명 이상

08 【4점】

「산업안전보건법」상, 고용노동부장관이 산업재해를 예방하기 위하여 산업재해 발생건수, 재해율 또는 그 순위 등을 공표하여야 하는 대상사업장의 종류를 2가지 쓰시오.

> **해설**
> ① 중대산업사고가 발생한 사업장
> ② 산업재해 발생 사실을 은폐한 사업장

> **참고**
> 산업안전보건법 시행령
> 제10조(공표대상 사업장)
> ① 산업재해로 인한 사망자가 연간 2명 이상 발생한 사업장
> ② 사망만인율이 규모별 같은 업종의 평균 사망만인율 이상인 사업장
> ③ 중대산업사고가 발생한 사업장
> ④ 산업재해 발생 사실을 은폐한 사업장
> ⑤ 산업재해의 발생에 관한 보고를 최근 3년 이내 2회 이상 하지 않은 사업장

09 【4점】

다음 기계설비에 형성되는 위험점을 각각 쓰시오.

그림	명칭
(그림)	(①)
(그림)	(②)
(그림)	(③)
(그림)	(④)

> **참고**
> ***기계설비의 위험점**
>
> | 위험점 | 그림 | 설명 |
> |---|---|---|
> | 협착점 | (그림) | 왕복운동을 하는 동작부와 움직임이 없는 고정부 사이에 형성되는 위험점
ex)
프레스전단기, 성형기, 조형기 등 |
> | 끼임점 | (그림) | 회전운동을 하는 동작부와 움직임이 없는 고정부 사이에 형성되는 위험점
ex)
연삭숫돌과 하우스, 교반기 날개와 하우스, 회전운동을 하는 기계 등 |
> | 절단점 | (그림) | 회전하는 운동 부분 자체의 위험에서 초래되는 위험점
ex)
밀링커터, 둥근톱날 등 |
> | 물림점 | (그림) | 2개의 회전체가 맞닿는 사이에 발생하는 위험점
ex)
기어, 롤러 등 |
> | 접선
물림점 | (그림) | 회전하는 부분의 접선방향으로 물려 들어가는 위험점
ex)
V벨트풀리, 평벨트, 체인과 스프로킷 등 |
> | 회전
말림점 | (그림) | 회전하는 물체에 작업복 등이 말려드는 위험점
ex)
회전축, 커플링, 드릴 등 |

> **해설**
> ① 접선 물림점
> ② 회전 말림점
> ③ 끼임점
> ④ 절단점

10 【3점】

「산업안전보건법」상, 다음 보기의 빈칸을 각각 채우시오.

[보기]
- 사업주는 순간풍속이 (①)m/s를 초과하는 바람이 불어올 우려가 있는 경우 옥외에 설치되어 있는 주행 크레인에 대하여 이탈방지장치를 작동시키는 등 이탈 방지를 위한 조치를 하여야 한다.
- 사업주는 겐트리 크레인 등과 같이 작업장 바닥에 고정된 레일을 따라 주행하는 크레인의 새들(saddle) 돌출부와 주변 구조물 사이의 안전 공간이 (②)cm 이상 되도록 바닥에 표시를 하는 등 안전공간을 확보하여야 한다.
- 양중기에 대한 권과방지장치는 훅·버킷 등 달기구의 윗면이 드럼, 상부 도르래, 트롤리프레임 등 권상장치의 아랫면과 접촉할 우려가 있는 경우에 그 간격이 (③)m 이상, 직동식 권과방지장치는 (④)m 이상이 되도록 조정하여야 한다.

해설
① 30   ② 40   ③ 0.25   ④ 0.05

참고
산업안전보건기준에 관한 규칙
제140조, 제139조, 제134조
① 사업주는 순간풍속이 <u>초당 30미터</u>를 초과하는 바람이 불어올 우려가 있는 경우 옥외에 설치되어 있는 주행 크레인에 대하여 이탈방지장치를 작동시키는 등 이탈 방지를 위한 조치를 하여야 한다.
② 사업주는 갠트리 크레인 등과 같이 작업장 바닥에 고정된 레일을 따라 주행하는 크레인의 새들(saddle) 돌출부와 주변 구조물 사이의 안전 공간이 <u>40센티미터</u> 이상 되도록 바닥에 표시를 하는 등 안전공간을 확보하여야 한다.
③ 양중기에 대한 권과방지장치는 훅·버킷 등 달기구의 윗면(그 달기구에 권상용 도르래가 설치된 경우에는 권상용 도르래의 윗면)이 드럼, 상부 도르래, 트롤리프레임 등 권상장치의 아랫면과 접촉할 우려가 있는 경우에 그 간격이 <u>0.25미터</u> 이상[(직동식 권과방지장치는 <u>0.05미터</u> 이상으로 한다)]이 되도록 조정하여야 한다.

11 【5점】

「산업안전보건법」상, 안전보건 표지 중 '응급구호 표지'를 그리시오.
(단, 색상표시는 글자로 나타내고, 크기에 대한 기준은 표시하지 않아도 된다.)

해설

바탕 : 녹색
십자가 : 흰색

참고
산업안전보건법 시행규칙
[별표 6] 안전보건표지의 종류와 형태
*안내표지

녹십자표지	응급구호 표지	들것	세안장치
⊕	✚	(들것)	(세안장치)
비상용기구	비상구	좌측비상구	우측비상구
(비상용기구)	(비상구)	←	→

12 【4점】

어떤 사업장에서 근로자수가 3월말 300명, 6월말 320명, 9월말 270명, 12월말 260명이고, 연간 15건의 재해발생으로 인한 휴업일수 288일이 발생하였을 때 다음을 구하시오.
(단, 근무시간은 1일 8시간, 근무일수는 연간 280일이다.)

(1) 도수율
(2) 강도율

> 참고
> (1) 평균근로자수
> $= \dfrac{300+320+270+260}{4} = 287.5 ≒ 288$명
>
>   도수율 $= \dfrac{\text{재해건수}}{\text{연근로 총시간수}} \times 10^6$
>
> $= \dfrac{15}{288 \times 8 \times 280} \times 10^6 = 23.25$
>
> (2) 강도율 $= \dfrac{\text{근로손실일수}}{\text{연근로 총시간수}} \times 10^3$
>
> $= \dfrac{288 \times \dfrac{280}{365}}{288 \times 8 \times 280} \times 10^3 = 0.34$

13 【4점】

다음 보기 중에서 인간과오 불안전 분석 가능 도구를 4가지 고르시오.

[보기]
① FTA ② ETA ③ HAZOP ④ THERP
⑤ CA   ⑥ FMEA ⑦ PHA   ⑧ MORT

출제 기준에서 제외된 내용입니다.

14 【4점】

다음 FT도에서 정상사상 T의 고장 발생 확률을 구하시오.
(단, 발생확률은 각각 0.1이다.)

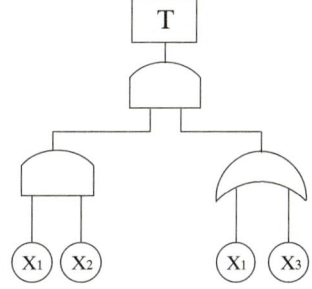

출제 기준에서 제외된 내용입니다.

2013년 1회차 산업안전기사 실기 필답형 기출문제

01 【4점】

「산업안전보건법」상, 근로자가 충전전로 인근에서 작업하는 경우에는 절연되거나 절연장갑을 착용한 경우를 제외하고는 노출 충전부에 접근한계거리 이내로 접근할 수 없도록 해야한다. 이에 대해 아래의 빈칸을 채우시오.

충전전로의 선간전압	충전전로에 대한 접근한계거리
380 V	(①)
1.5 kV	(②)
6.6 kV	(③)
22.9 kV	(④)

해설
① 30cm ② 45cm ③ 60cm ④ 90cm

참고
산업안전보건기준에 관한 규칙
제321조(충전전로에서의 전기작업)

충전전로의 선간전압 [kV]	충전전로에 대한 접근한계거리 [cm]
0.3 이하	접촉금지
0.3 초과 0.75 이하	30
0.75 초과 2 이하	45
2 초과 15 이하	60
15 초과 37 이하	90
37 초과 88 이하	110
88 초과 121 이하	130
121 초과 145 이하	150
145 초과 169 이하	170
169 초과 242 이하	230
242 초과 362 이하	380
362 초과 550 이하	550
550 초과 800 이하	790

02 【4점】

다음 보기 중「산업안전보건법」상, 산업안전관리비로 사용 가능한 항목을 4가지 고르시오.

[보기]
① 면장갑 및 코팅장갑의 구입비
② 안전보건 교육장내 냉·난방 설비 설치비
③ 안전보건 관리자용 안전 순찰차량의 유류비
④ 교통통제를 위한 교통정리자의 인건비
⑤ 외부인 출입금지, 공사장 경계표시를 위한 가설 울타리
⑥ 위생 및 긴급 피난용 시설비
⑦ 안전보건교육장의 대지 구입비
⑧ 안전관련 간행물, 잡지 구독비

해설
②, ③, ⑥, ⑧

참고
*산업안전보건관리비 적용 가능 내역
① 안전관리자 등의 인건비 및 각종 업무 수당 등
② 안전시설비 등
③ 개인보호구 및 안전장구 구입비 등
④ 사업장의 안전진단비
⑤ 안전보건교육비 및 행사비 등
⑥ 근로자의 건강관리비 등

03 【4점】

「위험물안전관리법」상, 다음 보기의 위험물과 혼재 가능한 물질을 쓰시오.
(단, 지정수량의 1/10 초과의 위험물이다.)

[보기]
① 산화성고체
② 가연성고체
③ 금수성물질 및 자연발화성물질
④ 인화성액체
⑤ 자기반응성물질
⑥ 산화성액체

(1) 산화성고체
(2) 가연성고체
(3) 자기반응성물질
(4) 금수성물질 및 자연발화성물질

	1류	2류	3류	4류	5류	6류
1류		×	×	×	×	○
2류	×		×	○	○	×
3류	×	×		○	×	×
4류	×	○	○		○	×
5류	×	○	×	○		×
6류	○	×	×	×	×	

해설
(1) ⑥
(2) ④, ⑤
(3) ②, ④
(4) ④

참고
위험물안전관리법 시행령
[별표 1] 위험물 및 지정수량

① 제1류 : 산화성 고체
② 제2류 : 가연성 고체
③ 제3류 : 자연발화성 물질 및 금수성 물질
④ 제4류 : 인화성 액체
⑤ 제5류 : 자기 반응성 물질
⑥ 제6류 : 산화성 액체

위험물안전관리법 시행규칙
[별표 19] 위험물의 운반에 관한 기준
*혼재 가능한 위험물

① 제4류와 제2류, 제4류와 제3류는 혼재 가능
② 제5류와 제2류, 제5류와 제4류는 혼재 가능
③ 제6류와 제1류는 혼재 가능

04 【4점】

「산업안전보건법」상, 작업발판 일체형 거푸집 종류를 4가지 쓰시오.

해설
① 갱폼
② 슬립폼
③ 클라이밍폼
④ 터널라이닝폼

참고
산업안전보건기준에 관한 규칙
제331조의3(작업발판 일체형 거푸집의 안전조치)
① 갱폼
② 슬립폼
③ 클라이밍폼
④ 터널라이닝폼
⑤ 그 밖에 거푸집과 작업발판이 일체로 제작된 거푸집 등

05 【4점】

「화학물질 및 물리적인자의 노출기준」상, 다음 보기의 유해물질 중 노출기준(TWA)에 대한 각 물음에 답하시오.

[보기]
① 암모니아 ② 불소 ③ 과산화수소
④ 염산 ⑤ 사염화탄소

(1) 노출기준(TWA)이 가장 높은 것
(2) 노출기준(TWA)이 가장 낮은 것

해설
(1) ① 암모니아
(2) ② 불소

참고
화학물질 및 물리적인자의 노출기준
[별표 1] 화학물질의 노출기준

유해물질	노출기준(TWA) [ppm]
불소(F_2)	0.1
과산화수소(H_2O_2)	1
염산(HCl)	1
사염화탄소(CCl_4)	5
암모니아(NH_3)	25

06 【4점】

「산업안전보건법」상, 산업안전보건위원회의 심의·의결 사항을 4가지 쓰시오.

해설
① 산업재해예방계획의 수립에 관한 사항
② 안전보건관리규정의 작성 및 그 변경에 관한 사항
③ 안전·보건교육에 관한 사항
④ 근로자의 건강진단 등 건강관리에 관한 사항

참고
산업안전보건법
제15조(안전보건관리책임자)
제24조(산업안전보건위원회)

① 산업재해예방계획의 수립에 관한 사항
② 안전보건관리규정의 작성 및 그 변경에 관한 사항
③ 안전·보건교육에 관한 사항
④ 작업환경측정 등 작업환경의 점검 및 개선에 관한 사항
⑤ 근로자의 건강진단 등 건강관리에 관한 사항
⑥ 산업재해의 원인조사 및 재발방지대책의 수립에 관한 사항
⑦ 산업재해에 관한 통계의 기록 및 유지에 관한 사항
⑧ 안전장치 및 보호구 구입 시 적격품 여부 확인에 관한 사항
⑨ 유해하거나 위험한 기계·기구·설비를 도입한 경우 안전 및 보건 관련 조치에 관한 사항
⑩ 그 밖에 해당 사업장 근로자의 안전 및 보건을 유지·증진시키기 위하여 필요한 사항

07 【3점】

「방호장치 자율안전기준 고시」상, 다음 표의 연삭기 덮개의 성능기준에 따른 각도를 각각 쓰시오.
(단, 이상, 이하, 이내를 정확히 구분하여 쓰시오.)

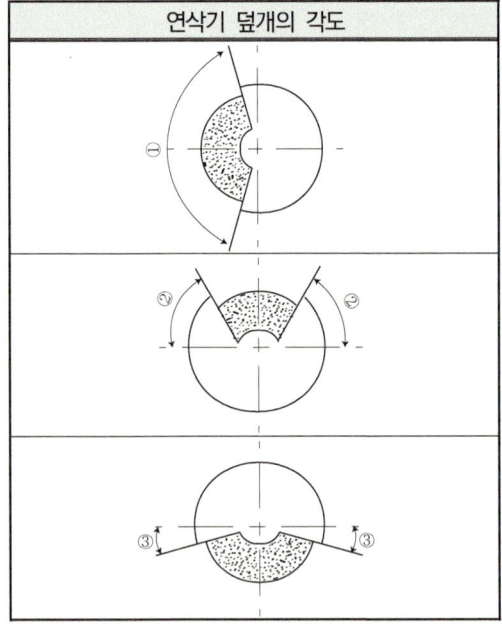

연삭기 덮개의 각도

[해설]
① 125° 이내 ② 60° 이상 ③ 15° 이상

[참고]
방호장치 자율안전기준 고시
[별표 4] 연삭기 덮개의 성능기준
*연삭기 덮개의 각도

형상	용도
(65° 이내 / 125° 이내)	일반연삭작업에 사용되는 탁상용 연삭기
(60° 이상 / 60° 이상)	연삭숫돌의 상부를 사용하는 것을 목적으로 하는 탁상용 연삭기
(15° 이내 / 180° 이내)	1. 원통연삭기 2. 센터리스연삭기 3. 공구연삭기 4. 만능연삭기
(180° 이내)	1. 휴대용 연삭기 2. 스윙연삭기 3. 슬리브연삭기
(15° 이상 / 15° 이상)	1. 평면연삭기 2. 절단연삭기

08 【5점】

「산업안전보건법」상, 다음 보기의 교육 시간을 각각 쓰시오.

[보기]
① 안전관리자 신규교육
② 안전보건관리 책임자 보수교육
③ 사무직 종사 근로자의 정기교육
④ 근로계약기간이 1주일 초과 1개월 이하인 기간제 근로자의 채용시의 교육
⑤ 일용근로자 및 근로계약기간이 1주일 이하인 기간제 근로자의 작업내용변경시의 교육

[해설]
① 34시간 이상
② 6시간 이상
③ 매반기 6시간 이상
④ 4시간 이상
⑤ 1시간 이상

[참고]
산업안전보건법 시행규칙
[별표 4] 안전보건교육 교육과정별 교육시간
*안전보건관리책임자 등에 대한 교육

교육대상	교육시간	
	신규교육	보수교육
안전보건관리책임자	6시간 이상	6시간 이상
안전관리자, 안전관리전문기관의 종사자	34시간 이상	24시간 이상
보건관리자, 보건관리전문기관의 종사자	34시간 이상	24시간 이상
건설재해예방전문 지도기관의 종사자	34시간 이상	24시간 이상
석면조사기관의 종사자	34시간 이상	24시간 이상
안전보건관리담당자	-	8시간 이상
안전검사기관, 자율안전검사기관의 종사자	34시간 이상	24시간 이상

*근로자 안전보건교육

교육과정	교육대상	교육시간
정기교육	사무직 종사 근로자	매반기 6시간 이상
	판매업무에 직접 종사하는 근로자	매반기 6시간 이상
	판매업무 외에 종사하는 근로자	매반기 12시간 이상
채용 시의 교육	일용근로자	1시간 이상
	근로계약기간 1주일 이하인 근로자	1시간 이상
	근로계약기간 1주일 초과 1개월 이하인 근로자	4시간 이상
	그 밖의 근로자	8시간 이상
작업내용 변경 시의 교육	일용근로자	1시간 이상
	근로계약기간 1주일 이하인 근로자	1시간 이상
	그 밖의 근로자	2시간 이상
건설업기초 안전보건교육	건설 일용근로자	4시간 이상

✔ 특별 교육 과정은 제외한 내용입니다.

09 【4점】

다음 보기의 설명에 해당하는 프레스 및 전단기의 방호장치를 각각 쓰시오.

[보기]
① 슬라이드 하강 중 정전 또는 방호장치의 이상시 정지 할 수 있는 구조이어야 한다.
② 슬라이드 하강 중 정전 또는 방호장치의 이상시 정지하고, 1행정·1정지 기구에 사용할 수 있어야 한다.
③ 슬라이드 하행정거리의 3/4 위치에서 손을 완전히 밀어 내어야 한다.
④ 손목밴드는 착용감이 좋으며 쉽게 착용할 수 있는 구조이고, 수인끈은 작업자와 작업공정에 따라 그 길이를 조정 할 수 있어야 한다.

해설
① 광전자식 방호장치
② 양수조작식 방호장치
③ 손쳐내기식 방호장치
④ 수인식 방호장치

10 【4점】

「산업안전보건법」상, 근로자의 추락 등에 의한 위험을 방지하기 위해 설치하는 안전난간의 주요 구성 요소를 4가지 쓰시오.

해설
① 상부 난간대
② 중간 난간대
③ 발끝막이판
④ 난간기둥

참고
산업안전보건기준에 관한 규칙
제13조(안전난간의 구조 및 설치요건)
① 상부 난간대
② 중간 난간대
③ 발끝막이판
④ 난간기둥

11 【4점】

시험가스농도 1.5%에서 표준유효시간이 80분인 정화통을 유해가스농도가 0.8%인 작업장에서 사용할 경우 유효사용가능시간(파과시간)[min]을 구하시오.

해설

유효사용가능시간 $= \dfrac{80 \times 1.5}{0.8} = 150\text{min}$

참고

유효사용가능시간 $= \dfrac{A \times B}{C}$

여기서,
A : 표준유효시간 [min]
B : 시험가스농도 [%]
C : 사용하는 작업장 공기중 유해가스농도 [%]

12 【4점】

시몬즈 방식에서 보험코스트와 비보험코스트 중 비보험코스트 종류(항목) 4가지를 쓰시오.

출제 기준에서 제외된 내용입니다.

13 【4점】

다음 표의 HAZOP 기법에 사용되는 가이드워드의 의미를 각각 영문으로 쓰시오.

출제 기준에서 제외된 내용입니다.

14 【3점】

란돌트(Landolt) 고리에 있어 1.2mm의 틈을 4m의 거리에서 겨우 구분할 수 있는 사람의 최소 분간시력을 구하시오.

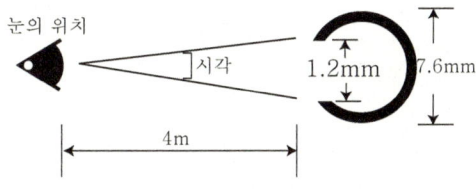

출제 기준에서 제외된 내용입니다.

2013 2회차 산업안전기사 실기 필답형 기출문제

01 【5점】

다음 보기는 「산업안전보건법」상, 계단에 관한 내용일 때, 빈칸을 채우시오.

[보기]
- 사업주는 계단 및 계단참을 설치하는 경우 매제곱미터당 (①)kg 이상의 하중에 견딜 수 있는 강도를 가진 구조로 설치하여야 하며, 안전율은 (②) 이상으로 하여야 한다.
- 계단을 설치하는 경우 그 폭을 (③)m 이상으로 하여야 한다.
- 높이가 (④)m를 초과하는 계단에는 높이 $3m$ 이내마다 너비 $1.2m$ 이상의 계단참을 설치하여야 한다.
- 높이 (⑤)m 이상인 계단의 개방된 측면에 안전난간을 설치하여야 한다.

【해설】
① 500 ② 4 ③ 1 ④ 3 ⑤ 1

【참고】
산업안전보건기준에 관한 규칙
제26조(계단의 강도), 제27조(계단의 폭),
제28조(계단참의 설치), 제30조(계단의 난간)

① 사업주는 계단 및 계단참을 설치하는 경우 매 제곱미터당 500킬로그램 이상의 하중에 견딜 수 있는 강도를 가진 구조로 설치하여야 하며, 안전율은 4 이상으로 하여야 한다.
② 사업주는 계단을 설치하는 경우 그 폭을 1미터 이상으로 하여야 한다.
③ 사업주는 높이가 3미터를 초과하는 계단에 높이 3미터 이내마다 진행방향으로 길이 1.2미터 이상의 계단참을 설치해야 한다.
④ 사업주는 높이 1미터 이상인 계단의 개방된 측면에 안전난간을 설치하여야 한다.

02 【4점】

「산업안전보건법」상, 잠함 또는 우물통의 내부에서 근로자가 굴착작업을 하는 경우에, 잠함 또는 우물통의 급격한 침하에 의한 위험을 방지하기 위한 사업주의 준수사항 2가지를 쓰시오.

【해설】
① 침하관계도에 따라 굴착방법 및 재하량 등을 정할 것
② 바닥으로부터 천장 또는 보까지의 높이는 $1.8m$ 이상 으로 할 것

【참고】
산업안전보건기준에 관한 규칙
제376조(급격한 침하로 인한 위험 방지)
① 침하관계도에 따라 굴착방법 및 재하량 등을 정할 것
② 바닥으로부터 천장 또는 보까지의 높이는 $1.8m$ 이상 으로 할 것

03 【4점】

「산업안전보건법」상, 비, 눈 그 밖의 악천후로 인하여 작업을 중지시킨 후 또는 비계를 조립·해체하거나 변경한 후에 그 비계에서 작업을 하는 경우, 해당 작업을 시작하기 전에 점검해야 할 항목을 4가지 쓰시오.

【해설】
① 발판 재료의 손상 여부 및 부착 또는 걸림 상태
② 해당 비계의 연결부 또는 접속부의 풀림 상태
③ 손잡이의 탈락 여부
④ 기둥의 침하, 변형, 변위 또는 흔들림 상태

> [참고]
> 산업안전보건기준에 관한 규칙
> 제58조(비계의 점검 및 보수)
>
> ① 발판 재료의 손상 여부 및 부착 또는 걸림 상태
> ② 해당 비계의 연결부 또는 접속부의 풀림 상태
> ③ 연결 재료 및 연결 철물의 손상 또는 부식 상태
> ④ 손잡이의 탈락 여부
> ⑤ 기둥의 침하, 변형, 변위 또는 흔들림 상태
> ⑥ 로프의 부착 상태 및 매단 장치의 흔들림 상태

04 【4점】

「보호구 안전인증 고시」상, 착용부위에 따른 방열복의 종류를 4가지 쓰시오.

> [해설]
> ① 방열상의
> ② 방열하의
> ④ 방열장갑
> ⑤ 방열두건

> [참고]
> 보호구 안전인증 고시
> [별표 8] 방열복의 성능기준
>
> ① 방열상의
> ② 방열하의
> ③ 방열일체복
> ④ 방열장갑
> ⑤ 방열두건

05 【4점】

할로겐화합물 소화기에 사용하는 할로겐원소의 연소 억제제의 종류를 4가지 쓰시오.

> [해설]
> ① 불소
> ② 염소
> ③ 브롬
> ④ 요오드

> [참고]
> 할로겐화합물 및 불활성기체소화설비의 화재안전성능기준
> 제3조(정의)
>
> '할로겐화합물소화약제'란 <u>불소, 염소, 브롬 또는 요오드</u> 중 하나 이상의 원소를 포함하고 있는 유기화합물을 기본성분으로 하는 소화약제를 말한다.

06 【3점】

다음 보기는 「산업안전보건법」상, 화물의 낙하에 의하여 지게차 운전자에게 위험을 미칠 우려가 있는 작업장에서, 지게차의 헤드가드가 갖추어야 할 사항에 대한 설명일 때, 빈칸을 채우시오.

> [보기]
> - 강도는 지게차의 최대하중의 (①)배 값의 등분포정하중에 견딜 수 있을 것
> - 상부틀의 각 개구의 폭 또는 길이가 (②) cm 미만 일 것
> - 운전자가 앉아서 조작하는 방식의 지게차의 헤드가드는 한국산업표준에서 정하는 높이 기준 이상일 것
>   (입식 : (③)m, 좌식 : (④)m)

> [해설]
> ① 2   ② 16   ③ 1.905   ④ 0.903

> [참고]
> 산업안전보건기준에 관한 규칙
> 제180조(헤드가드)
> ① 강도는 지게차의 최대하중의 2배 값(4톤을 넘는 값에 대해서는 4톤으로 한다.)의 등분포정하중에 견딜 수 있을 것
> ② 상부틀의 각 개구의 폭 또는 길이가 16cm 미만일 것
> ③ 운전자가 앉아서 조작하거나 서서 조작하는 지게차의 헤드가드는 한국산업표준에서 정하는 높이 기준 이상일 것
> (입식 : 1.905m, 좌식 : 0.903m)

07 【4점】

다음 보기의 설명에 맞는, 보일러에 발생하는 현상을 각각 쓰시오.

> [보기]
> (1) 보일러수 속의 용해 고형물이나 현탁 고형물이 증기에 섞여 보일러 밖으로 튀어 나가는 현상
> (2) 유지분이나 부유물 등에 의하여 보일러수의 비등과 함께 수면부에 거품을 발생시키는 현상

> [해설]
> (1) 캐리오버(Carry over)
> (2) 포밍(Forming)

08 【3점】

보일링 현상 방지대책을 3가지 쓰시오.

> [해설]
> ① 흙막이벽의 근입장을 깊게 한다.
> ② 흙막이벽 배면의 지하수위를 낮춘다.
> ③ 굴착저면 하부의 지하수 흐름을 막는다.

> [참고]
> *보일링(Boiling)현상
> 사질지반 굴착시 흙막이벽 배면의 지하수가 굴착저면으로 흘러들어와 흙과 물이 분출되는 현상
>
> *보일링(Boiling)현상의 방지대책
> ① 흙막이벽의 근입장을 깊게 한다.
> ② 흙막이벽 배면의 지하수위를 낮춘다.
> ③ 굴착저면 하부의 지하수 흐름을 막는다.

09 【4점】

다음 보기의 공식을 각각 쓰시오.

> [보기]
> ① 연천인율
> ② 환산강도율 (단, 평생근로시간이 10만시간이다.)
> ③ 환산도수율 (단, 평생근로시간이 10만시간이다.)
> ④ 종합재해지수

> [해설]
> ① 연천인율 = $\dfrac{\text{연간재해자수}}{\text{연평균 근로자수}} \times 10^3$
> ② 환산강도율 = 강도율×100
> ③ 환산도수율 = 도수율×0.1
> ④ 종합재해지수 = $\sqrt{\text{도수율} \times \text{강도율}}$

10 【4점】

접지공사 종류에서 접지저항값 및 접지선의 굵기에 대한 표의 빈칸을 채우시오.

종별	접지저항	접지선의 굵기
제1종	(①)Ω 이하	공칭단면적 $6mm^2$ 이상의 연동선
제2종	$\dfrac{150}{1선\ 지락전류}$ Ω 이하	공칭단면적 (②)mm^2 이상의 연동선
제3종	(③)Ω 이하	공칭단면적 $2.5mm^2$ 이상의 연동선
특별 제3종	10Ω 이하	공칭단면적 (④)mm^2 이상의 연동선

출제 기준에서 제외된 내용입니다.

11 【4점】

다음 보기는 데이비스의 동기부여에 관한 이론 공식일 때 빈칸을 채우시오.

[보기]
- 능력 = (①) × (②)
- 동기유발 = (③) × (④)

출제 기준에서 제외된 내용입니다.

12 【4점】

미국방성 위험성평가 중 위험도 (MIL-STD-882B) 4가지를 쓰시오.

출제 기준에서 제외된 내용입니다.

13 【4점】

A 사업장의 제품은 10000시간 동안 10개의 제품에 고장이 발생될 때 다음을 구하시오.
(단, 이 제품의 수명은 지수분포를 따른다.)

(1) 고장률 [건/hr]
(2) 900시간동안 적어도 1개의 제품이 고장날 확률

출제 기준에서 제외된 내용입니다.

14 【4점】

다음 FT도의 최소 패스셋(Minimal Path Set)을 모두 구하시오.

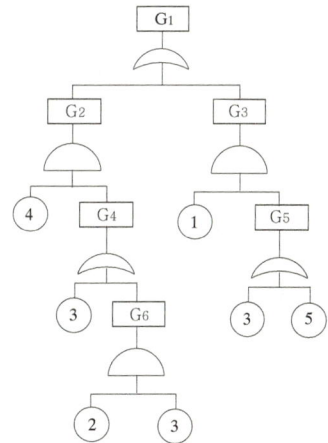

출제 기준에서 제외된 내용입니다.

01 【4점】

「산업안전보건법」상, 비, 눈 그 밖의 악천후로 인하여 작업을 중지시킨 후 또는 비계를 조립·해체하거나 변경한 후에 그 비계에서 작업을 하는 경우, 해당 작업을 시작하기 전에 점검해야 할 항목을 4가지 쓰시오.

해설
① 발판 재료의 손상 여부 및 부착 또는 걸림 상태
② 해당 비계의 연결부 또는 접속부의 풀림 상태
③ 손잡이의 탈락 여부
④ 기둥의 침하, 변형, 변위 또는 흔들림 상태

참고
산업안전보건기준에 관한 규칙
제58조(비계의 점검 및 보수)
① 발판 재료의 손상 여부 및 부착 또는 걸림 상태
② 해당 비계의 연결부 또는 접속부의 풀림 상태
③ 연결 재료 및 연결 철물의 손상 또는 부식 상태
④ 손잡이의 탈락 여부
⑤ 기둥의 침하, 변형, 변위 또는 흔들림 상태
⑥ 로프의 부착 상태 및 매단 장치의 흔들림 상태

02 【4점】

「공정안전보고서의 제출·심사·확인 및 이행상태평가등에 관한 규정」상, 공정안전보고서의 내용 중 공정위험성 평가서에 적용하는 위험성 평가기법에 있어 '제조공정 중 반응, 분리(증류, 추출 등), 이송시스템 및 전기·계장 시스템' 등 간단한 단위공정에 대한 위험성 평가기법을 4가지 쓰시오.

해설
① 공정위험분석기법
② 원인결과분석기법
③ 결함수분석기법
④ 사건수분석기법

참고
공정안전보고서의 제출·심사·확인 및 이행상태평가 등에 관한 규정
제29조(위험성 평가기법)
*제조공정 중 반응, 분리(증류, 추출 등), 이송 시스템 및 전기·계장시스템 등의 단위공정

① 위험과 운전분석기법
② 공정위험분석기법
③ 이상위험도분석기법
④ 원인결과분석기법
⑤ 결함수분석기법
⑥ 사건수분석기법
⑦ 공정안전성분석기법
⑧ 방호계층분석기법

03 【4점】

다음 보기는 「산업안전보건법」상, 경고표지의 용도 및 사용 장소에 관한 내용일 때, 빈칸을 채우시오.

[보기]
(①) : 폭발성 물질이 있는 장소
(②) : 돌 및 블록 등 떨어질 우려가 있는 물체가 있는 장소
(③) : 경사진 통로 입구 및 미끄러운 장소
(④) : 화기의 취급을 극히 주의해야 하는 물질이 있는 장소

해설
① 폭발성물질 경고
② 낙하물 경고
③ 몸균형상실 경고
④ 인화성물질 경고

참고
산업안전보건법 시행규칙
[별표 6] 안전보건표지의 종류와 형태
*경고표지

인화성물질 경고	산화성물질 경고	폭발성물질 경고	급성독성 물질경고
부식성물질 경고	방사성물질 경고	고압전기 경고	매달린물체 경고
낙하물 경고	고온 경고	저온 경고	몸균형상실 경고
레이저광선 경고	위험장소 경고	발암성·변이원성·생식독성·전신독성·호흡기과민성물질 경고	

04 【4점】

「산업안전보건법」상, 작업장에서 취급하는 대상화학물질의 물질안전보건자료(MSDS)에 해당되는 내용을 근로자에게 교육하여야 할 때 근로자에게 실시하는 교육사항 4가지를 쓰시오.

해설
① 대상화학물질의 명칭
② 물리적 위험성 및 건강 유해성
③ 취급상의 주의사항
④ 적절한 보호구

참고
산업안전보건법 시행규칙
[별표 5] 안전보건교육 교육대상별 교육내용
*물질안전보건자료에 관한 교육

① 대상화학물질의 명칭(또는 제품명)
② 물리적 위험성 및 건강 유해성
③ 취급상의 주의사항
④ 적절한 보호구
⑤ 응급조치 요령 및 사고시 대처방법
⑥ 물질안전보건자료 및 경고표지를 이해하는 방법

05 【3점】

다음 보기는 「산업안전보건법」상, 연삭숫돌에 관한 내용일 때, 빈칸을 채우시오.

[보기]
사업주는 연삭숫돌을 사용하는 작업의 경우 작업을 시작하기 전에는 (①)분 이상, 연삭숫돌을 교체한 후에는 (②)분 이상 시험운전을 하고 해당 기계에 이상이 있는지 확인할 것

해설
① 1   ② 3

참고
산업안전보건기준에 관한 규칙
제122조(연삭숫돌의 덮개 등)

사업주는 연삭숫돌을 사용하는 작업의 경우 작업을 시작하기 전에는 <u>1분</u> 이상, 연삭숫돌을 교체한 후에는 <u>3분</u> 이상 시험운전을 하고 해당 기계에 이상이 있는지를 확인하여야 한다.

06 【4점】

「산업안전보건법」상, 근로자가 반복하여 계속적으로 중량물을 취급하는 작업할 때, 작업시작 전 점검사항을 2가지 쓰시오.

해설
① 중량물 취급의 올바른 자세 및 복장
② 위험물이 날아 흩어짐에 따른 보호구의 착용

참고
산업안전보건기준에 관한 규칙
[별표 3] 작업시작 전 점검사항
*반복하여 중량물을 취급하는 작업을 할 때
① 중량물 취급의 올바른 자세 및 복장
② 위험물이 날아 흩어짐에 따른 보호구의 착용
③ 카바이드·생석회 등과 같이 온도상승이나 습기에 의하여 위험성이 존재하는 중량물의 취급방법

07 【4점】

「산업안전보건법」상, 인체에 해로운 분진, 흄, 미스트, 증기 또는 가스 상태의 물질을 배출하기 위하여 설치하는 국소배기장치의 후드 설치시 준수사항을 4가지 쓰시오.

해설
① 유해물질이 발생하는 곳마다 설치할 것
② 유해인자의 발생형태와 비중, 작업방법 등을 고려하여 해당 분진 등의 발산원을 제어할 수 있는 구조로 설치할 것
③ 후드의 형식은 가능하면 포위식 또는 부스식 후드를 설치할 것
④ 외부식 또는 리시버식 후드는 해당 분진등의 발산원에 가장 가까운 위치에 설치할 것

참고
산업안전보건기준에 관한 규칙
제72조(후드)

① 유해물질이 발생하는 곳마다 설치할 것
② 유해인자의 발생형태와 비중, 작업방법 등을 고려하여 해당 분진 등의 발산원을 제어할 수 있는 구조로 설치할 것
③ 후드의 형식은 가능하면 포위식 또는 부스식 후드를 설치할 것
④ 외부식 또는 리시버식 후드는 해당 분진등의 발산원에 가장 가까운 위치에 설치할 것

08 【5점】

「산업안전보건법」상, 유해위험방지계획서의 작성·제출 대상 건설공사를 착공하려는 경우, 유해·위험방지계획서의 제출기한과 첨부서류를 2가지 쓰시오.

해설
① 제출기한 : 해당 공사의 착공 전날까지
② 첨부서류
  ㉠ 공사 개요 및 안전보건관리계획
  ㉡ 작업 공사 종류별 유해위험방지계획

> [참고]
> 산업안전보건법 시행규칙
> 제42조(제출서류 등)
>
> 사업주가 유해위험방지계획서를 제출할 때에는 건설공사 유해위험방지계획서를 해당 공사의 착공 전날까지 공단에 2부를 제출해야 한다.
>
> [별표 10] 유해위험방지계획서 첨부서류
> ① 공사 개요 및 안전보건관리계획
> ② 작업 공사 종류별 유해위험방지계획

09 【3점】

「산업안전보건법」상, 안전인증대상기계등에 대해 안전인증을 전부 또는 일부를 면제할 수 있는 경우를 3가지 쓰시오.

> [해설]
> ① 연구·개발을 목적으로 제조·수입하거나 수출을 목적으로 제조하는 경우
> ② 고용노동부장관이 정하여 고시하는 외국의 안전인증기관에서 인증을 받은 경우
> ③ 다른 법령에서 안전성에 관한 검사나 인증을 받은 경우로서 고용노동부령으로 정하는 경우

> [참고]
> 산업안전보건법
> 제84조(안전인증)
> ① 연구·개발을 목적으로 제조·수입하거나 수출을 목적으로 제조하는 경우
> ② 고용노동부장관이 정하여 고시하는 외국의 안전인증기관에서 인증을 받은 경우
> ③ 다른 법령에서 안전성에 관한 검사나 인증을 받은 경우로서 고용노동부령으로 정하는 경우

10 【4점】

「방호장치 안전인증 고시」상, 다음 보기의 안전밸브 형식 표시사항을 상세히 기술하시오.

[보기]
SF Ⅱ 1-B

> [해설]
> S : 요구성능(증기의 분출압력을 요구)
> F : 유량제한기구(전량식)
> Ⅱ : 호칭지름 구분(25초과 50이하)
> 1 : 호칭압력 구분(1MPa 이하)
> -B : 평형형

> [참고]
> 방호장치 안전인증 고시
> [별표 3] 안전밸브의 성능기준
> *안전밸브 요구성능
>
> | 요구성능의 기호 | 요구성능 | 용도 |
> |---|---|---|
> | S | 증기의 분출압력을 요구 | 증기 |
> | G | 가스의 분출압력을 요구 | 가스 |
>
> *유량제한기구의 구분
>
> | 형식기호 | 유량제한기구 |
> |---|---|
> | L | 양정식 |
> | F | 전량식 |
>
> *호칭지름의 구분
>
> | 호칭지름의 구분 | Ⅰ | Ⅱ | Ⅲ | Ⅳ | Ⅴ |
> |---|---|---|---|---|---|
> | 범위[mm] | 25이하 | 25초과 50이하 | 50초과 80이하 | 80초과 100이하 | 100초과 |
>
> *호칭압력의 구분
>
> | 호칭압력의 구분 | 1 | 3 | 5 | 10 | 21 | 22 |
> |---|---|---|---|---|---|---|
> | 설정압력의 범위[MPa] | 1이하 | 1초과 3이하 | 3초과 5이하 | 5초과 10이하 | 10초과 21이하 | 21초과 |

11 【4점】

「방호장치 안전인증 고시」상, 전기기기 또는 방폭부품에 최소 표시사항을 4가지 쓰시오.

해설
① 제조자의 이름 또는 등록상표
② 형식
③ 기호 Ex
④ 해당 방폭구조의 기호

참고
방호장치 안전인증고시
[별표 6] 가스, 증기방폭구조인 전기기기의 일반성능기준
① 제조자의 이름 또는 등록상표
② 형식
③ 기호 Ex
④ 해당 방폭구조의 기호
⑤ 방폭부품의 그룹 기호
⑥ 인증서 발급기관의 이름 또는 마크와 인증번호
⑦ 합격번호 및 U 기호 (X는 사용될 수 없음)
⑧ 해당 방폭구조에서 정한 추가 표시

12 【4점】

어떤 사업장의 근무 및 재해발생현황이 다음 보기와 같을 때, 이 사업장의 종합재해지수를 구하시오.

[보기]
① 평균근로자수 : 300명
② 월평균 재해건수 : 2건
③ 휴업일수 : 219일
④ 근로시간 : 1일 8시간, 연간 280일 근무

참고

$$도수율 = \frac{재해건수}{연근로 총시간수} \times 10^6$$
$$= \frac{2 \times 12}{300 \times 8 \times 280} \times 10^6 = 35.71$$

$$강도율 = \frac{근로손실일수}{연근로 총시간수} \times 10^3$$
$$= \frac{219 \times \frac{280}{365}}{300 \times 8 \times 280} \times 10^3 = 0.25$$

$$\therefore 종합재해지수 = \sqrt{도수율 \times 강도율}$$
$$= \sqrt{35.71 \times 0.25} = 2.99$$

13 【4점】

「산업안전보건법」에 따른 안전성평가를 순서대로 나열 하시오.

[보기]
① 정성적평가   ② 재평가   ③ FTA 재평가
④ 대책검토   ⑤ 자료정비   ⑥ 정량적평가

출제 기준에서 제외된 내용입니다.

14 【4점】

다음 FT도에서 컷셋(Cut Set)을 모두 구하시오.

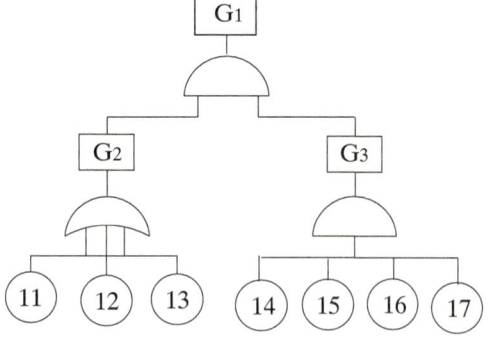

출제 기준에서 제외된 내용입니다.

01 【4점】

「산업안전보건법」상, 안전보건 표지 중 '응급구호 표지'를 그리시오.
(단, 색상표시는 글자로 나타내고, 크기에 대한 기준은 표시하지 않아도 된다.)

해설

바탕 : 녹색
십자가 : 흰색

참고
산업안전보건법 시행규칙
[별표 6] 안전보건표지의 종류와 형태
*안내표지

녹십자표지	응급구호 표지	들것	세안장치
비상용기구	비상구	좌측비상구	우측비상구

02 【4점】

「산업안전보건법」상, 도급인은 위생시설 등 고용노동부령으로 정하는 시설의 설치 등을 위하여 도급인이 설치한 위생시설 이용의 협조 사항을 이행해야 한다. 이 때 '위생시설 등 고용노동부령으로 정하는 시설'의 종류를 4가지 쓰시오.

해설
① 휴게시설
② 세탁시설
③ 탈의시설
④ 수면시설

참고
산업안전보건법 시행규칙
제81조(위생시설의 설치 등 협조)
① 휴게시설
② 세면·목욕시설
③ 세탁시설
④ 탈의시설
⑤ 수면시설

03 【4점】

「산업안전보건법」상, 유해·위험기계등이 안전인증기준에 적합한지를 확인하기 위하여 안전인증기관이 심사하는 심사의 종류를 4가지 쓰시오.

해설
① 예비심사
② 서면심사
③ 기술능력 및 생산체계 심사
④ 제품심사

참고
산업안전보건법 시행규칙
제110조(안전인증 심사의 종류 및 방법)

심사의 종류	심사기간
예비심사	7일
서면심사	15일 (외국에서 제조한 경우 30일)
기술능력 및 생산체계 심사	30일 (외국에서 제조한 경우 45일)
제품심사	15일
	30일 (일부 방호장치 보호구는 60일)

04 【3점】

보일링 현상의 방지대책을 3가지 쓰시오.

해설
① 흙막이벽의 근입장을 깊게 한다.
② 흙막이벽 배면의 지하수위를 낮춘다.
③ 굴착저면 하부의 지하수 흐름을 막는다.

참고
*보일링(Boiling)현상
사질지반 굴착시 흙막이벽 배면의 지하수가 굴착저면으로 흘러들어와 흙과 물이 분출되는 현상

*보일링(Boiling)현상의 방지대책
① 흙막이벽의 근입장을 깊게 한다.
② 흙막이벽 배면의 지하수위를 낮춘다.
③ 굴착저면 하부의 지하수 흐름을 막는다.

05 【4점】

「산업안전보건법」상, 사업주가 근로자의 위험을 방지하기 위해, 타워크레인을 설치·조립·해체하는 작업시 작성하여야 하는 작업계획서의 내용을 4가지 쓰시오.

해설
① 타워크레인의 종류 및 형식
② 설치·조립 및 해체순서
③ 작업도구·장비·가설설비 및 방호설비
④ 작업인원의 구성 및 작업근로자의 역할범위

참고
산업안전보건기준에 관한 규칙
[별표 4] 사전조사 및 작업계획서 내용
*타워크레인을 설치·조립·해체 하는 작업

① 타워크레인의 종류 및 형식
② 설치·조립 및 해체순서
③ 작업도구·장비·가설설비 및 방호설비
④ 작업인원의 구성 및 작업근로자의 역할범위

06 【4점】

「산업안전보건법」상, 사업주의 의무와 근로자의 의무를 각각 2가지씩 쓰시오.

해설

① 사업주의 의무
  ㉠ 이 법과 이 법에 의한 명령으로 정하는 산업재해 예방을 위한 기준을 따라야 한다.
  ㉡ 해당 사업장의 안전 및 보건에 관한 정보를 근로자에게 제공한다.

② 근로자의 의무
  ㉠ 이 법과 이 법에 따른 명령으로 정하는 산업재해 예방을 위한 기준을 지켜야 한다.
  ㉡ 사업주 또는 근로감독관, 공단 등 관계인이 실시하는 산업재해 예방에 관한 조치에 따라야 한다.

참고

산업안전보건법
제5조(사업주 등의 의무)
① 이 법과 이 법에 의한 명령에서 정하는 산업재해예방을 위한 기준을 준수할 것
② 근로자의 신체적 피로와 정신적 스트레스 등을 줄일 수 있는 쾌적한 작업환경을 조성하고 근로조건을 개선할 것
③ 해당 사업장의 안전보건에 관한 정보를 근로자에게 제공할 것

제6조(근로자의 의무)
① 이 법과 이 법에 따른 명령으로 정하는 산업재해 예방을 위한 기준을 지켜야 한다.
② 사업주 또는 근로감독관, 공단 등 관계인이 실시하는 산업재해 예방에 관한 조치에 따라야 한다.

07 【4점】

다음 보기는 「산업안전보건법」상, 공정안전보고서 이행상태 평가에 관한 내용이다. 빈칸을 채우시오.

[보기]
- 고용노동부장관은 공정안전보고서의 확인 후 1년이 경과한 날부터 (①) 이내에 공정안전보고서 이행상태의 평가를 해야한다.
- 사업주가 이행평가에 대한 추가요청을 하면 (②) 기간 내에 이행평가를 할 수 있다.

해설

① 2년
② 1년 또는 2년

참고

산업안전보건법 시행규칙
제54조(공정안전보고서 이행 상태의 평가)
① 고용노동부장관은 같은 조 제2항에 따른 공정안전보고서의 확인 후 1년이 지난 날부터 <u>2년</u> 이내에 공정안전보고서 이행 상태의 평가를 해야 한다.
② 이행상태평가 후 사업주가 이행상태평가를 요청하는 경우, <u>1년 또는 2년</u> 마다 이행상태평가를 할 수 있다.

08 【3점】

다음은 「산업안전보건법」상, 광전자식 방호장치 프레스에 관한 설명일 때, 빈칸을 채우시오.

[보기]
- 프레스 또는 전단기에서 일반적으로 많이 활용하고 있는 형태로서 투광부, 수광부, 컨트롤 부분으로 구성된 것으로서 신체의 일부가 광선을 차단하면 기계를 급정지시키는 방호장치로 (①) 분류에 해당한다.
- 정상동작표시램프는 (②)색, 위험표시램프는 (③)색으로 하며, 쉽게 근로자가 볼 수 있는 곳에 설치해야 한다.
- 방호장치는 릴레이, 리미트 스위치 등의 전기부품의 고장, 전원전압의 변동 및 정전에 의해 슬라이드가 불시에 동작하지 않아야 하며, 사용전원전압의 ±(④)%의 변동에 대하여 정상으로 작동되어야 한다.

해설
① A-1 ② 녹 ③ 붉은 ④ 20

참고
방호장치 안전인증 고시
[별표 1] 프레스 또는 전단기 방호장치의 성능기준
*프레스 또는 전단기 방호장치의 종류 및 기호

종류		기호
광전자식	A-1	투광부, 수광부, 컨트롤 부분으로 구성된 것
	A-2	급정지기능이 없는 프레스
양수조작식	B-1	유공압 밸브식
	B-2	전기버튼식
가드식		C
손쳐내기식		D
수인식		E

*광전자식 방호장치의 일반사항
① 정상동작표시램프는 녹색, 위험표시램프는 붉은색으로 하며, 쉽게 근로자가 볼 수 있는 곳에 설치해야 한다.
② 방호장치는 릴레이, 리미트 스위치 등의 전기부품의 고장, 전원전압의 변동 및 정전에 의해 슬라이드가 불시에 동작하지 않아야 하며, 사용 전원전압의 ±(100분의 20)의 변동에 대하여 정상으로 작동되어야 한다.

09 【6점】

전압이 $100V$인 충전부분에 작업자의 물에 젖은 손이 접촉되어 감전 후 사망하였을 때 다음을 구하시오.
(단, 인체의 저항은 5000Ω이고 소수 넷째자리에서 반올림하여 소수 셋째자리까지 표기할 것)

(1) 심실세동전류 $[mA]$
(2) 통전시간 [초]

해설
(1)
신체가 물에 젖은 경우 저항이 1/25로 감소하므로
$R = 5000 \times \frac{1}{25} = 200\Omega$
$V = IR$
$\therefore I = \frac{V}{R} = \frac{100}{200} = 0.5A = 500mA$

(2)
$I = \frac{165}{\sqrt{T}}[mA] \quad \therefore \sqrt{T} = \frac{165}{I}$

$\therefore T = \frac{165^2}{I^2} = \frac{165^2}{500^2} = 0.109초$

> **참고**
>
> *인체의 전기저항
>
> | 경우 | 기준 |
> |---|---|
> | 습기가 있는 경우 | 건조 시 보다 $\frac{1}{10}$ 저하 |
> | 땀에 젖은 경우 | 건조 시 보다 $\frac{1}{12} \sim \frac{1}{20}$ 저하 |
> | 물에 젖은 경우 | 건조 시 보다 $\frac{1}{25}$ 저하 |
>
> *심실세동 전류(I) [mA]
>
> $$I = \frac{165 \times 10^{-3}}{\sqrt{T}}$$
>
> 여기서,
> T : 시간 [sec] (주어지지 않을 경우 $T=1\text{sec}$)

10 【4점】

파블로프(Pavlov) 조건반사설 학습의 원리를 4가지 쓰시오.

출제 기준에서 제외된 내용입니다.

11 【4점】

「산업안전보건법」상, 무재해운동을 추진하던 도중에 사고 또는 재해가 발생하더라도 무재해로 인정되는 경우 4가지를 쓰시오.

출제 기준에서 제외된 내용입니다.

12 【4점】

다음을 각각 간단하게 서술하시오.

(1) Fool Proof
(2) Fail Safe

출제 기준에서 제외된 내용입니다.

13 【4점】

휴먼에러에서 다음을 각각 2가지씩 분류하시오.

(1) 독립행동에 관한 분류
(2) 원인에 의한 분류

출제 기준에서 제외된 내용입니다.

14 【3점】

직렬 또는 병렬구조로 단순화 될 수 없는 복잡한 시스템의 신뢰도나 고장확률을 평가하는 기법을 3가지 쓰시오.

출제 기준에서 제외된 내용입니다.

2014년 2회차 산업안전기사 실기 필답형 기출문제

01 【3점】
「산업안전보건법」상, 안전보건총괄책임자 지정대상 사업을 3가지 쓰시오.

해설
① 상시근로자 50명 이상인 선박 및 보트 건조업
② 상시근로자 50명 이상인 1차 금속 제조업
③ 상시근로자 50명 이상인 토사석 광업

참고
산업안전보건법 시행령
제52조(안전보건총괄책임자 지정 대상사업)
① 상시근로자 50명 이상인 선박 및 보트 건조업
② 상시근로자 50명 이상인 1차 금속 제조업
③ 상시근로자 50명 이상인 토사석 광업
④ 상시근로자 100명 이상인 그 외 사업장
⑤ 총공사금액 20억원 이상인 건설업

02 【6점】
「위험물 안전관리법 시행규칙」상, 다음 보기에서 적응성이 있는 소화기를 골라 각각 2가지씩 쓰시오.

[보기]
① CO_2소화기 ② 건조사 ③ 봉상수소화기
④ 물통 또는 수조 ⑤ 포소화기
⑥ 할로겐화합물소화기

(1) 전기설비
(2) 인화성액체
(3) 자기반응성물질

해설
(1) ①, ⑥
(2) ①, ②, ⑤, ⑥
(3) ②, ③, ④, ⑤

참고
위험물안전관리법 시행규칙
[별표 17] 소화설비, 경보설비 및 피난설비의 기준

대상물 구분	적응성이 있는 소화기
전기설비	① 무상수소화기 ② 무상강화액소화기 ③ 이산화탄소소화기 ④ 할로겐화합물소화기 ⑤ 인산염류소화기 ⑥ 탄산수소염류소화기
인화성액체 (제4류 위험물)	① 무상강화액소화기 ② 포소화기 ③ 이산화탄소소화기 ④ 할로겐화합물소화기 ⑤ 인산염류소화기 ⑥ 탄산수소염류소화기 ⑦ 건조사 ⑧ 팽창질석 또는 팽창진주암
자기반응성물질 (제5류 위험물)	① 봉상수소화기 ② 무상수소화기 ③ 봉상강화액소화기 ④ 무상강화액소화기 ⑤ 포소화기 ⑥ 물통 또는 수조 ⑦ 건조사 ⑧ 팽창질석 또는 팽창진주암

03 【3점】

「산업안전보건법」상, 보일러의 폭발 사고를 예방하기 위하여 기능이 정상적으로 작동될 수 있도록 사업주가 유지·관리 하여야 하는 보일러의 방호장치를 3가지 쓰시오.

해설
① 압력방출장치
② 압력제한스위치
③ 화염 검출기

참고
산업안전보건기준에 관한 규칙
제119조(폭발위험의 방지)

사업주는 보일러의 폭발 사고를 예방하기 위하여 압력방출장치, 압력제한스위치, 고저수위 조절장치, 화염 검출기 등의 기능이 정상적으로 작동될 수 있도록 유지·관리하여야 한다.

04 【4점】

「산업안전보건법」상, 위험물질을 제조·취급 하는 바닥면의 가로 및 세로가 각 $3m$ 이상인 작업장과 그 작업장이 있는 건축물에 따른 출입구 외에 안전한 장소로 대피할 수 있는 비상구 1개 이상을 설치해야 하는 구조조건 2가지를 쓰시오.

해설
① 출입구와 같은 방향에 있지 아니하고, 출입구로부터 $3m$ 이상 떨어져 있을 것
② 비상구의 너비는 $0.75m$ 이상으로 하고, 높이는 $1.5m$ 이상으로 할 것

참고
산업안전보건기준에 관한 규칙
제17조(비상구의 설치)

① 출입구와 같은 방향에 있지 아니하고, 출입구로부터 $3m$ 이상 떨어져 있을 것
② 작업장의 각 부분으로부터 하나의 비상구 또는 출입구까지의 수평거리가 $50m$ 이하가 되도록 할 것
③ 비상구의 너비는 $0.75m$ 이상으로 하고, 높이는 $1.5m$ 이상으로 할 것
④ 비상구의 문은 피난 방향으로 열리도록 하고, 실내에서 항상 열 수 있는 구조로 할 것

05 【6점】

다음 보기는 「건설업 안전보건관리비 계상 및 사용기준」상, 안전관리비 계상 및 사용에 관한 내용일 때, 빈칸을 채우시오.

[보기]

- 발주자가 재료를 제공하거나 일부 물품이 완제품의 형태로 제작·납품되는 경우에는 해당 재료비 또는 완제품 가액을 대상액에 포함하여 산출한 산업안전보건관리비와 해당 재료비 또는 완제품 가액을 대상액에서 제외하고 산출한 산업안전보건관리비의 (①)배에 해당하는 값을 비교하여 그 중 작은 값 이상의 금액으로 계상한다.

- 대상액이 명확하지 않은 경우에는 도급계약 또는 자체사업계획상 책정된 총공사금액의 (②)%에 해당하는 금액을 대상액으로 하여 계상해야 한다.

- 도급인은 산업안전보건관리비 사용내역에 대하여 공사 시작 후 (①) 개월마다 1회 이상 발주자 또는 감리자의 확인을 받아야 한다. 다만, 6개월 이내에 공사가 종료되는 경우에는 종료 시 확인을 받아야 한다.

[해설]
① 1.2   ② 70   ③ 6

[참고]
건설업 산업안전보건관리비 계상 및 사용기준
제4조(계상의무 및 기준), 제9조(사용내역의 확인)

① 발주자가 재료를 제공하거나 일부 물품이 완제품의 형태로 제작·납품되는 경우에는 해당 재료비 또는 완제품 가액을 대상액에 포함하여 산출한 산업안전보건관리비와 해당 재료비 또는 완제품 가액을 대상액에서 제외하고 산출한 산업안전보건관리비의 1.2배에 해당하는 값을 비교하여 그 중 작은 값 이상의 금액으로 계상한다.
② 대상액이 명확하지 않은 경우에는 도급계약 또는 자체사업계획상 책정된 총공사금액의 10분의 7에 해당하는 금액을 대상액으로 하여 계상해야 한다.
③ 도급인은 산업안전보건관리비 사용내역에 대하여 공사 시작 후 6개월마다 1회 이상 발주자 또는 감리자의 확인을 받아야 한다. 다만, 6개월 이내에 공사가 종료되는 경우에는 종료 시 확인을 받아야 한다.

06 【4점】

「산업안전보건법」상, 금지 표지 중 '출입금지표지'를 그리시오.
(단, 색상표시는 글자로 나타내시오.)

[해설]

바탕 : 흰색
테두리 및 대각선 : 빨간색
화살표 : 검정색

[참고]
산업안전보건법 시행규칙
[별표 6] 안전보건표지의 종류와 형태
*금지표지

출입금지	보행금지	차량통행금지	사용금지
탑승금지	금연	화기금지	물체이동금지

07 【3점】

「산업안전보건법」상, 컨베이어 작업시작 전, 사업주가 관리감독자로 하여금 점검하도록 해야 할 사항을 3가지 쓰시오.

[해설]
① 원동기 및 풀리 기능의 이상 유무
② 이탈 등의 방지장치 기능의 이상 유무
③ 비상정지장치 기능의 이상 유무

[참고]
산업안전보건기준에 관한 규칙
[별표 3] 작업시작 전 점검사항
*컨베이어 작업시작 전 점검사항

① 원동기 및 풀리 기능의 이상 유무
② 이탈 등의 방지장치 기능의 이상 유무
③ 비상정지장치 기능의 이상 유무
④ 원동기·회전축·기어 및 풀리 등의 덮개 또는 울 등의 이상 유무

08 【4점】
산업재해 예방대책 4원칙을 쓰고 설명하시오.

출제 기준에서 제외된 내용입니다.

09 【3점】
누전차단기에 관한 내용일 때 빈칸을 채우시오.

[보기]
- 누전차단기는 지락검출장치, (①), 개폐기구 등으로 구성되었다.
- 중감도형 누전차단기는 정격감도전류가 (②) ~ 1000mA 이하이다.
- 시연형 누전차단기는 동작시간이 0.1초 초과 (③) 이내

출제 기준에서 제외된 내용입니다.

10 【4점】
양립성 2가지를 쓰고 사례를 들어 설명하시오.

출제 기준에서 제외된 내용입니다.

11 【4점】
「산업안전보건법」상, 대상화학물질을 양도하거나 제공하는 자는 물질안전보건자료의 기재 내용을 변경할 필요가 생긴 때에, 이를 물질안전보건자료에 반영하여 대상화학물질을 양도받거나 제공받은 자에게 신속하게 제공하여야 한다. 이 때 제공하여야 하는 내용을 4가지 쓰시오.

출제 기준에서 제외된 내용입니다.

12 【3점】
「산업안전보건법」상 자율안전 확인을 필한 제품에 대한 부분적 변경의 허용범위를 3가지 쓰시오.

출제 기준에서 제외된 내용입니다.

13 【4점】
도끼로 나무를 자르는데 소요된 에너지는 분당 $8kcal$, 작업에 대한 평균에너지 $5kcal/min$, 휴식에너지 $1.5kcal/min$, 작업시간 1시간일 때 휴식시간[min]을 구하시오.

출제 기준에서 제외된 내용입니다.

14 【4점】
A 사업장의 제품의 수명은 지수분포를 따르며, 평균수명은 1000시간일 때 다음을 구하시오.

(1) 새로 구입한 제품이 향후 500시간 동안 고장 없이 작동할 확률
(2) 이미 1000시간을 사용한 제품이 향후 500시간 이상 견딜 확률

출제 기준에서 제외된 내용입니다.

01 【3점】

콘크리트 구조물로 옹벽을 축조할 경우, 필요한 안정조건을 3가지 쓰시오.

해설
① 전도에 대한 안정
② 지반 지지력에 대한 안정
③ 활동에 대한 안정

02 【4점】

다음 보기는 「산업안전보건법」상, 위험물의 종류이다. 다음 각 물질에 해당하는 것을 각각 2가지씩 고르시오.

[보기]
① 황   ② 염소산   ③ 하이드라진 유도체
④ 아세톤   ⑤ 과망간산   ⑥ 니트로소화합물
⑦ 수소   ⑧ 리튬

(1) 폭발성 물질 및 유기과산화물
(2) 물반응성 물질 및 인화성 고체

해설
(1) ③, ⑥
(2) ①, ⑧

참고
산업안전보건기준에 관한 규칙
[별표 1] 위험물질의 종류

폭발성물질 및 유기과산화물	물반응성물질 및 인화성고체
① 질산에스테르	① 리튬
② 니트로화합물	② 칼륨·나트륨
③ 니트로소화합물	③ 황
④ 아조화합물	④ 황린
⑤ 디아조화합물	⑤ 황화인·적린
⑥ 하이드라진 유도체	⑥ 셀룰로이드류
⑦ 유기과산화물	⑦ 알킬알루미늄·알킬리튬
	⑧ 마그네슘분말
	⑨ 금속분말
	⑩ 알칼리금속
	⑪ 유기 금속화합물
	⑫ 금속의 수소화물
	⑬ 금속의 인화물
	⑭ 칼슘 탄화물, 알루미늄 탄화물

03 【4점】

기계설비의 근원적 안전을 확보하기 위한 안전화 방법 4가지를 쓰시오.

해설
① 기능의 안전화
② 구조의 안전화
③ 외형의 안전화
④ 보전작업의 안전화

04 【4점】

「방호장치 자율안전기준 고시」상, 아세틸렌 또는 가스집합 용접장치에 설치하는 역화방지기 성능시험 종류를 4가지 쓰시오.

해설
① 내압시험
② 기밀시험
③ 역류방지시험
④ 역화방지시험

참고
방호장치 자율안전기준 고시
[별표 1] 역화방지기의 성능기준

구분	내용
내압시험	균열 및 변형 등이 없어야 한다.
기밀시험	물속에서 공기 누설이 없어야 한다.
역류방지시험	공기의 역류현상이 없어야 한다.
역화방지시험	1회의 역화현상도 없어야 한다.
가스압력손실시험	가스압력손실은 유량이 분당 13리터일 때는 $8.82kPa$ 이하, 유량이 분당 30리터일 때는 $19.60kPa$ 이하이어야 한다.
방출장치동작시험	작동압력이 $0.29MPa$ 이상 $0.39MPa$ 이하 사이에서 작동되어야 한다.

05 【4점】

「산업안전보건법」상, 안전보건표지의 종류 중 안내표지의 종류 4가지를 쓰시오.

해설
① 녹십자표지
② 응급구호표지
③ 들것
④ 세안장치

참고
산업안전보건법 시행규칙
[별표 6] 안전보건표지의 종류와 형태
*안내표지

녹십자표지	응급구호표지	들것	세안장치
비상용기구	비상구	좌측비상구	우측비상구

06 【4점】

「산업안전보건법」상, 공정안전보고서에 포함되어야 하는 사항을 4가지 쓰시오.

해설
① 공정안전자료
② 공정위험성평가서
③ 안전운전계획
④ 비상조치계획

참고
산업안전보건법 시행규칙
제50조(공정안전보고서의 세부 내용 등)
① 공정안전자료
② 공정위험성평가서 및 잠재위험에 대한 사고 예방·피해 최소화 대책
③ 안전운전계획
④ 비상조치계획

07 【4점】

다음 보기의 재해 통계지수에 정의를 각각 설명하시오.

[보기]
(1) 강도율   (2) 도수율

해설
(1) 연간 총 근로시간 1000시간당 재해발생으로 인한 근로손실일수
(2) 연간 총 근로시간 100만시간당 재해발생 건수

08 【4점】

「산업안전보건법」상, 굴착면에 높이가 $2m$ 이상이 되는 지반의 굴착작업을 하는 경우 작업장의 지형·지반 및 지층 상태 등에 대한 사전조사 후 작성하여야 하는 작업계획서의 포함사항 4가지를 쓰시오.

해설
① 굴착방법 및 순서, 토사 반출 방법
② 필요한 인원 및 장비 사용계획
③ 매설물 등에 대한 이설·보호대책
④ 작업지휘자의 배치계획

참고
산업안전보건기준에 관한 규칙
[별표 4] 사전조사 및 작업계획서 내용
*굴착작업
① 굴착방법 및 순서, 토사 반출 방법
② 필요한 인원 및 장비 사용계획
③ 매설물 등에 대한 이설·보호대책
④ 사업장 내 연락방법 및 신호방법
⑤ 흙막이 지보공 설치방법 및 계측계획
⑥ 작업지휘자의 배치계획
⑦ 그 밖에 안전·보건에 관련된 사항

09 【4점】

다음 보기에서 「산업안전보건법」상, 의무안전 인증대상 기계·기구 및 설비, 방호장치 또는 보호구에 해당하는 것을 5가지 골라쓰시오.

[보기]
① 안전대   ② 연삭기 덮개   ③ 파쇄기
④ 충돌·협착 등의 위험 방지에 필요한 산업용 로봇 방호장치
⑤ 압력용기   ⑥ 양중기용 과부하방지장치
⑦ 교류아크용접기용 자동전격방지기
⑧ 이동식 사다리
⑨ 동력식 수동대패용 칼날 접촉방지장치
⑩ 용접용 보안면

해설
①, ④, ⑤, ⑥, ⑩

참고
산업안전보건법 시행령
제74조(안전인증대상기계등)

기계 또는 설비	① 프레스 ② 전단기 및 절곡기 ③ 크레인 ④ 리프트 ⑤ 압력용기 ⑥ 롤러기 ⑦ 사출성형기 ⑧ 고소 작업대 ⑨ 곤돌라
방호장치	① 프레스 및 전단기 방호장치 ② 양중기용 과부하 방지장치 ③ 보일러 압력방출용 안전밸브 ④ 압력용기 압력방출용 안전밸브 ⑤ 압력용기 압력방출용 파열판 ⑥ 절연용 방호구 및 활선작업용 기구 ⑦ 방폭구조 전기기계·기구 및 부품 ⑧ 추락·낙하 및 붕괴 등의 위험방지 및 보호에 필요한 가설기자재로서 고용노동부장관이 정하여 고시하는 것 ⑨ 충돌·협착 등의 위험 방지에 필요한 산업용 로봇 방호장치로서 고용노동부장관이 정하여 고시하는 것

보호구	① 추락 및 감전 위험방지용 안전모 ② 안전화 ③ 안전장갑 ④ 방진마스크 ⑤ 방독마스크 ⑥ 송기마스크 ⑦ 전동식 호흡보호구 ⑧ 보호복 ⑨ 안전대 ⑩ 차광 및 비산물 위험방지용 보안경 ⑪ 용접용 보안면 ⑫ 방음용 귀마개 또는 귀덮개

10 【4점】

전압이 $300\,V$인 충전부분에 작업자의 물에 젖은 손이 접촉되어 감전 후 사망하였을 때, 다음을 구하시오.
(단, 인체의 저항은 $1000\,\Omega$이다.)

(1) 심실세동전류 $[mA]$
(2) 통전시간 $[ms]$

해설

(1) 손이 물에 젖으면 저항이 $\frac{1}{25}$로 감소하므로

$$R = 1000 \times \frac{1}{25} = 40\Omega$$

$$V = IR$$

$$\therefore I = \frac{V}{R} = \frac{300}{40} = 7.5A = 7500mA$$

(2) $I = \frac{165}{\sqrt{T}}[mA]$ $\therefore \sqrt{T} = \frac{165}{I}$

$$\therefore T = \frac{165^2}{I^2} = \frac{165^2}{7500^2} = 0.00048s = 0.48ms$$

참고

*인체의 전기저항

경우	기준
습기가 있는 경우	건조 시 보다 $\frac{1}{10}$ 저하
땀에 젖은 경우	건조 시 보다 $\frac{1}{12} \sim \frac{1}{20}$ 저하
물에 젖은 경우	건조 시 보다 $\frac{1}{25}$ 저하

11 【4점】

「산업안전보건법」상 무재해운동을 추진하던 도중에 사고 또는 재해가 발생하더라도 무재해로 인정되는 경우 4가지를 쓰시오.

출제 기준에서 제외된 내용입니다.

13 【4점】

다음 그림은 안전관리의 주요대상인 $4M$과 안전 대책인 $3E$와의 관계도를 나타낸 것일 때 빈칸을 채우시오.

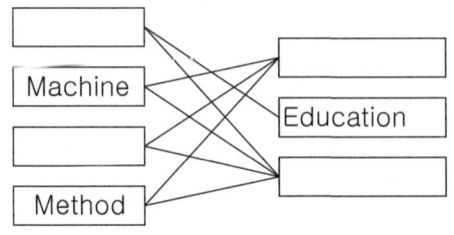

출제 기준에서 제외된 내용입니다.

12 【4점】

인간-기계 통합시스템에서 시스템이 갖는 기능을 4가지 쓰시오.

출제 기준에서 제외된 내용입니다.

14 【4점】

다음과 같은 그림의 구조에 시스템이 있을 때 2번 부품 (x_2)의 고장을 초기사상으로 하여 사건 나무 (Event Tree)를 각 가지마다 시스템의 작동여부를 "작동" 또는 "고장"으로 표시하시오.

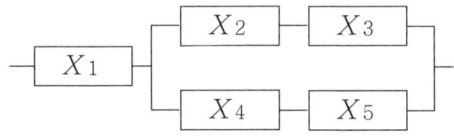

출제 기준에서 제외된 내용입니다.

2015 1회차 산업안전기사 실기 필답형 기출문제

01 【5점】

「방호장치 안전인증 고시」상, 다음 보기를 참고하여 방폭구조의 표시를 쓰시오.

[보기]
- 방폭구조 : 용기 내 폭발 시 용기가 폭발 압력을 견디며 틈을 통해 냉각효과로 인하여 외부에 인화될 우려가 없는 구조
- 최대안전틈새 : 0.8mm
- 최고표면온도 : 180℃

해설
Ex d IIB T3

참고
방호장치 안전인증 고시
[별표 6] 가스·증기방폭구조인 전기기기의 일반성능기준
*방폭구조의 종류

종류	내용
내압 방폭구조 (d)	용기 내 폭발시 용기가 그 압력을 견디고 개구부 등을 통해 외부에 인화될 우려가 없는 구조
압력 방폭구조 (p)	용기 내에 보호가스를 압입시켜 대기압 이상으로 유지하여 폭발성 가스가 유입되지 않도록 하는 구조
안전증 방폭구조 (e)	운전 중에 생기는 아크, 스파크, 발열 등의 발화원을 제거하여 안전도를 증가시킨 구조
유입 방폭구조 (o)	전기불꽃, 아크, 고온 발생 부분을 기름으로 채워 폭발성 가스 또는 증기에 인화되지 않도록 한 구조
본질안전 방폭구조 (ia, ib)	운전 중 단선, 단락, 지락에 의한 사고 시 폭발 점화원의 발생이 방지된 구조
비점화 방폭구조 (n)	운전중에 점화원을 차단하여 폭발이 일어나지 않고, 이상 상태에서 짧은시간 동안 방폭기능을 할 수 있는 구조
몰드 방폭구조 (m)	전기불꽃, 고온 발생 부분은 컴파운드로 밀폐한 구조

*가연성가스의 폭발등급 및 내압방폭구조의 폭발등급

가스 그룹	최대안전틈새	가스 명칭
IIA	0.9mm 이상	프로판 가스
IIB	0.5mm 초과 0.9mm 미만	에틸렌 가스
IIC	0.5mm 이하	수소 또는 아세틸렌 가스

*방폭전기기기의 최고표면온도에 따른 분류

최고표면온도 [℃]	온도등급
300 초과 450 이하	T1
200 초과 300 이하	T2
135 초과 200 이하	T3
100 초과 135 이하	T4
85 초과 100 이하	T5
85 이하	T6

02 【3점】

다음 보기는 「방호장치 자율안전기준 고시」상, 목재가공용 둥근톱에 대한 방호장치 중 분할날이 갖추어야할 사항일 때, 빈칸을 채우시오.

[보기]
- 분할날의 두께는 둥근톱 두께의 (①)배 이상으로 한다.
- 견고히 고정할 수 있으며 분할날과 톱날 원주면과의 거리는 (②)mm 이내로 조정, 유지할 수 있어야 한다.
- 표준 테이블면 상의 톱 뒷날의 (③) 이상을 덮도록 한다.

해설

① 1.1　② 12　③ 2/3

참고

방호장치 자율안전기준 고시
[별표 5] 목재가공용 덮개 및 분할날 성능기준

① 분할날의 두께는 둥근톱 두께의 <u>1.1배</u> 이상일 것
② 견고히 고정할 수 있으며 분할날과 톱날 원주면과의 거리는 <u>12mm</u> 이내로 조정, 유지할 수 있어야 하고 표준 테이블면 상의 톱 뒷날의 <u>2/3 이상</u>을 덮도록 할 것
③ 재료는 KS D 3751(탄소공구강재)에서 정한 STC5(탄소공구강) 또는 이와 동등이상의 재료를 사용할 것
④ 분할날 조임볼트는 2개 이상일 것

03　【3점】

「산업안전보건법」상, 석면분진의 발생 등으로 근로자에게 유해한 작업에 있어서 해당 원인을 제거하기 위한 조치사항을 3가지 쓰시오.

해설

① 해당 자재를 제거
② 다른 자재로 대체
③ 안정화

참고

산업안전보건기준에 관한 규칙
제487조(유지·관리), 제513조(소음 감소 조치)

① 사업주는 건축물이나 설비의 천장재, 벽체 재료 및 보온재 등의 손상, 노후화 등으로 석면분진을 발생시켜 근로자가 그 분진에 노출될 우려가 있을 경우에는 <u>해당 자재를 제거</u>하거나 <u>다른 자재로 대체</u>하거나 <u>안정화</u>하거나 <u>씌우는 등</u> 필요한 조치를 하여야 한다.
② 사업주는 강렬한 소음작업이나 충격소음작업 장소에 대하여 기계·기구 등의 대체, 시설의 밀폐·흡음 또는 격리 등 소음 감소를 위한 조치를 하여야 한다.

04　【4점】

보일러 발생증기의 이상현상 중 하나인 캐리오버(Carry over)현상의 원인을 4가지 쓰시오.

해설

① 보일러 수에 불순물이 많이 포함되었을 경우
② 주증기 밸브의 급격한 개방
③ 보일러 부하의 급격한 변화
④ 관수의 수위가 적정선보다 높을 때

참고

*캐리오버(Carry over)

보일러수 속의 용해 고형물이나 현탁 고형물이 증기에 섞여 보일러 밖으로 튀어 나가는 현상

*캐리오버(Carry over)의 발생원인

① 보일러 수에 불순물이 많이 포함되었을 경우
② 주증기 밸브의 급격한 개방
③ 보일러 부하의 급격한 변화
④ 관수의 수위가 적정선보다 높을 때

05　【5점】

「산업안전보건법」상, 안전보건 표지 중 '응급구호 표지'를 그리시오.
(단, 색상표시는 글자로 나타내고, 크기에 대한 기준은 표시하지 않아도 된다.)

해설

바탕 : 녹색
십자가 : 흰색

> [참고]
> 산업안전보건법 시행규칙
> [별표 6] 안전보건표지의 종류와 형태
> *안내표지
>
> | 녹십자표지 | 응급구호표지 | 들것 | 세안장치 |
> |---|---|---|---|
> | ⊕ | ✚ | 🔧 | 👁 |
> | 비상용기구 | 비상구 | 좌측비상구 | 우측비상구 |
> | 비상용기구 | 🏃 | ← | → |

> ⑦ '생활화학제품 및 살생물제의 안전관리에 관한 법률'에 따른 안전확인대상생활화학제품 및 살생물제품 중 일반소비자의 생활용으로 제공되는 제품
> ⑧ '식품위생법'에 따른 식품 및 식품첨가물
> ⑨ '약사법'에 따른 의약품 및 의약외품
> ⑩ '원자력안전법'에 따른 방사성물
> ⑪ '위생용품 관리법'에 따른 위생용품
> ⑫ '의료기기법'에 따른 의료기기
> ⑬ '첨단재생의료 및 첨단바이오의약품 안전 및 지원에 관한 법률'에 따른 첨단바이오의약품
> ⑭ '총포·도검·화약류 등의 안전관리에 관한 법률'에 따른 화약류
> ⑮ '폐기물관리법'에 따른 폐기물
> ⑯ '화장품법'에 따른 화장품

06 【4점】

「산업안전보건법」상, 물질안전보건자료(MSDS)의 작성·비치대상에서 제외되는 화학물질을 4가지 쓰시오.
(단, 화학물질 또는 혼합물로서 일반소비자의 생활용으로 제공되는 것과 그 밖에 고용노동부 장관이 독성, 폭발성 등으로 인한 위해의 정도가 적다고 인정하여 고시하는 화학물질은 제외한다.)

> [해설]
> ① '농약관리법'에 따른 농약
> ② '비료관리법'에 따른 비료
> ③ '사료관리법'에 따른 사료
> ④ '화장품법'에 따른 화장품

> [참고]
> 산업안전보건법 시행령
> 제86조(물질안전보건자료의 작성·제출 제외 대상 화학물질 등)
> ① '건강기능식품에 관한 법률'에 따른 건강기능식품
> ② '농약관리법'에 따른 농약
> ③ '마약류 관리에 관한 법률'에 따른 마약 및 향정신성의약품
> ④ '비료관리법'에 따른 비료
> ⑤ '사료관리법'에 따른 사료
> ⑥ '생활주변방사선 안전관리법'에 따른 원료물질

07 【4점】

「산업안전보건법」상, 사업주가 근로자에게 실시하여야 하는 안전보건교육 중, 로봇작업에 대한 특별 안전보건교육내용을 4가지 쓰시오.

> [해설]
> ① 로봇의 기본원리·구조 및 작업방법에 관한 사항
> ② 이상 발생 시 응급조치에 관한 사항
> ③ 안전시설 및 안전기준에 관한 사항
> ④ 조작방법 및 작업순서에 관한 사항

> [참고]
> 산업안전보건법 시행규칙
> [별표 5] 안전보건교육 교육대상별 교육내용
> *로봇작업에 대한 교육
>
> ① 로봇의 기본원리·구조 및 작업방법에 관한 사항
> ② 이상 발생 시 응급조치에 관한 사항
> ③ 안전시설 및 안전기준에 관한 사항
> ④ 조작방법 및 작업순서에 관한 사항

08 【3점】

다음 보기는 「산업안전보건법」에 대한 내용일 때, 빈칸을 채우시오.

[보기]
- 화물을 취급하는 작업 등에 사업주는 바닥으로부터의 높이가 2m 이상 되는 하적단과 인접 하적단 사이의 간격을 하적단의 밑부분을 기준하여 (①)cm 이상으로 하여야 한다.
- 부두 또는 안벽의 선을 따라 통로를 설치하는 경우에는 폭을 (②)cm 이상으로 할 것
- 육상에서의 통로 및 작업장소로서 다리 또는 선거 갑문을 넘는 보도 등의 위험한 부분에는 (③) 또는 울타리 등을 설치할 것

해설
① 10 ② 90 ③ 안전난간

참고
산업안전보건기준에 관한 규칙
제391조(하적단의 간격), 제390조(하역작업장의 조치기준)
① 사업주는 바닥으로부터의 높이가 2미터 이상 되는 하적단과 인접 하적단 사이의 간격을 하적단의 밑부분을 기준하여 <u>10센티미터</u> 이상으로 하여야 한다.
② 부두 또는 안벽의 선을 따라 통로를 설치하는 경우에는 폭을 <u>90센티미터</u> 이상으로 할 것
③ 육상에서의 통로 및 작업장소로서 다리 또는 선거 갑문을 넘는 보도 등의 위험한 부분에는 <u>안전난간</u> 또는 울타리 등을 설치할 것

09 【4점】

다음 보기를 참고하여 「산업안전보건법」에 따라 산업재해조사표를 작성하려할 때 산업재해조사표의 주요 작성항목이 아닌 것을 4가지 고르시오.

[보기]
① 재해자의 국적 ② 보호자의 성명
③ 재해발생 일시 ④ 고용형태 ⑤ 휴업예상일수
⑥ 급여수준 ⑦ 응급조치 내역 ⑧ 재해자의 직업
⑨ 재해자 복귀일시

해설
②, ⑥, ⑦, ⑨

참고
산업안전보건법 시행규칙
[별지 제30호 서식] 산업재해조사표
별지 서식은 해당 교재의 마지막 목차를 확인하시기 바랍니다.

10 【4점】

「산업안전보건법」상, 크레인을 사용하여 작업을 시작하기 전, 사업자가 관리감독자로 하여금 점검하도록 해야할 사항을 2가지 쓰시오.

해설
① 권과방지장치·브레이크·클러치 및 운전장치의 기능
② 와이어로프가 통하고 있는 곳의 상태

> **참고**
> 산업안전보건기준에 관한 규칙
> [별표 3] 작업시작 전 점검사항
> *크레인을 사용하여 작업을 할 때
> ① 권과방지장치·브레이크·클러치 및 운전장치의 기능
> ② 주행로의 상측 및 트롤리가 횡행하는 레일의 상태
> ③ 와이어로프가 통하고 있는 곳의 상태

11 【4점】

다음 보기는 「산업안전보건법」상 달비계의 적재하중에 대한 내용일 때, 빈칸을 채우시오.

[보기]
- 달기 와이어로프 및 달기강선의 안전계수 : (①) 이상
- 달기체인 및 달기훅의 안전계수 : (②) 이상
- 달기강대와 달비계의 하부 및 상부 지점의 안전계수는 강재의 경우 (③) 이상, 목재의 경우 (④) 이상

출제 기준에서 제외된 내용입니다.

12 【4점】

하인리히 사고예방대책 기본원리 5단계를 단계 순서대로 쓰시오.

출제 기준에서 제외된 내용입니다.

13 【4점】

어떤 사업장의 기계를 1시간 가동할 때 고장 발생 확률이 0.004일 때 다음을 구하시오.

(1) 평균고장간격($MTBF$) [시간]
(2) 10시간 가동할 때의 신뢰도

출제 기준에서 제외된 내용입니다.

14 【4점】

시스템 안전 프로그램(SSPP)의 포함사항 4가지를 쓰시오.

출제 기준에서 제외된 내용입니다.

2015년 2회차 산업안전기사 실기 필답형 기출문제

01 【4점】

「산업안전보건법」상, 다음 보기를 참고하여 산업재해조사표를 작성하려 할 때, 재해발생 개요를 작성하시오.

[보기]
2015년 7월 1일 10시, 사출성형부 플라스틱 용기 생산 1팀 사출공정에서 재해자 A와 동료 근로자 B가 같이 작업했었으며 재해자 A가 사출성형기 2호기에서 플라스틱 용기를 꺼낸 후 금형을 점검하던 도중 재해자가 점검중임을 모르던 동료 근로자 B가 사출성형기 조작스위치를 가동하여 금형사이에 재해자 A가 끼어 사망하였다.

재해 당시 사출성형기 도어인터록 장치는 설치가 되어있었으나 고장중이어서 기능을 상실한 상태였고, 점검과 관련하여 "수리중·조작금지"의 안전 표지판이나, 전원 스위치 작동금지용 잠금 장치는 설치하지 않은 상태에서 동료 근로자가 조작스위치를 잘못 조작하여 재해가 발생하였다.

(1) 발생일시
(2) 발생장소
(3) 재해관련 작업유형
(4) 재해발생 당시 상황

해설
(1) 2015년 7월 1일 10시
(2) 사출성형부 플라스틱 용기 생산 1팀 사출공정 사출성형기 2호기
(3) 사출성형기 2호기에서 플라스틱 용기를 꺼낸 후 금형을 점검
(4) 재해자가 점검중 임을 모르던 동료근로자 B가 사출성형기 조작스위치를 가동하여 금형사이에 재해자가 끼어 사망

02 【4점】

「산업안전보건법」상, 사업주의 의무와 근로자의 의무를 각각 2가지씩 쓰시오.

해설
① 사업주의 의무
  ㉠ 이 법과 이 법에 의한 명령으로 정하는 산업재해 예방을 위한 기준을 따라야 한다.
  ㉡ 해당 사업장의 안전 및 보건에 관한 정보를 근로자에게 제공한다.

② 근로자의 의무
  ㉠ 이 법과 이 법에 따른 명령으로 정하는 산업재해 예방을 위한 기준을 지켜야 한다.
  ㉡ 사업주 또는 근로감독관, 공단 등 관계인이 실시하는 산업재해 예방에 관한 조치에 따라야 한다.

참고
산업안전보건법
제5조(사업주 등의 의무)
① 이 법과 이 법에 의한 명령에서 정하는 산업재해예방을 위한 기준을 준수할 것
② 근로자의 신체적 피로와 정신적 스트레스 등을 줄일 수 있는 쾌적한 작업환경을 조성하고 근로조건을 개선할 것
③ 해당 사업장의 안전보건에 관한 정보를 근로자에게 제공할 것

제6조(근로자의 의무)
① 이 법과 이 법에 따른 명령으로 정하는 산업재해 예방을 위한 기준을 지켜야 한다.
② 사업주 또는 근로감독관, 공단 등 관계인이 실시하는 산업재해 예방에 관한 조치에 따라야 한다.

03 【5점】

「산업안전보건법」상, 사업주가 근로자에게 실시해야 하는 안전보건교육 중, 채용 시 교육 및 작업내용 변경 시 교육 내용을 4가지 쓰시오.

해설
① 산업안전 및 사고 예방에 관한 사항
② 산업보건 및 직업병 예방에 관한 사항
③ 위험성 평가에 관한 사항
④ 직무스트레스 예방 및 관리에 관한 사항

참고
산업안전보건법 시행규칙
[별표 5] 안전보건교육 교육대상별 교육내용
*채용 시 교육 및 작업내용 변경 시 교육

① 산업안전 및 사고 예방에 관한 사항
② 산업보건 및 직업병 예방에 관한 사항
③ 위험성 평가에 관한 사항
④ 산업안전보건법령 및 산업재해보상보험 제도에 관한 사항
⑤ 직무스트레스 예방 및 관리에 관한 사항
⑥ 직장 내 괴롭힘, 고객의 폭언 등으로 인한 건강장해 예방 및 관리에 관한 사항
⑦ 기계·기구의 위험성과 작업의 순서 및 동선에 관한 사항
⑧ 작업 개시 전 점검에 관한 사항
⑨ 정리정돈 및 청소에 관한 사항
⑩ 사고 발생 시 긴급조치에 관한 사항
⑪ 물질안전보건자료에 관한 사항

04 【3점】

「산업안전보건법」상, 산업안전보건위원회의 회의록 작성 사항을 3가지 쓰시오.

해설
① 개최일시 및 장소
② 출석위원
③ 심의 내용 및 의결·결정사항

참고
산업안전보건법 시행령
제37조(산업안전보건위원회의 회의 등)

① 개최일시 및 장소
② 출석위원
③ 심의 내용 및 의결·결정사항
④ 그 밖의 토의사항

05 【4점】

와이어로프의 꼬임형식을 2가지 쓰시오.

해설
① 보통꼬임   ② 랭꼬임

참고
① 보통꼬임 : 스트랜드의 꼬임 방향과 소선의 꼬임 방향이 반대방향인 꼬임이다.
② 랭꼬임 : 스트랜드의 꼬임 방향과 소선의 꼬임 방향이 동일방향인 꼬임이다.

06 【6점】
연소의 3요소와 소화방법을 쓰시오.

해설
① 가연물 : 제거소화
② 산소공급원 : 질식소화
③ 점화원 : 냉각소화

07 【4점】
다음 보기는 「산업안전보건법」상, 신규 화학물질의 제조 및 수입 등에 관한 설명일 때, 빈칸을 채우시오.

[보기]
신규화학물질을 제조하거나 수입하려는 자는 제조하거나 수입하려는 날 (①)일 전까지 신규화학물질 유해성·위험성 조사보고서에 따른 서류를 첨부하여 (②)에게 제출할 것

해설
① 30   ② 고용노동부장관

참고
산업안전보건법 시행규칙
제147조(신규화학물질의 유해성·위험성 조사보고서의 제출)

신규화학물질을 제조하거나 수입하려는 자는 제조하거나 수입하려는 날 30일(연간 제조하거나 수입하려는 양이 100킬로그램 이상 1톤 미만인 경우에는 14일) 전까지 신규화학물질 유해성·위험성 조사보고서에 따른 서류를 첨부하여 고용노동부장관에게 제출해야 한다.

08 【3점】
「산업안전보건법」상, 콘크리트 타설작업 시 사업주의 준수사항을 3가지 쓰시오.

해설
① 콘크리트 타설작업 시 거푸집 붕괴의 위험이 발생할 우려가 있으면 충분한 보강조치를 할 것
② 설계도서상의 콘크리트 양생기간을 준수하여 거푸집 및 동바리를 해체할 것
③ 콘크리트를 타설하는 경우에는 편심이 발생하지 않도록 골고루 분산하여 타설할 것

참고
산업안전보건기준에 관한 규칙
제334조(콘크리트 타설작업)

① 당일의 작업을 시작하기 전에 해당 작업에 관한 거푸집 및 동바리의 변형·변위 및 지반의 침하 유무 등을 점검하고 이상이 있으면 보수할 것
② 작업 중에는 감시자를 배치하는 등의 방법으로 거푸집 및 동바리의 변형·변위 및 침하 유무 등을 확인해야 하며, 이상이 있으면 작업을 중지하고 근로자를 대피시킬 것
③ 콘크리트 타설작업 시 거푸집 붕괴의 위험이 발생할 우려가 있으면 충분한 보강조치를 할 것
④ 설계도서상의 콘크리트 양생기간을 준수하여 거푸집 및 동바리를 해체할 것
⑤ 콘크리트를 타설하는 경우에는 편심이 발생하지 않도록 골고루 분산하여 타설할 것

09 【3점】

「산업안전보건법」상, 누전 차단기에 대한 다음 물음에 각각 답하시오.

(1) 정격감도전류
(2) 동작시간

> 해설
> ① 30mA 이하 ② 0.03초 이내

> 참고
> 산업안전보건기준에 관한 규칙
> 제304조(누전차단기에 의한 감전방지)
>
> 전기기계·기구에 설치되어 있는 누전차단기는 정격감도전류가 <u>30밀리암페어 이하</u>이고 작동시간은 <u>0.03초 이내</u>일 것. 다만, 정격전부하전류가 50암페어 이상인 전기기계·기구에 접속되는 누전차단기는 오작동을 방지하기 위하여 정격감도전류는 200밀리암페어 이하로, 작동시간은 0.1초 이내로 할 수 있다.

10 【3점】

「산업안전보건법」상, 도급사업의 합동 안전·보건점검을 할 때, 점검반으로 구성하여야 하는 사람을 3가지 쓰시오.

> 해설
> ① 도급인
> ② 관계수급인
> ③ 도급인 및 관계수급인의 근로자 각 1명

> 참고
> 산업안전보건법 시행규칙
> 제82조(도급사업의 합동 안전·보건점검)
>
> ① 도급인
> ② 관계수급인
> ③ 도급인 및 관계수급인의 근로자 각 1명

11 【4점】

다음 표를 참고하여 「산업안전보건법」상, 지시표지의 번호를 각각 쓰시오.

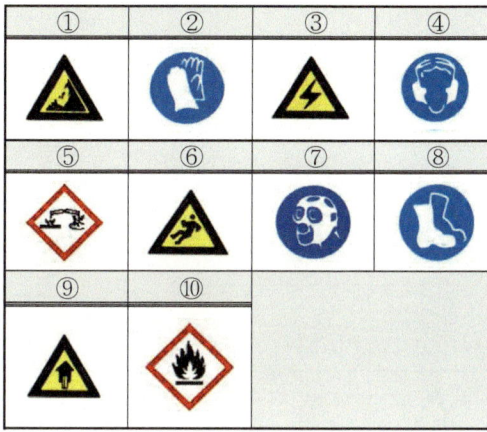

> 해설
> ②, ④, ⑦, ⑧

> 참고
> 산업안전보건법 시행규칙
> [별표 6] 안전보건표지의 종류와 형태
> *지시표지
>
> | 보안경 착용 | 방독마스크 착용 | 방진마스크 착용 | 보안면 착용 |
> |---|---|---|---|
> | 안전모 착용 | 귀마개 착용 | 안전화 착용 | 안전장갑 착용 |
> | 안전복 착용 | | | |

*경고표지

인화성물질 경고	산화성물질 경고	폭발성물질 경고	급성독성 물질경고
부식성물질 경고	방사성물질 경고	고압전기 경고	매달린물체 경고
낙하물 경고	고온 경고	저온 경고	몸균형상실 경고
레이저광선 경고	위험장소 경고	발암성・변이원성・생식독성・전신독성・호흡기 과민성물질 경고	

12 【3점】

Fail-Safe의 기능적 분류 3가지를 쓰시오.

출제 기준에서 제외된 내용입니다.

13 【5점】

인간-기계 통합시스템에서 시스템이 갖는 기능을 5가지 쓰시오.

출제 기준에서 제외된 내용입니다.

14 【4점】

고장률이 1시간당 0.01로 일정한 기계가 있을 때 이 기계에서 처음 100시간동안 고장이 발생할 확률을 구하시오.

출제 기준에서 제외된 내용입니다.

Memo

2015 3회차 산업안전기사 실기 필답형 기출문제

01 【3점】

「방호장치 자율안전기준 고시」상, 아래 그림의 연삭기 덮개의 성능기준에 따른 각도를 각각 쓰시오.
(단, 이상, 이하, 이내를 정확히 구분하여 쓰시오.)

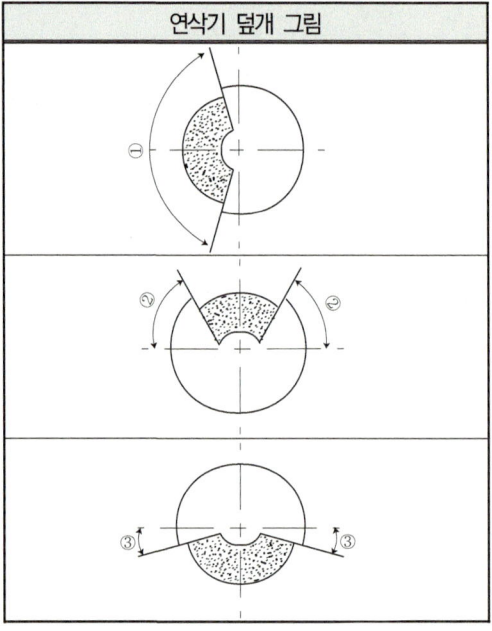

[참고]
방호장치 자율안전기준 고시
[별표 4] 연삭기 덮개의 성능기준

*연삭기 덮개의 각도

형상	용도
125° 이내, 65° 이내	일반연삭작업에 사용되는 탁상용 연삭기
60° 이상, 60° 이상	연삭숫돌의 상부를 사용하는 것을 목적으로 하는 탁상용 연삭기
15° 이내, 180° 이내	1. 원통연삭기 2. 센터리스연삭기 3. 공구연삭기 4. 만능연삭기
180° 이내	1. 휴대용 연삭기 2. 스윙연삭기 3. 슬리브연삭기
15° 이상, 15° 이상	1. 평면연삭기 2. 절단연삭기

[해설]
① 125° 이내 ② 60° 이상 ③ 15° 이상

02 【4점】

다음 보기에서 「고압가스 안전관리법 시행규칙」상, 해당하는 공업용 가스 용기의 색채를 각각 쓰시오.

[보기]
① 산소 ② 암모니아 ③ 아세틸렌 ④ 질소

해설
① 녹색 ② 백색 ③ 황색 ④ 회색

참고
고압가스 안전관리법 시행규칙
[별표 24] 용기등의 표시
*가연성가스 및 독성가스의 용기

고압가스	도색
산소	녹색
수소	주황색
염소	갈색
탄산가스	청색
석유가스 또는 질소	회색
아세틸렌	황색
암모니아	백색

03 【4점】

다음 표는 「보호구 안전인증 고시」상, 내전압용 절연장갑의 성능 기준인 표일 때, 빈칸을 채우시오.

등급	색상	최대사용전압	
		교류(V, 실효값)	직류(V)
00	갈색	500	①
0	빨간색	②	1500
1	흰색	7500	11250
2	노란색	17000	25500
3	녹색	26500	39750
4	등색	③	④

해설
① 750 ② 1000 ③ 36000 ④ 54000

참고
보호구 안전인증고시
[별표 3] 내전압용절연장갑의 성능기준

등급	색상	최대사용전압	
		교류(V, 실효값)	직류(V)
00	갈색	500	750
0	빨간색	1000	1500
1	흰색	7500	11250
2	노란색	17000	25500
3	녹색	26500	39750
4	등색	36000	54000

비고 : 직류=1.5×교류

04 【4점】

「산업안전보건법」상, 타워크레인에 사용하는 와이어로프의 사용금지 기준을 4가지 쓰시오.

해설
① 이음매가 있는 것
② 꼬인 것
③ 지름의 감소가 공칭지름의 7%를 초과한 것
④ 와이어로프의 한 꼬임에서 끊어진 소선의 수가 10% 이상인 것

참고
산업안전보건기준에 관한 규칙
제63조(달비계의 구조)
① 이음매가 있는 것
② 꼬인 것
③ 심하게 변형되거나 부식된 것
④ 열과 전기충격에 의해 손상된 것
⑤ 지름의 감소가 공칭지름의 7%를 초과한 것
⑥ 와이어로프의 한 꼬임에서 끊어진 소선의 수가 10% 이상인 것

05 【4점】

「산업안전보건법」상, 잠함 또는 우물통의 내부에서 근로자가 굴착작업을 하는 경우에, 잠함 또는 우물통의 급격한 침하에 의한 위험을 방지하기 위한 사업주의 준수사항 2가지를 쓰시오.

해설
① 침하관계도에 따라 굴착방법 및 재하량 등을 정할 것
② 바닥으로부터 천장 또는 보까지의 높이는 1.8m 이상으로 할 것

참고
산업안전보건기준에 관한 규칙
제376조(급격한 침하로 인한 위험 방지)
① 침하관계도에 따라 굴착방법 및 재하량 등을 정할 것
② 바닥으로부터 천장 또는 보까지의 높이는 1.8m 이상으로 할 것

06 【4점】

다음 보기의 위험점에 대한 정의를 쓰시오.

[보기]
① 협착점 ② 끼임점
③ 물림점 ④ 회전말림점

해설
① 왕복운동을 하는 동작부와 움직임이 없는 고정부 사이에 형성되는 위험점
② 회전운동을 하는 동작부와 움직임이 없는 고정부 사이에 형성되는 위험점
③ 2개의 회전체가 맞닿는 사이에 발생하는 위험점
④ 회전하는 물체에 작업복 등이 말려드는 위험점

참고
*기계설비의 위험점

위험점	그림	설명
협착점		왕복운동을 하는 동작부와 움직임이 없는 고정부 사이에 형성되는 위험점 ex) 프레스전단기, 성형기, 소형기 등
끼임점		회전운동을 하는 동작부와 움직임이 없는 고정부 사이에 형성되는 위험점 ex) 연삭숫돌과 하우스, 교반기 날개와 하우스, 회전운동을 하는 기계 등
절단점		회전하는 운동 부분 자체의 위험에서 초래되는 위험점 ex) 밀링커터, 둥근톱날 등
물림점		2개의 회전체가 맞닿는 사이에 발생하는 위험점 ex) 기어, 롤러 등
접선 물림점		회전하는 부분의 접선방향으로 물려 들어가는 위험점 ex) V벨트풀리, 평벨트, 체인과 스프로킷 등
회전 말림점		회전하는 물체에 작업복 등이 말려드는 위험점 ex) 회전축, 커플링, 드릴 등

07 【4점】

「산업안전보건법」상, 관리감독자의 업무를 4가지 쓰시오.

해설
① 해당작업에서 발생한 산업재해에 관한 보고 및 이에 대한 응급조치
② 해당작업의 작업장 정리·정돈 및 통로 확보에 대한 확인·감독
③ 유해·위험요인의 파악에 대한 참여
④ 개선조치의 시행에 대한 참여

참고
산업안전보건법 시행령
제15조(관리감독자의 업무 등)
① 사업장 내 관리감독자가 지휘·감독하는 작업과 관련된 기계·기구 또는 설비의 안전·보건 점검 및 이상 유무의 확인
② 관리감독자에게 소속된 근로자의 작업복·보호구 및 방호장치의 점검과 그 착용·사용에 관한 교육·지도
③ 해당작업에서 발생한 산업재해에 관한 보고 및 이에 대한 응급조치
④ 해당작업의 작업장 정리·정돈 및 통로 확보에 대한 확인·감독
⑤ 사업장의 안전관리자, 보건관리자의, 안전보건관리담당자, 산업보건의의 지도·조언에 대한 협조
⑥ 위험성평가에 관한 다음 각 목의 업무
  ㉠ 유해·위험요인의 파악에 대한 참여
  ㉡ 개선조치의 시행에 대한 참여
⑦ 그 밖에 해당작업의 안전 및 보건에 관한 사항으로서 고용노동부령으로 정하는 사항

08 【4점】

다음 보기를 참고하여 「산업안전보건법」에 따라 산업재해조사표를 작성하려할 때 산업재해조사표의 주요 작성항목이 아닌 것을 4가지 고르시오.

[보기]
① 발생일시 ② 목격자 인적사항
③ 재해발생 당시 상황
④ 상해종류(질병명) ⑤ 고용형태 ⑥ 재해발생원인
⑦ 가해물 ⑧ 치료·요양기관
⑨ 재해발생후 첫 출근일자

해설
②, ⑦, ⑧, ⑨

참고
산업안전보건법 시행규칙
[별지 제30호 서식] 산업재해조사표
별지 서식은 해당 교재의 마지막 목차를 확인하시기 바랍니다.

09 【4점】

다음 보기를 참고하여 위험성평가 실시 순서를 번호로 나열하시오.

[보기]
① 위험성 결정
② 위험성 감소대책 수립 및 실행
③ 사전준비
④ 유해·위험요인 파악
⑤ 위험성평가 실시내용 및 결과에 관한 기록 및 보존

해설
③ → ④ → ① → ② → ⑤

> **참고**
> 사업장 위험성평가에 관한 지침
> 제8조(위험성평가의 절차)
> ① 사전준비
> ② 유해·위험요인 파악
> ③ 위험성 결정
> ④ 위험성 감소대책 수립 및 실행
> ⑤ 위험성평가 실시내용 및 결과에 관한 기록 및 보존

10 【4점】

「산업안전보건법」상, 자율검사프로그램의 인정을 취소하거나 인정받은 자율검사프로그램의 내용에 따라 검사를 하도록 개선을 명할 수 있는 경우를 2가지 쓰시오.

> **해설**
> ① 거짓이나 그 밖의 부정한 방법으로 자율검사프로그램을 인정받은 경우
> ② 자율검사프로그램을 인정받고도 검사를 하지 아니한 경우
>
> **참고**
> 산업안전보건법
> 제99조(자율검사프로그램 인정의 취소 등)
> ① 거짓이나 그 밖의 부정한 방법으로 자율검사프로그램을 인정받은 경우
> ② 자율검사프로그램을 인정받고도 검사를 하지 아니한 경우
> ③ 인정받은 자율검사프로그램의 내용에 따라 검사를 하지 아니한 경우

11 【4점】

위험예지훈련 4단계를 쓰시오.

> 출제 기준에서 제외된 내용입니다.

12 【4점】

PHA의 목표를 달성하기 위한 특징 4가지를 쓰시오.

> 출제 기준에서 제외된 내용입니다.

13 【4점】

접지공사 종류에서 접지저항값 및 접지선의 굵기에 대한 표의 빈칸을 채우시오.

종별	접지저항	접지선의 굵기
제1종	10Ω 이하	①
제2종	$\frac{150}{1선\ 지락전류}$ Ω 이하	②
제3종	100Ω 이하	③
특별 제3종	10Ω 이하	④

> 출제 기준에서 제외된 내용입니다.

14 【4점】

고장률이 1시간당 0.01로 일정한 기계가 있을 때 이 기계에서 처음 100시간동안 고장이 발생할 확률을 구하시오.

> 출제 기준에서 제외된 내용입니다.

2016년 1회차 산업안전기사 실기 필답형 기출문제

01 【4점】

「산업안전보건법」상, 화물의 낙하에 의하여 지게차 운전자에게 위험을 미칠 우려가 있는 작업장에서 지게차의 헤드가드가 갖추어야 할 사항을 2가지 쓰시오.

해설
① 강도는 지게차의 최대하중의 2배 값(4톤을 넘는 값에 대해서는 4톤으로 한다.)의 등분포정하중에 견딜 수 있을 것
② 상부틀의 각 개구의 폭 또는 길이가 16cm 미만일 것

참고
산업안전보건기준에 관한 규칙
제180조(헤드가드)
① 강도는 지게차의 최대하중의 2배 값(4톤을 넘는 값에 대해서는 4톤으로 한다.)의 등분포정하중에 견딜 수 있을 것
② 상부틀의 각 개구의 폭 또는 길이가 16cm 미만일 것
③ 운전자가 앉아서 조작하거나 서서 조작하는 지게차의 헤드가드는 한국산업표준에서 정하는 높이 기준 이상일 것
   (입식 : 1.905m, 좌식 : 0.903m)

02 【5점】

가스시설 전기방폭 기준에 따른 안전간격과 가스 명칭을 쓰시오.

해설
IIA : 0.9mm 이상, 프로판 가스
IIB : 0.5mm 초과 0.9mm 미만, 에틸렌 가스
IIC : 0.5mm 이하, 수소 또는 아세틸렌 가스

참고
가스시설 전기방폭 기준 KGS GC201
표 2.2.2.1
*가연성가스의 폭발등급 및 내압방폭구조의 폭발등급

가스 그룹	최대안전틈새	가스 명칭
IIA	0.9mm 이상	프로판 가스
IIB	0.5mm 초과 0.9mm 미만	에틸렌 가스
IIC	0.5mm 이하	수소 또는 아세틸렌 가스

03 【4점】

「산업안전보건법」상, 중대재해가 발생한 경우 사업장 소재지를 관할하는 지방고용노동관서의 장에게 전화·팩스 또는 그 밖의 적절한 방법으로 보고해야하는 사항을 4가지 쓰시오.

해설
① 발생개요
② 피해상황
③ 조치
④ 전망

참고
산업안전보건법 시행규칙
제67조(중대재해 발생 시 보고)

① 발생 개요 및 피해 상황
② 조치 및 전망
③ 그 밖의 중요한 사항

04 【4점】

「산업안전보건법」상, 근로자가 반복하여 계속적으로 중량물을 취급하는 작업할 때, 작업시작 전 점검 사항을 2가지 쓰시오.

해설
① 중량물 취급의 올바른 자세 및 복장
② 위험물이 날아 흩어짐에 따른 보호구의 착용

참고
산업안전보건기준에 관한 규칙
[별표 3] 작업시작 전 점검사항
*반복하여 중량물을 취급하는 작업을 할 때

① 중량물 취급의 올바른 자세 및 복장
② 위험물이 날아 흩어짐에 따른 보호구의 착용
③ 카바이드·생석회 등과 같이 온도상승이나 습기에 의하여 위험성이 존재하는 중량물의 취급방법

05 【5점】

아래 표는 화재의 종류를 구분한 표이다. 빈칸을 채우시오.

등급	종류	색
A급	일반화재	①
B급	②	③
C급	④	청색
D급	⑤	무색

해설
① 백색
② 유류화재
③ 황색
④ 전기화재
⑤ 금속화재

참고
*화재의 구분

등급	종류	색	소화방법
A급	일반화재	백색	냉각소화
B급	유류 및 가스화재	황색	질식소화
C급	전기화재	청색	질식소화
D급	금속화재	무색	피복소화

06 【3점】
아세틸렌 용접기 도관의 점검항목을 3가지 쓰시오.

해설
① 밸브의 작동상태
② 누출의 유무
③ 역화방지기 접속부 및 밸브콕의 작동상태 이상 유무

07 【4점】
「산업안전보건법」상, 타워크레인에 사용하는 와이어로프의 사용금지 기준을 4가지 쓰시오.

해설
① 이음매가 있는 것
② 꼬인 것
③ 지름의 감소가 공칭지름의 7%를 초과한 것
④ 와이어로프의 한 꼬임에서 끊어진 소선의 수가 10% 이상인 것

참고
산업안전보건기준에 관한 규칙
제63조(달비계의 구조)
① 이음매가 있는 것
② 꼬인 것
③ 심하게 변형되거나 부식된 것
④ 열과 전기충격에 의해 손상된 것
⑤ 지름의 감소가 공칭지름의 7%를 초과한 것
⑥ 와이어로프의 한 꼬임에서 끊어진 소선의 수가 10% 이상인 것

08 【4점】
「보호구 자율안전확인 고시」상, 보안경을 크게 2가지로 구분하고 종류별 사용구분을 쓰시오.

해설
① 유리보안경 : 비산물로부터 눈을 보호하기 위한 것으로 렌즈의 재질이 유리인 것
② 프라스틱보안경 : 비산물로부터 눈을 보호하기 위한 것으로 렌즈의 재질이 프라스틱인 것

참고
보호구 자율안전확인 고시
[별표 2] 보안경(자율안전확인)의 성능기준

종류	사용구분
유리보안경	비산물로부터 눈을 보호하기 위한 것으로 렌즈의 재질이 유리인 것
프라스틱 보안경	비산물로부터 눈을 보호하기 위한 것으로 렌즈의 재질이 프라스틱인 것
도수렌즈 보안경	비산물로부터 눈을 보호하기 위한 것으로 도수가 있는 것

09 【4점】
「산업안전보건법」상, 사업주가 근로자에게 시행해야 하는 안전보건교육의 종류를 4가지 쓰시오.

해설
① 정기교육
② 채용 시 교육
③ 작업내용 변경 시 교육
④ 특별교육

참고
산업안전보건법 시행규칙
[별표 4] 안전보건교육 교육과정별 교육시간
① 정기교육
② 채용 시 교육
③ 작업내용 변경 시 교육
④ 특별교육
⑤ 건설업 기초 안전보건교육

10 【5점】

「산업안전보건법」상, 양중기의 종류를 5가지 쓰시오.

해설
① 크레인(호이스트 포함)
② 이동식 크레인
③ 리프트(이삿짐 운반용 리프트는 적재하중 0.1ton 이상인 것)
④ 곤돌라
⑤ 승강기

참고
산업안전보건기준에 관한 규칙
제132조(양중기)
① 크레인(호이스트 포함)
② 이동식 크레인
③ 리프트(이삿짐 운반용 리프트는 적재하중 0.1ton 이상인 것)
④ 곤돌라
⑤ 승강기

11 【3점】

감응형 방호장치를 설치한 프레스에서 광선을 차단한 후 $200ms$ 후에 슬라이드가 정지하였다. 이 때 방호장치의 안전거리는 최소 몇 mm 이상이어야 하는가?

해설
$D = 1.6 T_m = 1.6 \times 200 = 320 mm$

참고
프레스 방호장치의 선정 설치 및 사용 기술지침
KOSHA GUIDE M-122-2012
*방호장치의 안전거리
$D_m = 1.6 T_m$
여기서,
D_m : 안전거리 $[mm]$
T_m : 총 소요시간 $[ms]$

12 【3점】

도수율 18.73, 평생근로년수 35년, 연간 잔업시간 240시간인 사업장에서 근로자 1명에게 평생동안 약 몇 건의 재해가 발생하는가?
(단, 1일 8시간, 월 25일, 12개월 근무이다.)

해설
평생근로시간 $= (8 \times 25 \times 12 + 240) \times 35 = 92400$시간

환산도수율 $= 18.73 \times \dfrac{92400}{10^6} = 1.73$

참고
*환산도수율
평생 근로시간당 재해발생 건 수

환산도수율 $=$ 도수율 $\times \dfrac{\text{평생 근로시간}}{10^6}$

13 【4점】

Swain은 인간의 오류를 크게 작위적 오류(Commission Error)와 부작위적 오류(Omission Error)로 구분할 때 2개의 오류에 대해 설명하시오.

출제 기준에서 제외된 내용입니다.

14 【3점】

다음 FT도에서 컷셋(Cut Set)을 모두 구하시오.

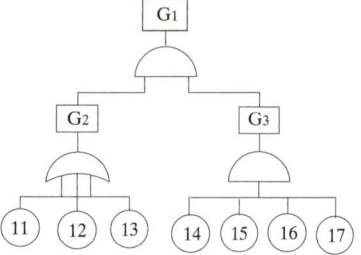

출제 기준에서 제외된 내용입니다.

2016년 2회차 산업안전기사 실기 필답형 기출문제

01 【4점】

「산업안전보건법」상, 물질안전보건자료(MSDS) 작성 시 포함사항 16가지 중 다음의 제외사항을 뺀 4가지를 쓰시오.

[제외사항]
① 화학제품과 회사에 관한 정보
② 구성성분의 명칭 및 함유량
③ 취급 및 저장 방법
④ 물리화학적 특성
⑤ 폐기시 주의사항
⑥ 그 밖의 참고사항

해설
① 유해성·위험성
② 응급조치요령
③ 폭발·화재시 대처방법
④ 누출사고시 대처방법

참고
화학물질의 분류·표시 및 물질안전보건자료에 관한 기준 제10조(작성항목)
① 화학제품과 회사에 관한 정보
② 유해성·위험성
③ 구성성분의 명칭 및 함유량
④ 응급조치요령
⑤ 폭발·화재시 대처방법
⑥ 누출사고시 대처방법
⑦ 취급 및 저장방법
⑧ 노출방지 및 개인보호구
⑨ 물리화학적 특성
⑩ 안정성 및 반응성
⑪ 독성에 관한 정보
⑫ 환경에 미치는 영향
⑬ 폐기 시 주의사항
⑭ 운송에 필요한 정보
⑮ 법적규제 현황
⑯ 그 밖의 참고사항

02 【4점】

「산업안전보건법」상, 공정안전보고서에 포함되어야 할 사항을 4가지 쓰시오.

해설
① 공정안전자료
② 공정위험성평가서
③ 안전운전계획
④ 비상조치계획

참고
산업안전보건법 시행규칙
제50조(공정안전보고서의 세부 내용 등)
① 공정안전자료
② 공정위험성평가서 및 잠재위험에 대한 사고예방·피해 최소화 대책
③ 안전운전계획
④ 비상조치계획

03 【4점】

「산업안전보건법」상, 비, 눈 그 밖의 악천후로 인하여 작업을 중지시킨 후 또는 비계를 조립·해체하거나 변경한 후에 그 비계에서 작업을 하는 경우, 해당 작업을 시작하기 전에 점검해야 할 항목을 4가지 쓰시오.

해설
① 발판 재료의 손상 여부 및 부착 또는 걸림 상태
② 해당 비계의 연결부 또는 접속부의 풀림 상태
③ 손잡이의 탈락 여부
④ 기둥의 침하, 변형, 변위 또는 흔들림 상태

참고
산업안전보건기준에 관한 규칙
제58조(비계의 점검 및 보수)

① 발판 재료의 손상 여부 및 부착 또는 걸림 상태
② 해당 비계의 연결부 또는 접속부의 풀림 상태
③ 연결 재료 및 연결 철물의 손상 또는 부식 상태
④ 손잡이의 탈락 여부
⑤ 기둥의 침하, 변형, 변위 또는 흔들림 상태
⑥ 로프의 부착 상태 및 매단 장치의 흔들림 상태

04 【4점】

「산업안전보건법」상, 공기압축기를 가동할 때 작업시작 전 사업주가 관리감독자로 하여금 점검하도록 하여야 할 사항을 4가지 쓰시오.

해설
① 압력방출장치의 기능
② 언로드밸브의 기능
③ 윤활유의 상태
④ 회전부의 덮개 또는 울

참고
산업안전보건기준에 관한 규칙
[별표 3] 작업시작 전 점검사항
*공기압축기를 가동할 때

① 공기저장 압력용기의 외관 상태
② 드레인밸브(Drain valve)의 조작 및 배수
③ 압력방출장치의 기능
④ 언로드밸브(Unloading valve)의 기능
⑤ 윤활유의 상태
⑥ 회전부의 덮개 또는 울
⑦ 그 밖의 연결 부위의 이상 유무

05 【3점】

「산업안전보건법」상, 유해·위험 방지를 위한 방호조치를 하지 아니하고는 양도·대여·설치 또는 사용에 제공하거나, 양도·대여의 목적으로 진열해서는 안되는 기계·기구 4가지를 쓰시오.

해설
① 예초기
② 원심기
③ 공기압축기
④ 지게차

참고
산업안전보건법 시행령
[별표 20] 유해·위험 방지를 위한 방호조치가 필요한 기계·기구

① 예초기
② 원심기
③ 공기압축기
④ 포장기계(진공포장기, 랩핑기로 한정)
⑤ 금속절단기
⑥ 지게차

06 【3점】

다음 보기는 상해를 정도별로 분류한 것이다. 각각을 설명하시오.

[보기]
① 영구 전노동불능 상해
② 영구 일부노동불능 상해
③ 일시 전노동불능 상해

해설
① 부상의 결과로 근로의 기능을 완전히 상실
② 부상의 결과로 신체 일부가 영구적으로 노동의 기능 상실
③ 의사의 진단으로 일정기간 정규 노동에 종사할 수 없는 정도

참고
*상해 정도별 분류

종류	상해 정도
영구 전노동 불능상해	부상의 결과로 근로의 기능을 완전히 상실 (신체 장해자 등급 1~3급)
영구 일부노동 불능상해	부상의 결과로 신체 일부가 영구적으로 노동의 기능 상실 (신체 장해자 등급 4~14급)
일시 전노동 불능상해	의사의 진단으로 일정기간 정규 노동에 종사할 수 없는 정도
일시 일부노동 불능상해	의사의 진단으로 일정기간 정규 노동에 종사할 수 없으나, 휴무 상태가 아닌 일시적인 가벼운 노동에 종사할 수 있는 정도

07 【4점】

「산업안전보건법」에 따른 색도기준 표의 빈칸을 채우시오.

색채	색도기준	용도	사용 예시
①	7.5R 4/14	금지	정지신호, 소화설비 및 그 장소, 유해행위의 금지
		②	화학물질 취급장소의 유해·위험 경고
노란색	5Y 8.5/12	경고	화학물질 취급장소에서의 유해위험경고 이외의 위험경고, 주의표지 또는 기계방호물
파란색	2.5PB 4/10	지시	특정 행위의 지시 및 사실의 고지
녹색	2.5G 4/10	안내	비상구 및 피난소, 사람 또는 차량의 통행표지
흰색	N9.5		③
검은색	④		문자 및 빨간색 또는 노란색에 대한 보조색

해설
① 빨간색
② 경고
③ 파란색 또는 녹색에 대한 보조색
④ N0.5

참고

산업안전보건법 시행규칙
[별표 8] 안전보건표지의 색도기준 및 용도

색채	색도기준	용도	사용 예시
빨간색	7.5R 4/14	금지	정지신호, 소화설비 및 그 장소, 유해행위의 금지
		경고	화학물질 취급장소의 유해·위험 경고
노란색	5Y 8.5/12	경고	화학물질 취급장소에서의 유해·위험 경고 이외의 위험경고, 주의표지 또는 기계방호물
파란색	2.5PB 4/10	지시	특정 행위의 지시 및 사실의 고지
녹색	2.5G 4/10	안내	비상구 및 피난소, 사람 또는 차량의 통행표지
흰색	N9.5		파란색 또는 녹색에 대한 보조색
검은색	N0.5		문자 및 빨간색 또는 노란색에 대한 보조색

08 【4점】

다음 폭발의 정의를 각각 쓰시오.

(1) UVCE(개방계 증기운폭발)
(2) BLEVE(비등액체 팽창 증기폭발)

해설
(1) 대기중의 인화성 가스가 점화원에 의해 폭발하는 현상
(2) 비등상태의 액화가스가 기화하여 팽창하고 폭발하는 현상

09 【4점】

다음 보기는 산업재해 발생 시 조치내용의 순서일 때 빈칸을 채우시오.

[보기]
산업재해발생 → (①) → (②) → 원인강구 → (③) → 대책실시계획 → 실시 → (④)

해설
① 긴급처리 ② 재해조사
③ 대책수립 ④ 평가

참고
*산업재해 발생 시 조치 순서
재해발생 → 긴급처리 → 재해조사 → 원인강구 → 대책수립 → 대책실시계획 → 실시 → 평가

10 【4점】

「산업안전보건법」상, 차량계 하역운반기계 (지게차, 구내 운반차 등)의 운전자가 운전위치를 이탈하려 할 때, 운전자의 준수사항을 2가지 쓰시오.

해설
① 포크, 버킷, 디퍼 등의 장치를 가장 낮은 위치 또는 지면에 내려 둘 것
② 운전석을 이탈하는 경우에는 시동키를 운전대에서 분리시킬 것

참고
산업안전보건기준에 관한 규칙
제99조(운전위치 이탈 시의 조치)

① 포크, 버킷, 디퍼 등의 장치를 가장 낮은 위치 또는 지면에 내려 둘 것
② 원동기를 정지시키고 브레이크를 확실히 거는 등 차량계 하역운반기계등, 차량계 건설기계의 갑작스러운 이동을 방지하기 위한 조치를 할 것
③ 운전석을 이탈하는 경우에는 시동키를 운전대에서 분리시킬 것. 다만, 운전석에 잠금장치를 하는 등 운전자가 아닌 사람이 운전하지 못하도록 조치한 경우에는 그러하지 아니하다.

11 【5점】

「방호장치 안전인증 고시」상, 다음 보기를 참고하여 방폭구조의 표시를 쓰시오.

[보기]
- 방폭구조 : 용기 내 폭발 시 용기가 폭발 압력을 견디며 틈을 통해 냉각효과로 인하여 외부에 인화될 우려가 없는 구조
- 최대안전틈새 : $0.8mm$
- 최고표면온도 : 90℃

*가연성가스의 폭발등급 및 내압방폭구조의 폭발등급

가스 그룹	최대안전틈새	가스 명칭
IIA	$0.9mm$ 이상	프로판 가스
IIB	$0.5mm$ 초과 $0.9mm$ 미만	에틸렌 가스
IIC	$0.5mm$ 이하	수소 또는 아세틸렌 가스

*방폭전기기기의 최고표면온도에 따른 분류

최고표면온도 [℃]	온도등급
300 초과 450 이하	T1
200 초과 300 이하	T2
135 초과 200 이하	T3
100 초과 135 이하	T4
85 초과 100 이하	T5
85 이하	T6

해설
Ex d IIB T5

참고
방호장치 안전인증 고시
[별표 6] 가스·증기방폭구조인 전기기기의 일반성능기준
*방폭구조의 종류

종류	내용
내압 방폭구조 (d)	용기 내 폭발시 용기가 그 압력을 견디고 개구부 등을 통해 외부에 인화될 우려가 없는 구조
압력 방폭구조 (p)	용기 내에 보호가스를 압입시켜 대기압 이상으로 유지하여 폭발성 가스가 유입되지 않도록 하는 구조
안전증 방폭구조 (e)	운전 중에 생기는 아크, 스파크, 발열 등의 발화원을 제거하여 안전도를 증가시킨 구조
유입 방폭구조 (o)	전기불꽃, 아크, 고온 발생 부분을 기름으로 채워 폭발성 가스 또는 증기에 인화되지 않도록 한 구조
본질안전 방폭구조 (ia, ib)	운전 중 단선, 단락, 지락에 의한 사고 시 폭발 점화원의 발생이 방지된 구조
비점화 방폭구조 (n)	운전중에 점화원을 차단하여 폭발이 일어나지 않고, 이상 상태에서 짧은시간 동안 방폭기능을 할 수 있는 구조
몰드 방폭구조 (m)	전기불꽃, 고온 발생 부분은 컴파운드로 밀폐한 구조
충전 방폭구조 (q)	미세한 석영가루를 이용하여 방폭작용을 할 수 있는 구조
특수 방폭구조 (s)	앞서 언급한 이외의 구조로서 폭발성 가스의 인화를 확실히 방지할 수 있도록 한 것이 실험 결과로서 확인되는 구조

12 【4점】

다음 표는 동기부여의 이론 중 매슬로우의 욕구단계 이론과 알더퍼의 ERG이론을 비교한 것일 때, 빈칸을 채우시오.

단계	욕구단계이론	ERG이론
1단계	생리적 욕구	생존욕구
2단계	①	
3단계	②	③
4단계	존경욕구	
5단계	자아실현욕구	④

출제 기준에서 제외된 내용입니다.

14 【4점】

실내 작업장에서 8시간 작업시 소음을 측정한 결과 $85dB$(1시간), $90dB$(4시간), $95dB$(3시간)일 때, 강렬한 소음에 대한 다음을 구하시오.

(1) 소음노출수준(TND)[%]
(2) 소음노출기준 초과여부

출제 기준에서 제외된 내용입니다.

13 【4점】

다음 보기는 FT의 각 단계별 내용일 때 올바른 순서대로 번호를 나열하시오.

[보기]
① 정상사상의 원인이 되는 기초사상을 분석한다.
② 정상사상과의 관계는 논리게이트를 이용하여 도해한다.
③ 분석현상이 된 시스템을 정의한다.
④ 이전단계에서 결정된 사상이 조금 더 전개가 가능한지 검사한다.
⑤ 정성・정량적으로 해석 평가한다.
⑥ FT를 간소화한다.

출제 기준에서 제외된 내용입니다.

2016 3회차 산업안전기사 실기 필답형 기출문제

01 【4점】

「산업안전보건법」상, 다음의 각 작업에서의 조도 기준에 대한 빈칸을 채우시오.
(단, 갱도 등의 작업장은 제외한다.)

작업	조도
초정밀작업	(①) Lux 이상
정밀작업	(②) Lux 이상
보통작업	(③) Lux 이상
그 외 작업	(④) Lux 이상

해설
① 750
② 300
③ 150
④ 75

참고
산업안전보건기준에 관한 규칙
제8조(조도)

작업	조도
초정밀작업	750 Lux 이상
정밀작업	300 Lux 이상
보통작업	150 Lux 이상
그 외 작업	75 Lux 이상

02 【5점】

「산업안전보건법」상, 사업주가 관리대상 유해물질을 취급하는 작업장에 게시하여야 할 사항을 5가지 쓰시오.

해설
① 관리대상 유해물질의 명칭
② 인체에 미치는 영향
③ 취급상 주의사항
④ 착용하여야 할 보호구
⑤ 응급조치와 긴급 방재 요령

참고
산업안전보건기준에 관한 규칙
제442조(명칭 등의 게시)

① 관리대상 유해물질의 명칭
② 인체에 미치는 영향
③ 취급상 주의사항
④ 착용하여야 할 보호구
⑤ 응급조치와 긴급 방재 요령

03 【4점】

「산업안전보건법」상, 사업주가 근로자에게 실시해야하는 안전보건교육 중, 관리감독자 정기교육의 내용을 4가지 쓰시오.

> **해설**
> ① 산업안전 및 사고 예방에 관한 사항
> ② 산업보건 및 직업병 예방에 관한 사항
> ③ 위험성 평가에 관한 사항
> ④ 직무스트레스 예방 및 관리에 관한 사항

> **참고**
> 산업안전보건법 시행규칙
> [별표 5] 안전보건교육 교육대상별 교육내용
> *관리감독자 안전보건 정기교육
> ① 산업안전 및 사고 예방에 관한 사항
> ② 산업보건 및 직업병 예방에 관한 사항
> ③ 위험성평가에 관한 사항
> ④ 유해·위험 작업환경 관리에 관한 사항
> ⑤ 산업안전보건법령 및 산업재해보상보험 제도에 관한 사항
> ⑥ 직무스트레스 예방 및 관리에 관한 사항
> ⑦ 직장 내 괴롭힘, 고객의 폭언 등으로 인한 건강장해 예방 및 관리에 관한 사항
> ⑧ 작업공정의 유해·위험과 재해 예방대책에 관한 사항
> ⑨ 사업장 내 안전보건관리체제 및 안전·보건조치 현황에 관한 사항
> ⑩ 표준안전 작업방법 결정 및 지도·감독 요령에 관한 사항
> ⑪ 현장근로자와의 의사소통능력 및 강의능력 등 안전보건교육 능력 배양에 관한 사항
> ⑫ 비상시 또는 재해 발생시 긴급조치에 관한 사항
> ⑬ 그 밖의 관리감독자의 역할과 임무에 관한 사항

04 【4점】

「산업안전보건법」상, 이동식 크레인을 사용하여 작업을 할 때, 작업시작 전 점검사항을 2가지 쓰시오.

> **해설**
> ① 권과방지장치나 그 밖의 경보장치의 기능
> ② 브레이크·클러치 및 조정장치의 기능

> **참고**
> 산업안전보건기준에 관한 규칙
> [별표 3] 작업시작 전 점검사항
> *이동식 크레인을 사용하여 작업을 할 때
> ① 권과방지장치나 그 밖의 경보장치의 기능
> ② 브레이크·클러치 및 조정장치의 기능
> ③ 와이어로프가 통하고 있는 곳 및 작업장소의 지반 상태

05 【3점】

「산업안전보건법」상, 안전인증대상 기계 또는 설비를 3가지 쓰시오.

> **해설**
> ① 프레스
> ② 크레인
> ③ 곤돌라

> **참고**
> 산업안전보건법 시행령
> 제74조(안전인증대상기계등)
>
> | 기계 또는 설비 | |
> |---|---|
> | | ① 프레스 |
> | | ② 전단기 및 절곡기 |
> | | ③ 크레인 |
> | | ④ 리프트 |
> | | ⑤ 압력용기 |
> | | ⑥ 롤러기 |
> | | ⑦ 사출성형기 |
> | | ⑧ 고소 작업대 |
> | | ⑨ 곤돌라 |

06 【5점】

다음 보기는 「산업안전보건법」상, 계단에 관한 내용일 때, 빈칸을 채우시오.

[보기]
- 사업주는 계단 및 계단참을 설치하는 경우 매제곱미터당 (①)kg 이상의 하중에 견딜 수 있는 강도를 가진 구조로 설치하여야 하며, 안전율은 (②) 이상으로 하여야 한다.
- 계단을 설치하는 경우 그 폭을 (③)m 이상으로 하여야 한다.
- 높이가 (④)m를 초과하는 계단에는 높이 $3m$ 이내마다 너비 $1.2m$ 이상의 계단참을 설치하여야 한다.
- 높이 (⑤)m 이상인 계단의 개방된 측면에 안전난간을 설치하여야 한다.

해설
① 500   ② 4   ③ 1   ④ 3   ⑤ 1

참고
산업안전보건기준에 관한 규칙
제26조(계단의 강도), 제27조(계단의 폭),
제28조(계단참의 설치), 제30조(계단의 난간)

① 사업주는 계단 및 계단참을 설치하는 경우 매 제곱미터당 <u>500킬로그램</u> 이상의 하중에 견딜 수 있는 강도를 가진 구조로 설치하여야 하며, 안전율은 <u>4 이상</u>으로 하여야 한다.
② 사업주는 계단을 설치하는 경우 그 폭을 <u>1미터</u> 이상으로 하여야 한다.
③ 사업주는 높이가 <u>3미터</u>를 초과하는 계단에 높이 3미터 이내마다 진행방향으로 길이 1.2미터 이상의 계단참을 설치해야 한다.
④ 사업주는 높이 <u>1미터</u> 이상인 계단의 개방된 측면에 안전난간을 설치하여야 한다.

07 【4점】

「산업안전보건법」상, 산업재해 조사표에 작성하여야 할 상해의 종류를 4가지 쓰시오.

해설
① 골절   ② 절단   ③ 중독   ④ 화상

참고
산업안전보건법 시행규칙
[별지 제30호 서식] 산업재해조사표
*상해종류(질병명)

① 골절   ② 절단
③ 타박상   ④ 찰과상
⑤ 중독·질식   ⑥ 화상
⑦ 감전   ⑧ 뇌진탕
⑨ 고혈압   ⑩ 뇌졸중
⑪ 피부염   ⑫ 진폐
⑬ 수근관증후군

08 【5점】

「산업안전보건법」상, 누전에 의한 감전의 위험을 방지하기 위해 접지를 실시하는 코드와 플러그를 접속하여 사용하는 전기 기계·기구를 3가지 쓰시오.

해설
① 사용전압이 대지전압 150볼트를 넘는 것
② 고정형·이동형 또는 휴대형 전동기계·기구
③ 휴대형 손전등

참고
산업안전보건기준에 관한 규칙
제302조(전기 기계·기구의 접지)
*코드와 플러그를 접속하여 사용하는 전기기계·기구

① 사용전압이 대지전압 150볼트를 넘는 것
② 냉장고·세탁기·컴퓨터 및 주변기기 등과 같은 고정형 전기기계·기구
③ 고정형·이동형 또는 휴대형 전동기계·기구
④ 물 또는 도전성이 높은 곳에서 사용하는 전기기계·기구, 비접지형 콘센트
⑤ 휴대형 손전등

09 【3점】

「보호구 안전인증 고시」상, 1급 방진마스크를 사용해야하는 장소를 3가지 쓰시오.

> [해설]
> ① 특급마스크 착용장소를 제외한 분진 등 발생 장소
> ② 금속흄 등과 같이 열적으로 생기는 분진 등 발생장소
> ③ 기계적으로 생기는 분진 등 발생장소

> [참고]
> 보호구 안전인증 고시
> [별표 4] 방진마스크의 성능기준

등급	사용장소
특급	① 베릴륨 등과 같이 독성이 강한 물질들을 함유한 분진 등 발생장소 ② 석면 취급장소
1급	① 특급마스크 착용장소를 제외한 분진 등 발생장소 ② 금속흄 등과 같이 열적으로 생기는 분진 등 발생장소 ③ 기계적으로 생기는 분진 등 발생장소
2급	특급 및 1급 마스크 착용장소를 제외한 분진 등 발생장소

10 【3점】

다음 보기는 「산업안전보건법」상, 광전자식 방호장치 프레스에 관한 설명일 때, 빈칸을 채우시오.

> [보기]
> - 프레스 또는 전단기에서 일반적으로 많이 활용하고 있는 형태로서 투광부, 수광부, 컨트롤 부분으로 구성된 것으로서 신체의 일부가 광선을 차단하면 기계를 급정지시키는 방호장치로 (①) 분류에 해당한다.
> - 정상동작표시램프는 (②)색, 위험표시램프는 (③)색으로 하며, 쉽게 근로자가 볼 수 있는 곳에 설치해야 한다.
> - 방호장치는 릴레이, 리미트 스위치 등의 전기부품의 고장, 전원전압의 변동 및 정전에 의해 슬라이드가 불시에 동작하지 않아야 하며, 사용 전원전압의 ±(④)%의 변동에 대하여 정상으로 작동되어야 한다.

> [해설]
> ① A-1 ② 녹 ③ 붉은 ④ 20

> [참고]
> 방호장치 안전인증 고시
> [별표 1] 프레스 또는 전단기 방호장치의 성능기준
> *프레스 또는 전단기 방호장치의 종류 및 기호

종류	기호	
광전자식	A-1	투광부, 수광부, 컨트롤 부분으로 구성된 것
	A-2	급정지기능이 없는 프레스
양수조작식	B-1	유공압 밸브식
	B-2	전기버튼식
가드식	C	
손쳐내기식	D	
수인식	E	

*광전자식 방호장치의 일반사항

① 정상동작표시램프는 녹색, 위험표시램프는 붉은색으로 하며, 쉽게 근로자가 볼 수 있는 곳에 설치해야 한다.
② 방호장치는 릴레이, 리미트 스위치 등의 전기부품의 고장, 전원전압의 변동 및 정전에 의해 슬라이드가 불시에 동작하지 않아야 하며, 사용 전원전압의 ±(100분의 20)의 변동에 대하여 정상으로 작동되어야 한다.

> 참고
>
> 산업안전보건기준에 관한 규칙
> 제23조(가설통로의 구조)
>
> ① 견고한 구조로 할 것
> ② 경사는 30도 이하로 할 것
> ③ 경사가 15도를 초과하는 경우에는 미끄러지지 아니하는 구조로 할 것
> ④ 추락할 위험이 있는 장소에는 안전난간을 설치할 것
> ⑤ 수직갱에 가설된 통로의 길이가 15m 이상인 경우에는 10m 이내마다 계단참을 설치할 것
> ⑥ 건설공사에 사용하는 높이 8m 이상인 비계다리에는 7m 이내마다 계단참을 설치할 것

11 【5점】

다음 보기는 「산업안전보건법」상, 가설통로 설치기준에 관한 내용일 때, 빈칸을 채우시오.

[보기]
- 경사는 (①) 도 이하로 할 것
- 경사가 (②) 도를 초과하는 경우에는 미끄러지지 아니하는 구조로 할 것
- 추락할 위험이 있는 장소에는 (③) 을 설치할 것
- 수직갱에 가설된 통로의 길이가 15m 이상인 경우에는 (④)m 이내마다 계단참을 설치할 것
- 건설공사에 사용하는 높이 8m 이상인 비계다리에는 (⑤)m 이내마다 계단참을 설치할 것

> 해설
>
> ① 30 ② 15 ③ 안전난간 ④ 10 ⑤ 7

12 【3점】

「산업안전보건법」상 관계자외 출입금지표지 종류 3가지를 쓰시오.

> 해설
>
> ① 허가대상유해물질 취급
> ② 석면취급 및 해체·제거
> ③ 금지유해물질 취급

> 참고
>
> 산업안전보건법 시행규칙
> [별표 7] 안전보건표지의 종류별 용도, 설치·부착 장소, 형태 및 색채
>
> ① 허가대상유해물질 취급
> ② 석면취급 및 해체·제거
> ③ 금지유해물질 취급

13 【4점】

다음 표는 아세틸렌과 클로로벤젠의 폭발하한계 및 폭발상한계에 대한 표이다. 혼합가스의 조성이 아세틸렌 70%, 클로로벤젠 30%일 때, 다음을 구하시오.

가스	폭발하한계	폭발상한계
아세틸렌	2.5vol%	81vol%
클로로벤젠	1.3vol%	7.1vol%

(1) 아세틸렌 위험도
(2) 혼합가스의 공기 중 폭발 하한계[vol%]

> 해설

(1) 위험도 $= \dfrac{81-2.5}{2.5} = 31.4$

(2) $L = \dfrac{100}{\dfrac{70}{2.5}+\dfrac{30}{1.3}} = 1.96 vol\%$

> 참고

*가스의 위험도(H)

$$H = \dfrac{L_h - L_l}{L_l}$$

여기서,
L_h : 폭발상한계
L_l : 폭발하한계

*혼합가스의 폭발한계 산술평균식

$$L = \dfrac{100(=V_1+V_2+V_3)}{\dfrac{V_1}{L_1}+\dfrac{V_2}{L_2}+\dfrac{V_3}{L_3}}$$

여기서,
V : 각 가스의 부피조성 [vol%]
L : 각 가스의 폭발한계 [vol%]

14 【4점】

하중이 980kg인 화물을 두 줄 걸이 와이어로프를 이용하여 상부 각도 90°의 각으로 들어올릴 때, 로프 하나에 걸리는 장력[kg]을 구하시오.

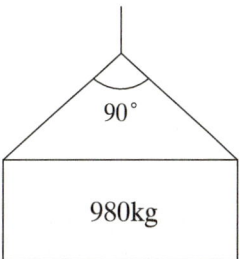

> 해설

$$T = \dfrac{\dfrac{980}{2}}{\cos\dfrac{90}{2}} = 692.96 kg$$

> 참고

*로프 하나에 걸리는 장력

$$T = \dfrac{\dfrac{W}{2}}{\cos\dfrac{\theta}{2}}$$

여기서,
W : 중량 [kg]
θ : 각도 [°]

2017 1회차 산업안전기사 실기 필답형 기출문제

01 【4점】
「산업안전보건법」상, 건설업 유해위험방지계획서를 제출하여야 하는 대상공사를 4가지 쓰시오.

해설
① 연면적 $30000m^2$ 이상인 건축물
② 연면적 $5000m^2$ 이상인 종교시설
③ 연면적 $5000m^2$ 이상인 지하도상가
④ 깊이 $10m$ 이상인 굴착공사

참고
산업안전보건법 시행령
제42조(유해위험방지계획서 제출 대상)
*건축물 또는 시설 등의 건설·개조 해체 공사
① 지상높이가 31미터 이상인 건축물 또는 인공구조물
② 연면적 3만제곱미터 이상인 건축물
③ 연면적 5천제곱미터 이상인 시설로서 다음의 어느 하나에 해당하는 시설
  ㉠ 문화 및 집회시설(전시장 및 동물원·식물원은 제외한다)
  ㉡ 판매시설, 운수시설(고속철도의 역사 및 집배송시설은 제외한다)
  ㉢ 종교시설
  ㉣ 의료시설 중 종합병원
  ㉤ 숙박시설 중 관광숙박시설
  ㉥ 지하도상가
  ㉦ 냉동·냉장 창고시설
④ 연면적 5천제곱미터 이상인 냉동·냉장 창고시설의 설비공사 및 단열공사
⑤ 최대 지간길이가 50미터 이상인 다리의 건설등 공사
⑥ 터널의 건설등 공사
⑦ 다목적댐, 발전용댐, 저수용량 2천만톤 이상의 용수 전용 댐 및 지방상수도 전용 댐의 건설등 공사
⑧ 깊이 10미터 이상인 굴착공사

02 【4점】
「산업안전보건법」상, 건물 등의 해체 작업시 작성해야하는 작업계획서 내용을 4가지 쓰시오.

해설
① 해체의 방법 및 해체 순서도면
② 사업장 내 연락방법
③ 해체물의 처분계획
④ 해체작업용 화약류 등의 사용계획서

참고
산업안전보건기준에 관한 규칙
[별표 4] 사전조사 및 작업계획서 내용
*건물 등의 해체작업
① 해체의 방법 및 해체 순서도면
② 가설설비·방호설비·환기설비 및살수·방화설비 등의 방법
③ 사업장 내 연락방법
④ 해체물의 처분계획
⑤ 해체작업용 기계·기구 등의 작업계획서
⑥ 해체작업용 화약류 등의 사용계획서
⑦ 그 밖에 안전·보건에 관련된 사항

03 【4점】

「산업안전보건법」상, 사업주는 누전에 의한 감전의 위험을 방지하기 위하여 필요한 부분에 접지를 해야한다. 이 때 전기를 사용 하지 아니하는 설비 중 접지를 해야하는 금속체 부분을 3가지 쓰시오.

해설
① 전동식 양중기의 프레임과 궤도
② 전선이 붙어 있는 비전동식 양중기의 프레임
③ 고압 이상의 전기를 사용하는 전기 기계·기구 주변의 금속제 칸막이·망 및 이와 유사한 장치

참고
산업안전보건기준에 관한 규칙
제302조(전기 기계·기구의 접지)
*전기를 사용하지 아니하는 설비

① 전동식 양중기의 프레임과 궤도
② 전선이 붙어 있는 비전동식 양중기의 프레임
③ 고압 이상의 전기를 사용하는 전기 기계·기구 주변의 금속제 칸막이·망 및 이와 유사한 장치

04 【3점】

「산업안전보건법」상, 안전인증대상기계등에 대해 안전인증을 전부 또는 일부를 면제할 수 있는 경우를 3가지 쓰시오.

해설
① 연구·개발을 목적으로 제조·수입하거나 수출을 목적으로 제조하는 경우
② 고용노동부장관이 정하여 고시하는 외국의 안전 인증기관에서 인증을 받은 경우
③ 다른 법령에서 안전성에 관한 검사나 인증을 받은 경우로서 고용노동부령으로 정하는 경우

참고
산업안전보건법
제84조(안전인증)

① 연구·개발을 목적으로 제조·수입하거나 수출을 목적으로 제조하는 경우
② 고용노동부장관이 정하여 고시하는 외국의 안전 인증기관에서 인증을 받은 경우
③ 다른 법령에서 안전성에 관한 검사나 인증을 받은 경우로서 고용노동부령으로 정하는 경우

05 【4점】

다음 보기는 「보호구 안전인증 고시」상, 안전모 내관통성 시험성능기준에 대한 설명일 때, 빈칸을 채우시오.

[보기]
- AE형 및 ABE형의 관통거리 (①)mm 이하
- AB형의 관통거리 (②)mm 이하

해설
① 9.5   ② 11.1

> **참고**
> 보호구 안전인증 고시
> [별표 1] 추락 및 감전 위험방지용 안전모의 성능기준
> *안전모의 시험성능기준
>
> | 항목 | 시험성능기준 |
> |---|---|
> | 내관통성 | AE, ABE종 안전모는 관통거리가 $9.5mm$ 이하이고, AB종 안전모는 관통거리가 $11.1mm$ 이하이어야 한다. |
> | 충격흡수성 | 최고전달충격력이 $4450N$을 초과해서는 안되며, 모체와 착장체의 기능이 상실되지 않아야 한다. |
> | 내전압성 | AE, ABE종 안전모는 교류 $20kV$에서 1분간 절연파괴 없이 견뎌야하고, 이 때 누설되는 충전전류는 $10mA$ 이하이어야 한다. |
> | 내수성 | AE, ABE종 안전모는 질량증가율이 1% 미만이어야 한다. |
> | 난연성 | 모체가 불꽃을 내며 5초 이상 연소되지 않아야 한다. |
> | 턱끈풀림 | $150N$ 이상 $250N$ 이하에서 턱끈이 풀려야 한다. |

06 【4점】

「산업안전보건법」상, 달비계에 사용할 수 없는 달기 체인의 기준을 2가지 쓰시오.

> **해설**
> ① 달기 체인의 길이가 달기 체인이 제조된 때의 길이의 5퍼센트를 초과한 것
> ② 균열이 있거나 심하게 변형된 것
>
> **참고**
> 산업안전보건기준에 관한 규칙
> 제63조(달비계의 구조)
> *달비계에 사용할 수 없는 달기 체인
> ① 달기 체인의 길이가 달기 체인이 제조된 때의 길이의 5퍼센트를 초과한 것
> ② 링의 단면지름이 달기 체인이 제조된 때의 해당 링의 지름의 10퍼센트를 초과하여 감소한 것
> ③ 균열이 있거나 심하게 변형된 것

07 【4점】

「산업안전보건법」상, 말비계 조립시 사업주의 준수사항을 2가지 쓰시오.

> **해설**
> ① 지주부재와 수평면의 기울기를 75도 이하로 하고, 지주부재와 지주부재 사이를 고정시키는 보조부재를 설치할 것
> ② 말비계의 높이가 2미터를 초과하는 경우에는 작업발판의 폭을 40센티미터 이상으로 할 것
>
> **참고**
> 산업안전보건기준에 관한 규칙
> 제67조(말비계)
> ① 지주부재의 하단에는 미끄럼 방지장치를 하고, 근로자가 양측 끝 부분에 올라서서 작업하지 않도록 할 것
> ② 지주부재와 수평면의 기울기를 75도 이하로 하고, 지주부재와 지주부재 사이를 고정시키는 보조부재를 설치할 것
> ③ 말비계의 높이가 2미터를 초과하는 경우에는 작업발판의 폭을 40센티미터 이상으로 할 것

08 【4점】

다음 보기는 「산업안전보건법」상, 급성독성물질에 대한 설명일 때, 빈칸을 채우시오.

[보기]
- LD_{50}은 (①)mg/kg을 쥐에 대한 경구투입 실험에 의하여 실험동물의 50%를 사망케한다.
- LD_{50}은 (②)mg/kg을 쥐 또는 토끼에 대한 경피흡수실험에 의하여 실험동물의 50%를 사망케한다.
- LC_{50}은 가스로 (③)ppm을 쥐에 대한 4시간 동안 흡입실험에 의하여 실험동물의 50%를 사망케한다.
- LC_{50}은 증기로 (④)mg/ℓ을 쥐에 대한 4시간 동안 흡입실험에 의하여 실험동물의 50%를 사망케한다.

해설
① 300 ② 1000 ③ 2500 ④ 10

참고
산업안전보건기준에 관한 규칙
[별표 1] 위험물질의 종류
*급성 독성 물질

분류	기준
LD_{50} (경구, 쥐)	$300mg/kg$ 이하
LD_{50} (경피, 토끼 또는 쥐)	$1000mg/kg$ 이하
가스 LC_{50} (쥐, 4시간 흡입)	$2500ppm$ 이하
증기 LC_{50} (쥐, 4시간 흡입)	$10mg/\ell$ 이하
분진, 미스트 LC_{50} (쥐, 4시간 흡입)	$1mg/\ell$ 이하

09 【3점】

「산업안전보건법」상 잠함·우물통·수직갱 및 그 밖에 이와 유사한 건설물 또는 설비의 내부에서 굴착작업을 하는 경우에 사업주의 준수사항을 2가지 쓰시오.

해설
① 산소 결핍 우려가 있는 경우에는 산소의 농도를 측정하는 사람을 지명하여 측정하도록 할 것
② 근로자가 안전하게 오르내리기 위한 설비를 설치할 것

참고
산업안전보건기준에 관한 규칙
제377조(잠함 등 내부에서의 작업)

① 산소 결핍 우려가 있는 경우에는 산소의 농도를 측정하는 사람을 지명하여 측정하도록 할 것
② 근로자가 안전하게 오르내리기 위한 설비를 설치할 것
③ 굴착 깊이가 20미터를 초과하는 경우에는 해당 작업장소와 외부와의 연락을 위한 통신설비 등을 설치할 것

10 【4점】

「보호구 안전인증 고시」상, U자걸이를 사용할 수 있는 안전대의 구조기준을 3가지 쓰시오.

해설
① 지탱벨트, 각링, 신축조절기가 있을 것
② 신축조절기는 죔줄로부터 이탈하지 않도록 할 것
③ U자걸이 사용상태에서 신체의 추락을 방지하기 위하여 보조죔줄을 사용할 것

참고
보호구 안전인증 고시
[별표 9] 안전대의 성능기준

① 지탱벨트, 각링, 신축조절기가 있을 것 (안전그네를 착용할 경우 지탱벨트를 사용하지 않아도 된다)
② U자걸이 사용 시 D링, 각 링은 안전대 착용자의 몸통 양 측면에 해당하는 곳에 고정되도록 지탱벨트 또는 안전그네에 부착할 것
③ 신축조절기는 쐐줄로부터 이탈하지 않도록 할 것
④ U자걸이 사용상태에서 신체의 추락을 방지하기 위하여 보조쐐줄을 사용할 것
⑤ 보조훅 부착 안전대는 신축조절기의 역방향으로 낙하저지 기능을 갖출 것. 다만 쐐줄에 스토퍼가 부착될 경우에는 이에 해당하지 않는다.
⑥ 보조훅이 없는 U자걸이 안전대는 1개걸이로 사용할 수 없도록훅이 열리는 너비가 쐐줄의 직경보다 작고 8자형링 및 이음형고리를 갖추지 않을 것

11 【4점】
「산업안전보건법」상, 타워크레인 설치·해체시 근로자 대상 특별안전보건교육 내용을 4가지 쓰시오.

해설
① 붕괴·추락 및 재해방지에 관한 사항
② 부재의 구조·재질 및 특성에 관한 사항
③ 신호방법 및 요령에 관한 사항
④ 이상 발생 시 응급조치에 관한 사항

참고
산업안전보건법 시행규칙
[별표 5] 안전보건교육 교육대상별 교육내용
*타워크레인 설치·해체시 근로자 대상 특별안전보건교육

① 붕괴·추락 및 재해방지에 관한 사항
② 설치·해체 순서 및 안전작업방법에 관한 사항
③ 부재의 구조·재질 및 특성에 관한 사항
④ 신호방법 및 요령에 관한 사항
⑤ 이상 발생 시 응급조치에 관한 사항
⑥ 그 밖에 안전·보건관리에 필요한 사항

12 【4점】
어떤 사업장의 평균근로자수는 400명, 연간 80건의 재해 발생과 100명의 재해자 발생으로 인하여 근로손실일수 800일이 발생하였을 때, 종합재해지수(FSI)를 구하시오.
(단, 근무일수는 연간 280일, 근무시간은 1일 8시간이다.)

해설
$$도수율 = \frac{재해건수}{연근로 총시간수} \times 10^6$$
$$= \frac{80}{400 \times 8 \times 280} \times 10^6 = 89.29$$

$$강도율 = \frac{근로손실일수}{연근로 총시간수} \times 10^3$$
$$= \frac{800}{400 \times 8 \times 280} \times 10^3 = 0.89$$

$$종합재해지수 = \sqrt{도수율 \times 강도율}$$
$$= \sqrt{89.29 \times 0.89} = 8.91$$

13 【4점】

프레스기의 클러치 맞물림 개소수가 5개, $200 SPM$인 경우, 양수기동식 방호장치의 안전거리$[mm]$를 구하시오.

[해설]

$T_m = \left(\dfrac{1}{5} + \dfrac{1}{2}\right) \times \left(\dfrac{60000}{200}\right) = 210 ms$

$D_m = 1.6 T_m = 1.6 \times 210 = 336 mm$

[참고]

프레스 방호장치의 선정 설치 및 사용 기술지침
KOSHA GUIDE M-122-2012
*양수기동식 방호장치의 안전거리

$D_m = 1.6 T_m$

여기서,
D_m : 안전거리 $[mm]$
T_m : 총 소요시간 $[ms]$
$T_m = \left(\dfrac{1}{\text{클러치개수}} + \dfrac{1}{2}\right) \times \left(\dfrac{60000}{\text{매분행정수}}\right)$

14 【5점】

다음 FT도에서 미니멀 컷셋(Minimal Cut Set)을 구하시오.

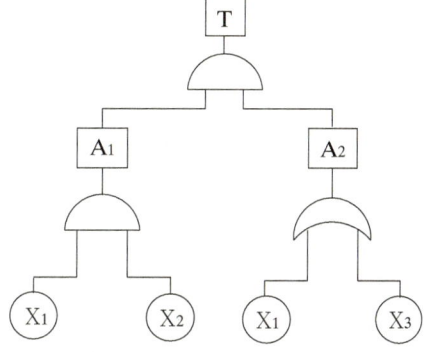

출제 기준에서 제외된 내용입니다.

2017년 2회차 산업안전기사 실기 필답형 기출문제

01 【3점】

다음 보기는 「산업안전보건법」상, 안전기의 설치에 관한 내용일 때, 빈칸을 채우시오.

[보기]
- 사업주는 아세틸렌 용접장치의 (①) 마다 안전기를 설치하여야 한다. 다만, 주관 및 (①)에 가장 가까운 (②) 마다 안전기를 부착한 경우에는 그러하지 아니하다.
- 사업주는 가스용기가 발생기와 분리되어 있는 아세틸렌 용접장치에 대하여 (③)와 가스용기 사이에 안전기를 설치하여야 한다.

해설
① 취관 ② 분기관 ③ 발생기

참고
산업안전보건기준에 관한 규칙
제289조(안전기의 설치)
① 사업주는 아세틸렌 용접장치의 <u>취관</u>마다 안전기를 설치하여야 한다. 다만, 주관 및 <u>취관</u>에 가장 가까운 <u>분기관</u>마다 안전기를 부착한 경우에는 그러하지 아니하다.
② 사업주는 가스용기가 발생기와 분리되어 있는 아세틸렌 용접장치에 대하여 <u>발생기</u>와 가스용기 사이에 안전기를 설치하여야 한다.

02 【4점】

다음 보기는 「산업안전보건법」상, 경고표지의 용도 및 사용 장소에 관한 내용일 때, 빈칸을 채우시오.

[보기]
(①) : 폭발성 물질이 있는 장소
(②) : 돌 및 블록 등 떨어질 우려가 있는 물체가 있는 장소
(③) : 경사진 통로 입구 및 미끄러운 장소
(④) : 화기의 취급을 극히 주의해야 하는 물질이 있는 장소

해설
① 폭발성물질 경고
② 낙하물 경고
③ 몸균형상실 경고
④ 인화성물질 경고

> **참고**
>
> 산업안전보건법 시행규칙
> [별표 6] 안전보건표지의 종류와 형태
> *경고표지

인화성물질 경고	산화성물질 경고	폭발성물질 경고	급성독성 물질경고
부식성물질 경고	방사성물질 경고	고압전기 경고	매달린물체 경고
낙하물 경고	고온 경고	저온 경고	몸균형상실 경고
레이저광선 경고	위험장소 경고	발암성·변이원성·생식독성·전신독성·호흡기 과민성물질 경고	

03 【4점】

「산업안전보건법」상, 유해위험방지계획서 제출 대상에 해당하는 건축물 또는 시설 공사의 종류를 4가지 쓰시오.

> **해설**
>
> ① 가설공사
> ② 구조물공사
> ③ 마감공사
> ④ 해체공사

> **참고**
>
> 산업안전보건법 시행규칙
> [별표 10] 유해위험방지계획서 첨부서류
> *작업 공사 종류
>
> ① 가설공사
> ② 구조물공사
> ③ 마감공사
> ④ 기계 설비공사
> ⑤ 해체공사

04 【3점】

「산업안전보건법」상, 가연성물질이 있는 장소에서 화재위험작업을 하는 경우, 화재예방에 필요한 사항을 3가지 쓰시오.

> **해설**
>
> ① 작업 준비 및 작업 절차 수립
> ② 작업장 내 위험물의 사용·보관 현황 파악
> ③ 작업근로자에 대한 화재예방 및 피난교육 등 비상조치

> **참고**
>
> 산업안전보건기준에 관한 규칙
> 제241조(화재위험작업 시의 준수사항)
>
> ① 작업 준비 및 작업 절차 수립
> ② 작업장 내 위험물의 사용·보관 현황 파악
> ③ 화기작업에 따른 인근 가연성물질에 대한 방호조치 및 소화기구 비치
> ④ 용접불티 비산방지덮개, 용접방화포 등 불꽃, 불티 등 비산방지조치
> ⑤ 인화성 액체의 증기 및 인화성 가스가 남아 있지 않도록 환기 등의 조치
> ⑥ 작업근로자에 대한 화재예방 및 피난교육 등 비상조치

05 【4점】

「산업안전보건법」상, 사업주가 화학설비 또는 부속설비의 용도를 변경하는 경우(사용하는 원재료의 종류를 변경하는 경우를 포함) 해당 설비에 대한 점검사항을 3가지 쓰시오.

> **해설**
>
> ① 그 설비 내부에 폭발이나 화재의 우려가 있는 물질이 있는지 여부
> ② 안전밸브·긴급차단장치 및 그 밖의 방호장치 기능의 이상 유무
> ③ 냉각장치·가열장치·교반장치·압축장치·계측장치 및 제어장치 기능의 이상 유무

> **참고**
> 산업안전보건기준에 관한 규칙
> 제277조(사용 전의 점검 등)
> *화학설비 또는 그 부속설비의 용도를 변경하는 경우
> ① 그 설비 내부에 폭발이나 화재의 우려가 있는 물질이 있는지 여부
> ② 안전밸브·긴급차단장치 및 그 밖의 방호장치 기능의 이상 유무
> ③ 냉각장치·가열장치·교반장치·압축장치·계측장치 및 제어장치 기능의 이상 유무

06 【4점】

「산업안전보건법」상, 물질안전보건자료(MSDS)의 작성·비치대상에서 제외되는 화학물질을 4가지 쓰시오.
(단, 화학물질 또는 혼합물로서 일반소비자의 생활용으로 제공되는 것과 그 밖에 고용노동부장관이 독성, 폭발성 등으로 인한 위해의 정도가 적다고 인정하여 고시하는 화학물질은 제외한다.)

> **해설**
> ① '농약관리법'에 따른 농약
> ② '비료관리법'에 따른 비료
> ③ '사료관리법'에 따른 사료
> ④ '화장품법'에 따른 화장품

> **참고**
> 산업안전보건법 시행령
> 제86조(물질안전보건자료의 작성·제출 제외 대상 화학물질 등)
> ① '건강기능식품에 관한 법률'에 따른 건강기능식품
> ② '농약관리법'에 따른 농약
> ③ '마약류 관리에 관한 법률'에 따른 마약 및 향정신성의약품
> ④ '비료관리법'에 따른 비료
> ⑤ '사료관리법'에 따른 사료
> ⑥ '생활주변방사선 안전관리법'에 따른 원료물질
> ⑦ '생활화학제품 및 살생물제의 안전관리에 관한 법률'에 따른 안전확인대상생활화학제품 및 살생물제품 중 일반소비자의 생활용으로 제공되는 제품
> ⑧ '식품위생법'에 따른 식품 및 식품첨가물
> ⑨ '약사법'에 따른 의약품 및 의약외품
> ⑩ '원자력안전법'에 따른 방사성물질
> ⑪ '위생용품 관리법'에 따른 위생용품
> ⑫ '의료기기법'에 따른 의료기기
> ⑬ '첨단재생의료 및 첨단바이오의약품 안전 및 지원에 관한 법률'에 따른 첨단바이오의약품
> ⑭ '총포·도검·화약류 등의 안전관리에 관한 법률'에 따른 화약류
> ⑮ '폐기물관리법'에 따른 폐기물
> ⑯ '화장품법'에 따른 화장품

07 【4점】

「산업안전보건법」상, 지게차 및 구내운반차를 사용하여 작업할 때, 사업주가 작업 시작 전 관리감독자로 하여금 점검하도록 해야하는 사항을 3가지 쓰시오.

> **해설**
> ① 제동장치 및 조종장치 기능의 이상 유무
> ② 하역장치 및 유압장치 기능의 이상 유무
> ③ 바퀴의 이상 유무

> **참고**
> 산업안전보건기준에 관한 규칙
> [별표 3] 작업시작 전 점검사항
> *지게차·구내운반차를 사용하여 작업을 할 때
>
> ① 제동장치 및 조종장치 기능의 이상 유무
> ② 하역장치 및 유압장치 기능의 이상 유무
> ③ 바퀴의 이상 유무

08 【4점】

다음 보기는 「산업안전보건법」상, 정전기에 의한 화재 또는 폭발 등의 위험이 발생할 우려가 있는 경우 사업자의 준수사항에 대한 내용일 때, 빈칸을 채우시오.

> [보기]
> 사업주는 정전기에 의한 화재 또는 폭발 등의 위험이 발생할 우려가 있는 경우에는 해당 설비에 대하여 확실한 방법으로 (①)를 하거나, (②) 재료를 사용하거나, 가습 및 점화원이 될 우려가 없는 (③)를 사용하는 등 정전기의 발생을 억제하거나 제거하기 위하여 필요한 조치를 하여야 한다.

> **해설**
> ① 접지 ② 도전성 ③ 제전장치

> **참고**
> 산업안전보건기준에 관한 규칙
> 제325조(정전기로 인한 화재 폭발 등 방지)
> 사업주는 설비를 사용할 때에 정전기에 의한 화재 또는 폭발 등의 위험이 발생할 우려가 있는 경우에는 해당 설비에 대하여 확실한 방법으로 접지를 하거나, 도전성 재료를 사용하거나 가습 및 점화원이 될 우려가 없는 제전장치를 사용하는 등 정전기의 발생을 억제하거나 제거하기 위하여 필요한 조치를 하여야 한다.

09 【3점】

다음 보기는 「산업안전보건법」상, 타워크레인의 작업 중지에 관한 내용일 때, 빈칸을 채우시오.

> [보기]
> - 운전작업을 중지하여야 하는 순간풍속 : (①)m/s
> - 설치·수리·점검 또는 해체 작업을 중지하여야 하는 순간풍속 : (②)m/s

> **해설**
> ① 15 ② 10

> **참고**
> 산업안전보건기준에 관한 규칙
> 제37조(악천후 및 강풍 시 작업중지)
>
> | 풍속 | 조치사항 |
> |---|---|
> | 순간 풍속 매 초당 10m를 초과하는 경우 (풍속 10m/s 초과) | 타워크레인의 설치·수리·점검 또는 해체작업을 중지 |
> | 순간 풍속 매 초당 15m를 초과하는 경우 (풍속 15m/s 초과) | 타워크레인, 이동식크레인, 리프트 등의 운전작업을 중지 |

10 【4점】

다음 보기는 「산업안전보건법」상 낙하물 방지망 또는 방호선반 설치 시의 준수사항에 대한 설명일 때, 빈칸을 채우시오.

[보기]
- 설치 높이 (①)m 이내마다 설치하고, 내민 길이는 벽면으로부터 (②)m 이상으로 할 것
- 수평면과의 각도는 (③)도 이상 (④)도 이하를 유지할 것

해설
① 10 ② 2 ③ 20 ④ 30

참고
산업안전보건기준에 관한 규칙
제14조(낙하물에 의한 위험의 방지)
① 높이 10미터 이내마다 설치하고, 내민 길이는 벽면으로부터 2미터 이상으로 할 것
② 수평면과의 각도는 20도 이상 30도 이하를 유지할 것

11 【4점】

「산업안전보건법」상, 건설용 리프트·곤돌라를 이용하는 작업에서, 사업자가 근로자에게 하여야 하는 특별안전보건교육 내용을 4가지 쓰시오.

해설
① 방호장치의 기능 및 사용에 관한 사항
② 기계, 기구, 달기체인 및 와이어 등의 점검에 관한 사항
③ 기계·기구에 특성 및 동작원리에 관한 사항
④ 신호방법 및 공동작업에 관한 사항

참고
산업안전보건법 시행규칙
[별표 5] 안전보건교육 교육대상별 교육내용
*건설용 리프트·곤돌라를 이용한 작업
① 방호장치의 기능 및 사용에 관한 사항
② 기계, 기구, 달기체인 및 와이어 등의 점검에 관한 사항
③ 화물의 권상·권하 작업방법 및 안전작업 지도에 관한 사항
④ 기계·기구에 특성 및 동작원리에 관한 사항
⑤ 신호방법 및 공동작업에 관한 사항
⑥ 그 밖에 안전·보건관리에 필요한 사항

12 【4점】

「산업안전보건법」상, 사업장의 안전 및 보건을 유지하기 위하여 안전보건관리규정을 작성하고자 할 때, 포함되어야 할 사항을 4가지 쓰시오.

해설
① 안전 및 보건에 관한 관리조직과 그 직무에 관한 사항
② 안전보건교육에 관한 사항
③ 작업장의 안전 및 보건 관리에 관한 사항
④ 사고 조사 및 대책 수립에 관한 사항

참고
산업안전보건법
제25조(안전보건관리규정의 작성)
① 안전 및 보건에 관한 관리조직과 그 직무에 관한 사항
② 안전보건교육에 관한 사항
③ 작업장의 안전 및 보건 관리에 관한 사항
④ 사고 조사 및 대책 수립에 관한 사항

13 【5점】

어떤 사업장에 근로자 1440명이 연간 주40시간, 50주의 작업을 할 때, 평균 출근 94%, 지각 및 조퇴 5000시간, 재해건수 40건으로 인한 근로손실일수 1200일(사망재해제외), 조기출근과 잔업시간의 합계가 100000시간 일 때, 사망재해가 1건 발생하였다. 이 사업장의 강도율을 구하시오.

해설
사망시 근로손실일수는 7500일 이므로

$$강도율 = \frac{근로손실일수}{연근로 총시간수} \times 10^3$$

$$= \frac{1200 + 7500}{(1440 \times 40 \times 50) \times 0.94 + 100000 - 5000} \times 10^3 = 3.1$$

14 【5점】

~~다음 보기를 각각 Omission error와 Commission error로 분류하시오.~~

~~[보기]~~
~~① 납 접합을 빠뜨렸다.~~
~~② 전선의 연결이 바뀌었다.~~
~~③ 부품을 빠뜨렸다.~~
~~④ 부품이 거꾸로 배열되었다.~~
~~⑤ 알맞지 않은 부품을 사용하였다.~~

출제 기준에서 제외된 내용입니다.

2017년 3회차 산업안전기사 실기 필답형 기출문제

01 【4점】

다음 보기의 재해발생 형태를 각각 쓰시오.

[보기]
(1) 폭발과 화재 두 현상이 복합적으로 발생된 경우
(2) 재해 당시 바닥면과 신체가 떨어진 상태로 더 낮은 위치로 떨어진 경우
(3) 재해 당시 바닥면과 신체가 접해있는 상태에서 더 낮은 위치로 떨어진 경우
(4) 재해자가 넘어짐에 인하여 기계의 동력전달부위 등에 끼어서 신체부위가 절단된 경우

해설
(1) 폭발 (2) 떨어짐 (3) 넘어짐 (4) 끼임

참고
산업재해 기록 분류에 관한 지침
KOSHA GUIDE G-83-2016
① 폭발과 화재, 두 현상이 복합적으로 발생된 경우에는 발생형태를 '폭발'로 분류한다.
② 사고 당시 바닥면과 신체가 떨어진 상태로 더 낮은 위치로 떨어진 경우에는 '떨어짐'으로, 바닥면과 신체가 접해있는 상태에서 더 낮은 위치로 떨어진 경우에는 '넘어짐'으로 분류한다.
③ 재해자가 넘어짐으로 인하여 기계의 동력전달부위 등에 끼이는 사고가 발생하여 신체부위가 절단된 경우에는 '끼임'으로 분류한다.

02 【3점】

다음 보기는 「산업안전보건법」상, 천정크레인 안전검사주기에 대한 내용일 때, 빈칸을 채우시오.

[보기]
천장크레인의 검사는 사업장에 설치가 끝난 날로부터 (①)년 이내에 최초 안전검사를 실시하되, 그 이후부터 매 (②)년 마다 안전검사를 실시한다. 건설현장에서 사용하는 것은 최초로 설치한 날로부터 (③)개월 마다 안전검사를 실시한다.

해설
① 3 ② 2 ③ 6

참고
산업안전보건법 시행규칙
제126조(안전검사의 주기와 합격표시 및 표시방법)

크레인, 리프트 및 곤돌라는 사업장에 설치가 끝난 날부터 <u>3년</u> 이내에 최초 안전검사를 실시하되, 그 이후부터 <u>2년</u>마다, 건설현장에서 사용하는 것은 최초로 설치한 날부터 <u>6개월</u>마다 안전검사를 실시한다.

03 【3점】

「산업안전보건법」상, 지게차 및 구내운반차를 사용하여 작업할 때, 사업주가 작업 시작 전 관리감독자로 하여금 점검하도록 해야하는 사항을 3가지 쓰시오.

해설
① 제동장치 및 조종장치 기능의 이상 유무
② 하역장치 및 유압장치 기능의 이상 유무
③ 바퀴의 이상 유무

참고
산업안전보건기준에 관한 규칙
[별표 3] 작업시작 전 점검사항
*지게차·구내운반차를 사용하여 작업을 할 때
① 제동장치 및 조종장치 기능의 이상 유무
② 하역장치 및 유압장치 기능의 이상 유무
③ 바퀴의 이상 유무

04 【3점】

다음 보기는 「산업안전보건법」상, 안전난간대 구조에 대한 설명일 때, 빈칸을 채우시오.

[보기]
- 상부난간대 : 바닥면·발판 또는 경사로의 표면으로부터 (①)cm 이상
- 난간대 : 지름 (②)cm 이상 금속제 파이프
- 하중 : (③)kg 이상 하중에 견딜 수 있는 튼튼한 구조

해설
① 90 ② 2.7 ③ 100

참고
산업안전보건기준에 관한 규칙
제13조(안전난간의 구조 및 설치요건)
① 상부 난간대, 중간 난간대, 발끝막이판 및 난간 기둥으로 구성할 것. 다만, 중간 난간대, 발끝막이판 및 난간기둥은 이와 비슷한 구조와 성능을 가진 것으로 대체할 수 있다.
② 상부 난간대는 바닥면·발판 또는 경사로의 표면으로부터 90cm 이상 지점에 설치하고, 상부 난간대를 120cm 이하에 설치하는 경우에는 중간 난간대는 상부 난간대와 바닥면등의 중간에 설치하여야 하며, 120cm 이상 지점에 설치하는 경우에는 중간 난간대를 2단 이상으로 균등하게 설치하고 난간의 상하 간격은 60cm 이하가 되도록 할 것. 다만, 계단의 개방된 측면에 설치된 난간기둥 간의 간격이 25cm 이하인 경우에는 중간 난간대를 설치하지 아니할 수 있다.
③ 발끝막이판은 바닥면등으로부터 10cm 이상의 높이를 유지할 것. 다만, 물체가 떨어지거나 날아올 위험이 없거나 그 위험을 방지할 수 있는 망을 설치하는 등 필요한 예방 조치를 한 장소는 제외한다.
④ 난간기둥은 상부 난간대와 중간 난간대를 견고하게 떠받칠 수 있도록 적정한 간격을 유지할 것
⑤ 상부 난간대와 중간 난간대는 난간 길이 전체에 걸쳐 바닥면등과 평행을 유지할 것
⑥ 난간대는 지름 2.7cm 이상의 금속제 파이프나 그 이상의 강도가 있는 재료일 것
⑦ 안전난간은 구조적으로 가장 취약한 지점에서 가장 취약한 방향으로 작용하는 100kg 이상의 하중에 견딜 수 있는 튼튼한 구조일 것

05 【3점】

「산업안전보건법」상, 안전관리자를 정수 이상으로 증원·교체·임명할 수 있는 사유를 3가지 쓰시오.

> **해설**
> ① 해당 사업장의 연간 재해율이 같은 업종의 평균 재해율의 2배 이상인 경우
> ② 관리자가 질병이나 그 밖의 사유로 3개월 이상 직무를 수행할 수 없게 된 경우
> ③ 화학적 인자로 인한 직업성 질병자가 연간 3명 이상 발생한 경우

> **참고**
> 산업안전보건법 시행규칙
> 제12조(안전관리자 등의 증원·교체임명 명령)
> ① 해당 사업장의 연간 재해율이 같은 업종의 평균 재해율의 2배 이상인 경우
> ② 중대재해가 연간 2건 이상 발생한 경우. 다만, 해당 사업장의 전년도 사망만인율이 같은 업종의 평균 사망만인율 이하인 경우는 제외한다.
> ③ 관리자가 질병이나 그 밖의 사유로 3개월 이상 직무를 수행할 수 없게 된 경우
> ④ 화학적 인자로 인한 직업성 질병자가 연간 3명 이상 발생한 경우

06 【5점】

「산업안전보건법」상, 사업주는 과압에 따른 폭발을 방지하기 위하여 폭발 방지 성능과 규격을 갖춘 안전밸브 또는 파열판을 설치하여야 할 때, 안전밸브 또는 파열판을 설치해야 하는 경우를 2가지 쓰시오.

> **해설**
> ① 반응 폭주 등 급격한 압력 상승 우려가 있는 경우
> ② 급성 독성물질의 누출로 인하여 주위의 작업환경을 오염시킬 우려가 있는 경우

> **참고**
> 산업안전보건기준에 관한 규칙
> 제262조(파열판의 설치)
> ① 반응 폭주 등 급격한 압력 상승 우려가 있는 경우
> ② 급성 독성물질의 누출로 인하여 주위의 작업환경을 오염시킬 우려가 있는 경우
> ③ 운전 중 안전밸브에 이상 물질이 누적되어 안전밸브가 작동되지 아니할 우려가 있는 경우

07 【5점】

다음 표는 「보호구 안전인증 고시」상, 방독마스크 가스 및 마스크 종류에 따른 색상별 구분일 때, 빈칸을 채우시오.

종류	시험가스	정화통 외부 측면 표시색
유기화합물용	시클로헥산 (C_6H_{12}) 디메틸에테르 (CH_3OCH_3) 이소부탄 (C_4H_{10})	(①)
할로겐용	염소가스(Cl_2) 또는 증기(H_2O)	(②)
황화수소용	황화수소가스 (H_2S)	
시안화수소용	시안화수소가스 (HCN)	
아황산용	아황산가스 (SO_2)	(③)
암모니아용	암모니아가스 (NH_3)	(④)

해설
① 갈색 ② 회색 ③ 노란색 ④ 녹색

참고
보호구 안전인증 고시
[별표 5] 방독마스크의 성능기준
*방독마스크의 종류

종류	시험가스	정화통 표시색
유기화합물용	시클로헥산 (C_6H_{12}) 디메틸에테르 (CH_3OCH_3) 이소부탄 (C_4H_{10})	갈색
할로겐용	염소가스(Cl_2) 또는 증기(H_2O)	회색
황화수소용	황화수소가스 (H_2S)	
시안화수소용	시안화수소가스 (HCN)	
아황산용	아황산가스 (SO_2)	노란색
암모니아용	암모니아가스 (NH_3)	녹색

08 【4점】

「산업안전보건법」상, 공정안전보고서에 포함되어야 할 사항을 4가지 쓰시오.

해설
① 공정안전자료
② 공정위험성평가서
③ 안전운전계획
④ 비상조치계획

참고
산업안전보건법 시행규칙
제50조(공정안전보고서의 세부 내용 등)
① 공정안전자료
② 공정위험성평가서 및 잠재위험에 대한 사고 예방·피해 최소화 대책
③ 안전운전계획
④ 비상조치계획

09 【4점】

다음 보기는 「방호장치 자율안전기준 고시」상, 롤러기 급정지장치 원주속도와 안전거리에 관한 내용일 때, 빈칸을 채우시오.

[보기]
30m/min 이상 : 앞면 롤러 원주의 (①) 이내
30m/min 미만 : 앞면 롤러 원수의 (②) 이내

해설

① $\dfrac{1}{2.5}$ ② $\dfrac{1}{3}$

참고
방호장치 자율안전기준 고시
[별표 3] 롤러기 급정지장치의 성능기준
*무부하동작에서 급정지거리

속도 기준	급정지거리 기준
30m/min 이상	앞면 롤러 원주의 $\dfrac{1}{2.5}$ 이내
30m/min 미만	앞면 롤러 원주의 $\dfrac{1}{3}$ 이내

10 【5점】

「산업안전보건법」상, 가설통로 설치 시 준수사항을 3가지 쓰시오.

해설
① 견고한 구조로 할 것
② 경사는 30도 이하로 할 것
③ 추락할 위험이 있는 장소에는 안전난간을 설치할 것

참고
산업안전보건기준에 관한 규칙
제23조(가설통로의 구조)
① 견고한 구조로 할 것
② 경사는 30도 이하로 할 것
③ 경사가 15도를 초과하는 경우에는 미끄러지지 아니하는 구조로 할 것
④ 추락할 위험이 있는 장소에는 안전난간을 설치할 것
⑤ 수직갱에 가설된 통로의 길이가 15m 이상인 경우에는 10m 이내마다 계단참을 설치할 것
⑥ 건설공사에 사용하는 높이 8m 이상인 비계다리에는 7m 이내마다 계단참을 설치할 것

11 【4점】

다음 보기는 「산업안전보건법」상, 충전전로의 선간전압에 따른 접근 한계거리에 대한 내용이다. 빈칸을 채우시오.

충전전로의 선간전압	충전전로에 대한 접근 한계거리
380 V	(①)
1.5 kV	(②)
6.6 kV	(③)
22.9 kV	(④)

해설

① 30cm   ② 45cm   ③ 60cm   ④ 90cm

> **참고**
> 산업안전보건기준에 관한 규칙
> 제321조(충전전로에서의 전기작업)

충전전로의 선간전압 $[kV]$	충전전로에 대한 접근한계거리 $[cm]$
0.3 이하	접촉금지
0.3 초과 0.75 이하	30
0.75 초과 2 이하	45
2 초과 15 이하	60
15 초과 37 이하	90
37 초과 88 이하	110
88 초과 121 이하	130
121 초과 145 이하	150
145 초과 169 이하	170
169 초과 242 이하	230
242 초과 362 이하	380
362 초과 550 이하	550
550 초과 800 이하	790

12 【4점】

「산업안전보건법」상, 사업주는 가스폭발 위험장소 또는 분진폭발 위험장소에 설치되는 건축물 등에 대해서 해당하는 부분을 내화구조로 하여야 하며, 그 성능이 항상 유지될 수 있도록 점검·보수 등 적절한 조치를 하여야 한다. 이 때 내화구조로 제작해야 하는 기준을 2가지 쓰시오.

> **해설**
> ① 건축물의 기둥 및 보 : 지상 1층 까지
> ② 배관·전선관 등의 지지대 : 지상으로부터 1단 까지

> **참고**
> 산업안전보건기준에 관한 규칙
> 제270조(내화기준)
> ① 건축물의 기둥 및 보 : 지상 1층(지상 1층의 높이가 6m를 초과하는 경우에는 6m)까지
> ② 위험물 저장·취급용기의 지지대(높이가 30cm 이하인 것은 제외): 지상으로부터 지지대의 끝 부분까지
> ③ 배관·전선관 등의 지지대 : 지상으로부터 1단 (1단의 높이가 6m를 초과하는 경우에는 6m) 까지

13 【4점】

「산업안전보건법」에 따른 안전성평가를 순서대로 나열
하시오.

> [보기]
> ① 정성적평가 ② 재평가 ③ FTA 재평가
> ④ 대책검토 ⑤ 자료정비 ⑥ 정량적평가

출제 기준에서 제외된 내용입니다.

14 【5점】

산소에너지당량은 $5kcal/L$, 작업 시 산소 소비량 $1.5L/min$, 작업에 대한 평균에너지 $5kcal/min$, 휴식에너지 $1.5kcal/min$, 작업시간 60분 일 때 휴식시간$[min]$을 구하시오.

출제 기준에서 제외된 내용입니다.

2018 1회차 산업안전기사 실기 필답형 기출문제

01 【5점】

「산업안전보건법」상, 근로자가 작업이나 통행 등으로 인하여 전기기계·기구 등 또는 전류 등의 충전부분에 접촉하거나 접근함으로써 감전 위험이 있는 충전부분에 대하여, 감전을 방지하기 위해 사업주가 조치하여야 하는 방지방법을 3가지 쓰시오.

해설
① 충전부가 노출되지 않도록 폐쇄형 외함이 있는 구조로 할 것
② 충전부에 충분한 절연효과가 있는 방호망이나 절연덮개를 설치할 것
③ 충전부는 내구성이 있는 절연물로 완전히 덮어 감쌀 것

참고
산업안전보건기준에 관한 규칙
제301조(전기 기계·기구 등의 충전부 방호)
① 충전부가 노출되지 않도록 폐쇄형 외함이 있는 구조로 할 것
② 충전부에 충분한 절연효과가 있는 방호망이나 절연덮개를 설치할 것
③ 충전부는 내구성이 있는 절연물로 완전히 덮어 감쌀 것
④ 발전소·변전소 및 개폐소 등 구획되어 있는 장소로서 관계 근로자가 아닌 사람의 출입이 금지되는 장소에 충전부를 설치하고, 위험표시 등의 방법으로 방호를 강화할 것
⑤ 전주 위 및 철탑 위 등 격리되어 있는 장소로서 관계 근로자가 아닌 사람이 접근할 우려가 없는 장소에 충전부를 설치할 것

02 【5점】

「산업안전보건법」상, 기계의 원동기·회전축·기어·풀리·플라이휠·벨트 및 체인 등 근로자가 위험에 처할 우려가 있는 부위에 사업주가 설치해야 하는 위험 방지 조치를 3가지 쓰시오.

해설
① 덮개   ② 울   ③ 슬리브

참고
산업안전보건기준에 관한 규칙
제87조(원동기·회전축 등의 위험 방지)

사업주는 기계의 원동기·회전축·기어·풀리·플라이휠·벨트 및 체인 등 근로자가 위험에 처할 우려가 있는 부위에 덮개·울·슬리브 및 건널다리 등을 설치하여야 한다.

03 【3점】

다음 보기를 참고하여 공장의 설비 배치 3단계를 순서대로 나열하시오.

[보기]
① 건물배치   ② 기계배치   ③ 지역배치

해설
③ → ① → ②

04 【3점】

다음 보기는 「산업안전보건법」상, 사업주가 철골공사 작업을 중지해야 하는 조건을 나타낼 때, 빈칸을 채우시오.

[보기]
- 풍속 : 초당 (①)m 이상인 경우
- 강우량 : 시간당 (②)mm 이상인 경우
- 강설량 : 시간당 (③)cm 이상인 경우

해설

① 10 ② 1 ③ 1

참고

산업안전보건기준에 관한 규칙
제383조(작업의 제한)

종류	기준
풍속	초당 10m (10m/s)이상인 경우
강우량	시간당 1mm (1mm/hr)이상인 경우
강설량	시간당 1cm (1cm/hr)이상인 경우

05 【4점】

다음 보기는 「산업안전보건법」상, 비파괴검사의 실시기준일 때 빈칸을 채우시오.

[보기]
사업주는 고속 회전체(회전축의 중량이 (①)톤을 초과하고 원주속도가 초당 (②)m 이상인 것으로 한정한다.)의 회전시험을 하는 경우 미리 회전축의 재질 및 형상 등에 상응하는 종류의 비파괴검사를 해서 결함 여부를 확인하여야 한다.

해설

① 1 ② 120

참고

산업안전보건기준에 관한 규칙
제115조(비파괴검사의 실시)

사업주는 고속회전체(회전축의 중량이 1톤을 초과하고 원주속도가 초당 120미터 이상인 것으로 한정한다.)의 회전시험을 하는 경우 미리 회전축의 재질 및 형상 등에 상응하는 종류의 비파괴검사를 해서 결함 유무를 확인하여야 한다.

06 【4점】

「산업안전보건법」상, 유해·위험 방지를 위한 방호조치를 하지 아니하고는 양도·대여·설치 또는 사용에 제공하거나, 양도·대여의 목적으로 진열해서는 안되는 기계·기구 4가지를 쓰시오.

해설

① 예초기
② 원심기
③ 공기압축기
④ 지게차

참고

산업안전보건법 시행령
[별표 20] 유해·위험 방지를 위한 방호조치가 필요한 기계·기구

① 예초기
② 원심기
③ 공기압축기
④ 포장기계(진공포장기, 랩핑기로 한정)
⑤ 금속절단기
⑥ 지게차

07 【3점】

다음 보기는 「방호장치 자율안전기준 고시」상, 연삭기 덮개의 시험방법 중 연삭기 작동시험 확인사항 일 때, 빈칸을 채우시오.

[보기]
- 연삭 (①) 과 덮개의 접촉 여부
- 탁상용연삭기는 덮개, (②) 및 (③) 부착 상태의 적합성 여부

해설
① 숫돌 ② 워크레스트 ③ 조정편

참고
방호장치 자율안전기준 고시
[별표 4의2] 연삭기 덮개의 시험방법
*연삭기 작동시험 확인사항
① 연삭숫돌과 덮개의 접촉여부
② 덮개의 고정상태, 작업의 원활성, 안전성, 덮개 노출의 적합성 여부
③ 탁상용 연삭기는 덮개, 워크레스트 및 조정편 부착상태의 적합성 여부

08 【3점】

다음 보기는 「산업안전보건법」상, 가설통로 설치 기준에 관한 내용일 때, 빈칸을 채우시오.

[보기]
- 경사가 (①) 도를 초과하는 경우에는 미끄러지지 아니하는 구조로 할 것
- 수직갱에 가설된 통로의 길이가 $15m$ 이상인 경우에는 (②) m 이내마다 계단참을 설치할 것
- 건설공사에 사용하는 높이 $8m$ 이상인 비계다리에는 (③) m 이내마다 계단참을 설치할 것

해설
① 15 ② 10 ③ 7

참고
산업안전보건기준에 관한 규칙
제23조(가설통로의 구조)
① 견고한 구조로 할 것
② 경사는 30도 이하로 할 것
③ 경사가 15도를 초과하는 경우에는 미끄러지지 아니하는 구조로 할 것
④ 추락할 위험이 있는 장소에는 안전난간을 설치할 것
⑤ 수직갱에 가설된 통로의 길이가 $15m$ 이상인 경우에는 $10m$ 이내마다 계단참을 설치할 것
⑥ 건설공사에 사용하는 높이 $8m$ 이상인 비계다리에는 $7m$ 이내마다 계단참을 설치할 것

09 【4점】

「산업안전보건법」상, 공정안전보고서의 제출 대상이 되는 유해·위험설비가 아닌 시설·설비의 종류를 2가지 쓰시오.

해설
① 원자력 설비
② 군사시설

참고
산업안전보건법 시행령
제43조(공정안전보고서의 제출 대상)
*유해하거나 위험한 설비로 보지 않는 설비
① 원자력 설비
② 군사시설
③ 사업주가 해당 사업장 내에서 직접 사용하기 위한 난방용 연료의 저장설비 및 사용설비
④ 차량 등의 운송설비
⑤ 도매·소매시설
⑥ 액화석유가스의 충전·저장시설
⑦ 가스공급시설
⑧ 그 밖에 고용노동부장관이 누출·화재·폭발 등의 사고가 있더라도 그에 따른 피해의 정도가 크지 않다고 인정하여 고시하는 설비

10 【4점】

다음 보기는 「보호구 안전인증 고시」상, 사용장소에 따른 방독마스크의 등급기준 일 때, 빈칸을 채우시오.

[보기]
- 고농도 : 가스 또는 증기의 농도가 100분의 (①) 이하의 대기 중에서 사용하는 것
- 중농도 : 가스 또는 증기의 농도가 100분의 (②) 이하의 대기 중에서 사용하는 것
- 저농도 : 가스 또는 증기의 농도가 100분의 (③) 이하의 대기 중에서 사용하는 것으로서 긴급용이 아닌 것
- 비고 : 방독마스크는 산소의 농도가 (④)% 이상인 장소에서 사용할 것

해설
① 2   ② 1   ③ 0.1   ④ 18

참고
보호구 안전인증 고시
[별표 5] 방독마스크의 성능기준
*방독마스크의 등급

등급	사용장소
고농도	가스 또는 증기의 농도가 100분의 2 (암모니아에 있어서는 100분의 3) 이하의 대기 중에서 사용하는 것
중농도	가스 또는 증기의 농도가 100분의 1 (암모니아에 있어서는 100분의 1.5) 이하의 대기 중에서 사용하는 것
저농도 및 최저농도	가스 또는 증기의 농도가 100분의 0.1 이하의 대기 중에서 사용하는 것으로서 긴급용이 아닌 것

<비고>
방독마스크는 산소농도가 18% 이상인 장소에서 사용하여야 하고, 고농도와 중농도에서 사용하는 방독마스크는 전면형(격리식, 직결식)을 사용해야 한다.

11 【5점】

BLEVE(비등액체 팽창 증기폭발)에 영향을 주는 인자를 3가지 쓰시오.

해설
① 저장용기의 재질
② 저장된 물질의 종류
③ 저장된 물질의 인화성

참고
*BLEVE(비등액체 팽창 증기폭발)에 영향을 주는 인자
① 저장용기의 재질
② 저장용기 주위의 온도와 압력
③ 저장된 물질의 종류
④ 저장된 물질의 인화성
⑤ 저장된 물질의 물리적 상태
⑥ 저장된 물질의 독성여부

12 【4점】

「산업안전보건법」상, 사업주가 근로자에게 실시해야하는 안전보건교육 중, 관리감독자 정기교육의 내용을 4가지 쓰시오.

해설
① 산업안전 및 사고 예방에 관한 사항
② 산업보건 및 직업병 예방에 관한 사항
③ 위험성 평가에 관한 사항
④ 직무스트레스 예방 및 관리에 관한 사항

참고
산업안전보건법 시행규칙
[별표 5] 안전보건교육 교육대상별 교육내용
*관리감독자 안전보건 정기교육
① 산업안전 및 사고 예방에 관한 사항
② 산업보건 및 직업병 예방에 관한 사항
③ 위험성평가에 관한 사항
④ 유해·위험 작업환경 관리에 관한 사항
⑤ 산업안전보건법령 및 산업재해보상보험 제도에 관한 사항
⑥ 직무스트레스 예방 및 관리에 관한 사항
⑦ 직장 내 괴롭힘, 고객의 폭언 등으로 인한 건강장해 예방 및 관리에 관한 사항
⑧ 작업공정의 유해·위험과 재해 예방대책에 관한 사항
⑨ 사업장 내 안전보건관리체제 및 안전·보건조치 현황에 관한 사항
⑩ 표준안전 작업방법 결정 및 지도·감독 요령에 관한 사항
⑪ 현장근로자와의 의사소통능력 및 강의능력 등 안전보건교육 능력 배양에 관한 사항
⑫ 비상시 또는 재해 발생시 긴급조치에 관한 사항
⑬ 그 밖의 관리감독자의 역할과 임무에 관한 사항

13 【4점】

어떤 사업장의 연평균 근로자수는 1500명이다. 이 사업장에서 연간재해자수가 60명 발생하여 이 중 사망이 3건, 근로손실일수가 1500일 일 때, 연천인율을 구하시오.

해설
$$연천인율 = \frac{재해자수}{연평균\ 근로자수} \times 10^3 = \frac{60}{1500} \times 10^3 = 40$$

14 【4점】

휴면에러에서 다음을 각각 2가지씩 분류하시오.

(1) 독립행동에 관한 분류(심리적 분류)
(2) 원인에 의한 분류

출제 기준에서 제외된 내용입니다.

2018년 2회차 산업안전기사 실기 필답형 기출문제

01 【4점】

「산업안전보건법」상, 사업주는 위험물질을 제조·취급하는 바닥면의 가로 및 세로가 각 $3m$ 이상인 작업장과 그 작업장이 있는 건축물에 따른 출입구 외에 안전한 장소로 대피할 수 있는 비상구 1개 이상을 아래와 같은 구조로 설치하여야 할 때, 빈칸을 채우시오.

[보기]
- 출입구와 같은 방향에 있지 아니하고, 출입구로부터 (①)m 이상 떨어져 있을 것
- 작업장의 각 부분으로부터 하나의 비상구 또는 출입구까지의 수평거리가 (②)m 이하가 되도록 할 것
- 비상구의 너비는 (③)m 이상으로 하고, 높이는 (④)m 이상으로 할 것

해설
① 3   ② 50   ③ 0.75   ④ 1.5

참고
산업안전보건기준에 관한 규칙
제17조(비상구의 설치)
① 출입구와 같은 방향에 있지 아니하고, 출입구로부터 <u>$3m$</u> 이상 떨어져 있을 것
② 작업장의 각 부분으로부터 하나의 비상구 또는 출입구까지의 수평거리가 <u>$50m$</u> 이하가 되도록 할 것
③ 비상구의 너비는 <u>$0.75m$</u> 이상으로 하고, 높이는 <u>$1.5m$</u> 이상으로 할 것
④ 비상구의 문은 피난 방향으로 열리도록 하고, 실내에서 항상 열 수 있는 구조로 할 것

02 【4점】

「산업안전보건법」상, 화물의 낙하에 의하여 지게차 운전자에게 위험을 미칠 우려가 있는 작업장에서 지게차의 헤드가드가 갖추어야 할 사항을 2가지 쓰시오.

해설
① 강도는 지게차의 최대하중의 <u>2배</u> 값(4톤을 넘는 값에 대해서는 4톤으로 한다.)의 등분포정하중에 견딜 수 있을 것
② 상부틀의 각 개구의 폭 또는 길이가 $16cm$ 미만일 것

참고
산업안전보건기준에 관한 규칙
제180조(헤드가드)
① 강도는 지게차의 최대하중의 2배 값(4톤을 넘는 값에 대해서는 4톤으로 한다.)의 등분포정하중에 견딜 수 있을 것
② 상부틀의 각 개구의 폭 또는 길이가 $16cm$ 미만일 것
③ 운전자가 앉아서 조작하거나 서서 조작하는 지게차의 헤드가드는 한국산업표준에서 정하는 높이 기준 이상일 것
 (입식 : $1.905m$, 좌식 : $0.903m$)

03 【3점】

다음 보기는 「산업안전보건법」상, 안전기의 설치에 관한 내용일 때, 빈칸을 채우시오.

[보기]
- 사업주는 아세틸렌 용접장치의 (①) 마다 안전기를 설치하여야 한다. 다만, 주관 및 (①)에 가장 가까운 (②) 마다 안전기를 부착한 경우에는 그러하지 아니하다.
- 사업주는 가스용기가 발생기와 분리되어 있는 아세틸렌 용접장치에 대하여 (③)에 안전기를 설치하여야 한다.

해설
① 취관
② 분기관
③ 발생기와 가스용기 사이

참고
산업안전보건기준에 관한 규칙
제289조(안전기의 설치)

① 사업주는 아세틸렌 용접장치의 취관마다 안전기를 설치하여야 한다. 다만, 주관 및 취관에 가장 가까운 분기관마다 안전기를 부착한 경우에는 그러하지 아니하다.
② 사업주는 가스용기가 발생기와 분리되어 있는 아세틸렌 용접장치에 대하여 발생기와 가스용기 사이에 안전기를 설치하여야 한다.

04 【5점】

「산업안전보건법」상, 사업주가 가스장치실을 설치해야 할 때, 만족하여야 하는 설치기준을 3가지 쓰시오.

해설
① 가스가 누출된 경우에는 그 가스가 정체되지 않도록 할 것
② 지붕과 천장에는 가벼운 불연성 재료를 사용할 것
③ 벽에는 불연성 재료를 사용할 것

참고
산업안전보건기준에 관한 규칙
제292조(가스장치실의 구조 등)

① 가스가 누출된 경우에는 그 가스가 정체되지 않도록 할 것
② 지붕과 천장에는 가벼운 불연성 재료를 사용할 것
③ 벽에는 불연성 재료를 사용할 것

05 【3점】

「산업안전보건법」상, 콘크리트 타설작업 시 사업주의 준수사항을 3가지 쓰시오.

해설
① 콘크리트 타설작업 시 거푸집 붕괴의 위험이 발생할 우려가 있으면 충분한 보강조치를 할 것
② 설계도서상의 콘크리트 양생기간을 준수하여 거푸집 및 동바리를 해체할 것
③ 콘크리트를 타설하는 경우에는 편심이 발생하지 않도록 골고루 분산하여 타설할 것

참고
산업안전보건기준에 관한 규칙
제334조(콘크리트 타설작업)
① 당일의 작업을 시작하기 전에 해당 작업에 관한 거푸집 및 동바리의 변형·변위 및 지반의 침하 유무 등을 점검하고 이상이 있으면 보수할 것
② 작업 중에는 감시자를 배치하는 등의 방법으로 거푸집 및 동바리의 변형·변위 및 침하 유무 등을 확인해야 하며, 이상이 있으면 작업을 중지하고 근로자를 대피시킬 것
③ 콘크리트 타설작업 시 거푸집 붕괴의 위험이 발생할 우려가 있으면 충분한 보강조치를 할 것
④ 설계도서상의 콘크리트 양생기간을 준수하여 거푸집 및 동바리를 해체할 것
⑤ 콘크리트를 타설하는 경우에는 편심이 발생하지 않도록 골고루 분산하여 타설할 것

06 【4점】

「산업안전보건법」상, 크레인을 사용하여 작업을 시작하기 전, 사업자가 관리감독자로 하여금 점검하도록 해야 할 사항을 2가지 쓰시오.

해설
① 권과방지장치·브레이크·클러치 및 운전장치의 기능
② 와이어로프가 통하고 있는 곳의 상태

참고
산업안전보건기준에 관한 규칙
[별표 3] 작업시작 전 점검사항
*크레인을 사용하여 작업을 할 때
① 권과방지장치·브레이크·클러치 및 운전장치의 기능
② 주행로의 상측 및 트롤리가 횡행하는 레일의 상태
③ 와이어로프가 통하고 있는 곳의 상태

07 【4점】

「산업안전보건법」상, 사업주가 근로자에게 시행해야 하는 안전보건교육의 종류를 4가지 쓰시오.

해설
① 정기교육
② 채용 시 교육
③ 작업내용 변경 시 교육
④ 특별교육

참고
산업안전보건법 시행규칙
[별표 4] 안전보건교육 교육과정별 교육시간
① 정기교육
② 채용 시 교육
③ 작업내용 변경 시 교육
④ 특별교육
⑤ 건설업 기초 안전보건교육

08 【4점】

다음 보기는 「산업안전보건법」상, 중대재해에 대한 기준일 때, 빈칸을 채우시오.

[보기]
- 사망자가 (①) 이상 발생한 재해
- 3개월 이상의 요양이 필요한 부상자가 동시에 (②) 이상 발생한 재해
- 부상자 또는 직업성 질병자가 동시에 (③) 이상 발생한 재해

해설
① 1명 ② 2명 ③ 10명

> [참고]
> 산업안전보건법 시행규칙
> 제3조(중대재해의 범위)
> ① 사망자가 1명 이상 발생한 재해
> ② 3개월 이상의 요양이 필요한 부상자가 동시에 2명 이상 발생한 재해
> ③ 부상자 또는 직업성 질병자가 동시에 10명 이상 발생한 재해

09 【4점】

「산업안전보건법」상, 다음 그림에 해당하는 안전보건표지의 명칭을 쓰시오.

① 	② 	③ 	④ 

> [해설]
> ① 화기금지
> ② 폭발성물질경고
> ③ 부식성물질경고
> ④ 고압전기경고

> [참고]
> 산업안전보건법 시행규칙
> [별표 6] 안전보건표지의 종류와 형태
> *금지표지 및 경고표지
>
> | 출입금지 | 보행금지 | 차량통행금지 | 사용금지 |
> |---|---|---|---|
> | 탑승금지 | 금연 | 화기금지 | 물체이동금지 |
>
> | 인화성물질 경고 | 산화성물질 경고 | 폭발성물질 경고 | 급성독성 물질경고 |
> |---|---|---|---|
> | 부식성물질 경고 | 방사성물질 경고 | 고압전기 경고 | 매달린물체 경고 |
> | 낙하물 경고 | 고온 경고 | 저온 경고 | 몸균형상실 경고 |
> | 레이저광선 경고 | 위험장소 경고 | 발암성·변이원성·생식독성·전신독성·호흡기과민성물질 경고 | |

10 【5점】

다음 표는 「방호장치 안전인증 고시」상, 광전자식 방호장치의 형식구분일 때, 빈칸을 채우시오.

형식구분	광축의 범위
A	(①) 광축 이하
B	(②) 광축 미만
C	(③) 광축 이상

> [해설]
> ① 12   ② 13~56   ③ 56

> [참고]
> 방호장치 안전인증 고시
> [별표 1] 프레스 또는 전단기 방호장치의 성능기준
> *광전자식 방호장치의 형식구분
>
> | 형식구분 | 광축의 범위 |
> |---|---|
> | Ⓐ | 12 광축 이하 |
> | Ⓑ | 13~56 광축 미만 |
> | Ⓒ | 56 광축 이상 |

11 【4점】

다음 보기는 위험점 정의에 대한 설명일 때 각각 알맞은 명칭을 쓰시오.

[보기]
(1) 왕복운동을 하는 동작 부분과 움직임이 없는 고정 부분 사이에 형성되는 위험점
(2) 고정 부분과 회전하는 동작 부분이 함께 만드는 위험점
(3) 회전하는 부분의 접선방향으로 물려 들어가는 위험점

해설
(1) 협착점 (2) 끼임점 (3) 접선물림점

참고
*기계설비의 위험점

위험점	그림	설명
협착점		왕복운동을 하는 동작부와 움직임이 없는 고정부 사이에 형성되는 위험점 ex) 프레스전단기, 성형기, 조형기 등
끼임점		회전운동을 하는 동작부와 움직임이 없는 고정부 사이에 형성되는 위험점 ex) 연삭숫돌과 하우스, 교반기 날개와 하우스, 회전운동을 하는 기계 등
절단점		회전하는 운동 부분 자체의 위험에서 초래되는 위험점 ex) 밀링커터, 둥근톱날 등
물림점		2개의 회전체가 맞닿는 사이에 발생하는 위험점 ex) 기어, 롤러 등

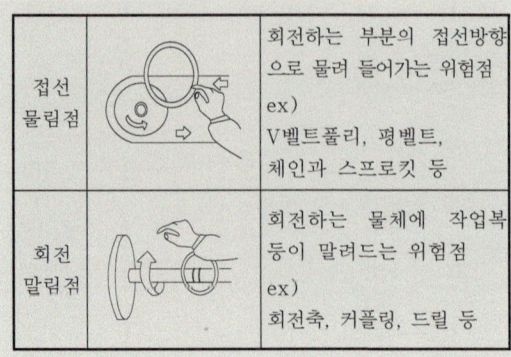

접선 물림점	회전하는 부분의 접선방향으로 물려 들어가는 위험점 ex) V벨트풀리, 평벨트, 체인과 스프로킷 등
회전 말림점	회전하는 물체에 작업복 등이 말려드는 위험점 ex) 회전축, 커플링, 드릴 등

12 【4점】

다음 표는 「한국전기설비규정」상, 전로의 사용전압에 관한 표 일 때, 빈칸을 채우시오.

전로의 사용전압	DC시험전압	절연저항
SELV 및 PELV	250 V	(①)MΩ
FELV, 500V 이하	500 V	(②)MΩ
500V 초과	1000 V	(③)MΩ

해설
① 0.5 ② 1.0 ③ 1.0

참고
한국전기설비규정(KEC)

전로의 사용전압	DC 시험전압 (이상)	절연저항 (이상)
SELV 및 PELV	250 V	0.5 MΩ
FELV, 500V 이하	500 V	1 MΩ
500V 초과	1000 V	1 MΩ

13 【3점】

인체 계측자료의 응용원칙 3가지를 쓰시오.

출제 기준에서 제외된 내용입니다.

14 【4점】

~~20m~~의 거리에서 음압수준이 ~~100dB~~일 때, ~~200m~~의 거리에서의 음압수준은 몇 dB인지 구하시오.

출제 기준에서 제외된 내용입니다.

2018년 3회차 산업안전기사 실기 필답형 기출문제

01 【4점】

「산업안전보건법」상, 벌목작업 시 위험방지를 위해 사업주가 준수하여야 할 사항을 2가지 쓰시오.
(단, 유압식 벌목기를 사용하는 경우는 제외한다.)

해설
① 벌목하려는 경우에는 미리 대피로 및 대피장소를 정해 둘 것
② 벌목작업 중에는 벌목하려는 나무로부터 해당 나무 높이의 2배에 해당하는 직선거리 안에서 다른 작업을 하지 않을 것

참고
산업안전보건기준에 관한 규칙
제405호(벌목작업 시 등의 위험 방지)
① 벌목하려는 경우에는 미리 대피로 및 대피장소를 정해 둘 것
② 벌목하려는 나무의 가슴높이지름이 20센티미터 이상인 경우에는 수구의 상면·하면의 각도를 30도 이상으로 하며, 수구 깊이는 뿌리부분 지름의 4분의 1 이상 3분의 1 이하로 만들 것
③ 벌목작업 중에는 벌목하려는 나무로부터 해당 나무 높이의 2배에 해당하는 직선거리 안에서 다른 작업을 하지 않을 것
④ 나무가 다른 나무에 걸려있는 경우에는 다음 각 목의 사항을 준수할 것
  ㉠ 걸려있는 나무 밑에서 작업을 하지 않을 것
  ㉡ 받치고 있는 나무를 벌목하지 않을 것

02 【5점】

부탄(C_4H_{10})에 대한 각 물음에 답하시오.
(단, 부탄 폭발하한계는 $1.6 vol\%$이다.)

(1) 완전연소하기 위한 화학양론식
(2) 완전연소에 필요한 최소산소농도 $[vol\%]$

해설
(1) C_4H_{10} (부탄) $+ 6.5 O_2$ (산소) $\rightarrow 4 CO_2$ (이산화탄소) $+ 5 H_2O$ (물)
(2) 최소산소농도 $= 1.6 \times 6.5 = 10.4 vol\%$

참고
최소산소농도 = 폭발하한계 × 산소 몰 수

03 【3점】

「산업안전보건법」상, 부두·안벽에서의 하역작업시 사업주가 하여야 할 조치사항을 3가지 쓰시오.

해설
① 작업장 및 통로의 위험한 부분에는 안전하게 작업할 수 있는 조명을 유지할 것
② 부두 또는 안벽의 선을 따라 통로를 설치하는 경우에는 폭을 $90cm$ 이상으로 할 것
③ 육상에서의 통로 및 작업장소로서 다리 또는 선거 갑문을 넘는 보도 등의 위험한 부분에는 안전난간 또는 울타리 등을 설치할 것

> **참고**
> 산업안전보건기준에 관한 규칙
> 제390조(하역작업장의 조치기준)
> ① 작업장 및 통로의 위험한 부분에는 안전하게 작업할 수 있는 조명을 유지할 것
> ② 부두 또는 안벽의 선을 따라 통로를 설치하는 경우에는 폭을 90cm 이상으로 할 것
> ③ 육상에서의 통로 및 작업장소로서 다리 또는 선거 갑문을 넘는 보도 등의 위험한 부분에는 안전난간 또는 울타리 등을 설치할 것

04 【4점】

「산업안전보건법」상 자율안전확인대상 기계 또는 설비를 4가지 쓰시오.

> **해설**
> ① 혼합기
> ② 자동차정비용 리프트
> ③ 공작기계
> ④ 인쇄기

> **참고**
> 산업안전보건법 시행령
> 제77조(자율안전확인대상기계등)
>
> | 기계 또는 설비 | ① 연삭기 또는 연마기
② 산업용 로봇
③ 혼합기
④ 파쇄기 또는 분쇄기
⑤ 식품가공용 기계
⑥ 컨베이어
⑦ 자동차정비용 리프트
⑧ 공작기계
⑨ 고정형 목재가공용 기계
⑩ 인쇄기 |
> |---|---|

05 【6점】

「산업안전보건법」상, 안전인증대상 보호구를 6가지 쓰시오.

> **해설**
> ① 안전화
> ② 안전장갑
> ③ 방진마스크
> ④ 방독마스크
> ⑤ 송기마스크
> ⑥ 보호복

> **참고**
> 산업안전보건법 시행령
> 제74조(안전인증대상기계등)
>
> | 보호구 | ① 추락 및 감전 위험방지용 안전모
② 안전화
③ 안전장갑
④ 방진마스크
⑤ 방독마스크
⑥ 송기마스크
⑦ 전동식 호흡보호구
⑧ 보호복
⑨ 안전대
⑩ 차광 및 비산물 위험방지용 보안경
⑪ 용접용 보안면
⑫ 방음용 귀마개 또는 귀덮개 |
> |---|---|

06 【3점】

다음 보기는 「산업안전보건법」상, 사업주가 철골 공사 작업을 중지해야 하는 조건을 나타낼 때, 빈칸을 채우시오.

[보기]
- 풍속 : 초당 (①)m 이상인 경우
- 강우량 : 시간당 (②)mm 이상인 경우
- 강설량 : 시간당 (③)cm 이상인 경우

해설
① 10　② 1　③ 1

참고
산업안전보건기준에 관한 규칙
제383조(작업의 제한)

종류	기준
풍속	초당 10m (10m/s)이상인 경우
강우량	시간당 1mm (1mm/hr)이상인 경우
강설량	시간당 1cm (1cm/hr)이상인 경우

07 【4점】

「산업안전보건법」상, 타워크레인에 사용하는 와이어로프의 사용금지 기준을 4가지 쓰시오.

해설
① 이음매가 있는 것
② 꼬인 것
③ 지름의 감소가 공칭지름의 7%를 초과한 것
④ 와이어로프의 한 꼬임에서 끊어진 소선의 수가 10% 이상인 것

참고
산업안전보건기준에 관한 규칙
제63조(달비계의 구조)
① 이음매가 있는 것
② 꼬인 것
③ 심하게 변형되거나 부식된 것
④ 열과 전기충격에 의해 손상된 것
⑤ 지름의 감소가 공칭지름의 7%를 초과한 것
⑥ 와이어로프의 한 꼬임에서 끊어진 소선의 수가 10% 이상인 것

08 【3점】

「산업안전보건법」상, 분진등을 배출하기 위하여 설치하는 국소배기장치(이동식은 제외)의 덕트를 설치할 때, 사업주의 준수사항을 3가지 쓰시오.

해설
① 가능하면 길이는 짧게하고 굴곡부의 수는 적게 할 것
② 접속부의 안쪽은 돌출된 부분이 없도록 할 것
③ 청소구를 설치하는 등 청소하기 쉬운 구조로 할 것

참고
산업안전보건기준에 관한 규칙
제73조(덕트)
① 가능하면 길이는 짧게하고 굴곡부의 수는 적게 할 것
② 접속부의 안쪽은 돌출된 부분이 없도록 할 것
③ 청소구를 설치하는 등 청소하기 쉬운 구조로 할 것
④ 덕트 내부에 오염물질이 쌓이지 않도록 이송 속도를 유지할 것
⑤ 연결부위 등은 외부 공기가 들어오지 않도록 할 것

09 【4점】

「산업안전보건법」상, 이동식 비계 조립 시 사업주가 준수하여야 할 사항을 3가지 쓰시오.

해설
① 승강용사다리는 견고하게 설치할 것
② 비계의 최상부에서 작업을 하는 경우에는 안전난간을 설치할 것
③ 작업발판의 최대적재하중은 250kg을 초과하지 않도록 할 것

참고
산업안전보건기준에 관한 규칙
제68조(이동식비계)

① 이동식비계의 바퀴에는 뜻밖의 갑작스러운 이동 또는 전도를 방지하기 위하여 브레이크·쐐기 등으로 바퀴를 고정시킨 다음 비계의 일부를 견고한 시설물에 고정하거나 아웃트리거를 설치하는 등 필요한 조치를 할 것
② 승강용사다리는 견고하게 설치할 것
③ 비계의 최상부에서 작업을 하는 경우에는 안전난간을 설치할 것
④ 작업발판은 항상 수평을 유지하고 작업발판 위에서 안전난간을 딛고 작업을 하거나 받침대 또는 사다리를 사용하여 작업하지 않도록 할 것
⑤ 작업발판의 최대적재하중은 250kg을 초과하지 않도록 할 것

10 【4점】

「산업안전보건법」상, 설비를 사용할 때 정전기에 의한 화재 또는 폭발 위험이 있는 경우, 사업주가 조치하여야 할 방지대책을 4가지 쓰시오.

해설
① 접지
② 도전성 재료 사용
③ 가습
④ 제전장치 사용

참고
산업안전보건기준에 관한 규칙
제325조(정전기로 인한 화재 폭발 등 방지)

사업주는 설비를 사용할 때에 정전기에 의한 화재 또는 폭발 등의 위험이 발생할 우려가 있는 경우에는 해당 설비에 대하여 확실한 방법으로 접지를 하거나, 도전성 재료를 사용하거나 가습 및 점화원이 될 우려가 없는 제전장치를 사용하는 등 정전기의 발생을 억제하거나 제거하기 위하여 필요한 조치를 하여야 한다.

11 【3점】
인간-기계 통합시스템에서 시스템이 갖는 기능 4가지를 쓰시오.

출제 기준에서 제외된 내용입니다.

12 【4점】
다음 보기는 인간관계 매커니즘 적응기제에 관한 정의일 때 알맞은 답을 쓰시오.

[보기]
① 자신이 억압된 것을 다른 사람의 것으로 생각한다.
② 다른 사람의 행동양식이나 태도를 주입한다.
③ 남의 행동이나 판단을 표본으로하여 따라한다.

출제 기준에서 제외된 내용입니다.

13 【4점】
재해예방대책 4원칙을 쓰고 설명하시오.

출제 기준에서 제외된 내용입니다.

14 【4점】
미국방성 위험성평가 중 위험도(MIL-STD-882B) 4가지를 쓰시오.

출제 기준에서 제외된 내용입니다.

2019 1회차 산업안전기사 실기 필답형 기출문제

01 【4점】
「산업안전보건법」상, 안전보건총괄책임자의 직무를 4가지 쓰시오.

해설
① 위험성 평가의 실시에 관한 사항
② 작업의 중지
③ 도급 시 산업재해 예방조치
④ 안전인증대상기계등과 자율안전확인대상기계 등의 사용 여부 확인

참고
산업안전보건법 시행령
제53조(안전보건총괄책임자의 직무 등)
① 위험성 평가의 실시에 관한 사항
② 작업의 중지
③ 도급 시 산업재해 예방조치
④ 산업안전보건관리비의 관계수급인 간의 사용에 관한 협의·조정 및 그 집행의 감독
⑤ 안전인증대상기계등과 자율안전확인대상기계 등의 사용 여부 확인

02 【5점】
「산업안전보건법」상, 설비를 사용할 때 정전기에 의한 화재 또는 폭발 위험이 있는 경우, 사업주가 조치하여야 할 방지대책을 4가지 쓰시오.

해설
① 접지
② 도전성 재료 사용
③ 가습
④ 제전장치 사용

참고
산업안전보건기준에 관한 규칙
제325조(정전기로 인한 화재 폭발 등 방지)

사업주는 설비를 사용할 때에 정전기에 의한 화재 또는 폭발 등의 위험이 발생할 우려가 있는 경우에는 해당 설비에 대하여 확실한 방법으로 접지를 하거나, 도전성 재료를 사용하거나 가습 및 점화원이 될 우려가 없는 제전장치를 사용하는 등 정전기의 발생을 억제하거나 제거하기 위하여 필요한 조치를 하여야 한다.

03 【4점】

「산업안전보건법」상, 산업용 로봇의 작동범위 내에서 해당 로봇에 대하여 교시 등의 작업 시 예기치 못한 작동 또는 오조작에 의한 위험을 방지하기 위하여 수립해야 하는 지침사항을 4가지 쓰시오.
(단, 그 밖의 로봇의 예기치 못한 작동 또는 오조작에의한 위험을 방지하기 위하여 필요한 조치는 제외하여 쓰시오.)

해설
① 로봇의 조작방법 및 순서
② 작업 중의 매니퓰레이터의 속도
③ 2명 이상의 근로자에게 작업을 시킬 경우의 신호방법
④ 이상을 발견한 경우의 조치

참고
산업안전보건기준에 관한 규칙
제222조(교시 등)

① 로봇의 조작방법 및 순서
② 작업 중의 매니퓰레이터의 속도
③ 2명 이상의 근로자에게 작업을 시킬 경우의 신호방법
④ 이상을 발견한 경우의 조치
⑤ 이상을 발견하여 로봇의 운전을 정지시킨 후, 이를 재가동 시킬 경우의 조치

04 【4점】

「산업안전보건법」상, 보일러의 폭발 사고를 예방하기 위하여 기능이 정상적으로 작동될 수 있도록 사업주가 유지·관리 하여야 하는 보일러의 방호장치를 4가지 쓰시오.

해설
① 압력방출장치
② 압력제한스위치
③ 고저수위 조절장치
④ 화염 검출기

참고
산업안전보건기준에 관한 규칙
제119조(폭발위험의 방지)

사업주는 보일러의 폭발 사고를 예방하기 위하여 압력방출장치, 압력제한스위치, 고저수위 조절장치, 화염 검출기 등의 기능이 정상적으로 작동될 수 있도록 유지·관리하여야 한다.

05 【5점】

「보호구 안전인증 고시」상, 특급 방진마스크를 사용해야하는 장소를 2가지 쓰시오.

해설
① 베릴륨 등과 같이 독성이 강한 물질들을 함유한 분진 등 발생장소
② 석면 취급장소

> **참고**
> 보호구 안전인증 고시
> [별표 4] 방진마스크의 성능기준
>
> | 등급 | 사용장소 |
> |---|---|
> | 특급 | ① 베릴륨 등과 같이 독성이 강한 물질들을 함유한 분진 등 발생장소
② 석면 취급장소 |
> | 1급 | ① 특급마스크 착용장소를 제외한 분진 등 발생장소
② 금속흄 등과 같이 열적으로 생기는 분진 등 발생장소
③ 기계적으로 생기는 분진 등 발생장소 |
> | 2급 | 특급 및 1급 마스크 착용장소를 제외한 분진 등 발생장소 |

06 【4점】

「산업안전보건법」상, 굴착면에 높이가 $2m$ 이상이 되는 지반의 굴착작업을 하는 경우 작업장의 지형·지반 및 지층 상태 등에 대한 사전조사 후 작성하여야 하는 작업계획서의 포함사항 4가지를 쓰시오.

> **해설**
> ① 굴착방법 및 순서, 토사 반출 방법
> ② 필요한 인원 및 장비 사용계획
> ③ 매설물 등에 대한 이설·보호대책
> ④ 작업지휘자의 배치계획

> **참고**
> 산업안전보건기준에 관한 규칙
> [별표 4] 사전조사 및 작업계획서 내용
> *굴착작업
> ① 굴착방법 및 순서, 토사 반출 방법
> ② 필요한 인원 및 장비 사용계획
> ③ 매설물 등에 대한 이설·보호대책
> ④ 사업장 내 연락방법 및 신호방법
> ⑤ 흙막이 지보공 설치방법 및 계측계획
> ⑥ 작업지휘자의 배치계획
> ⑦ 그 밖에 안전·보건에 관련된 사항

07 【3점】

보일링 현상의 방지대책을 3가지 쓰시오.

> **해설**
> ① 흙막이벽의 근입장을 깊게 한다.
> ② 흙막이벽 배면의 지하수위를 낮춘다.
> ③ 굴착저면 하부의 지하수 흐름을 막는다.

> **참고**
> *보일링(Boiling)현상
> 사질지반 굴착시 흙막이벽 배면의 지하수가 굴착저면으로 흘러들어와 흙과 물이 분출되는 현상
>
> *보일링(Boiling)현상의 방지대책
> ① 흙막이벽의 근입장을 깊게 한다.
> ② 흙막이벽 배면의 지하수위를 낮춘다.
> ③ 굴착저면 하부의 지하수 흐름을 막는다.

08 【4점】

「산업안전보건법」상, 잠함 또는 우물통의 내부에서 근로자가 굴착작업을 하는 경우에, 잠함 또는 우물통의 급격한 침하에 의한 위험을 방지하기 위한 사업주의 준수사항 2가지를 쓰시오.

> **해설**
> ① 침하관계도에 따라 굴착방법 및 재하량 등을 정할 것
> ② 바닥으로부터 천장 또는 보까지의 높이는 $1.8m$ 이상으로 할 것

> **참고**
> 산업안전보건기준에 관한 규칙
> 제376조(급격한 침하로 인한 위험 방지)
> ① 침하관계도에 따라 굴착방법 및 재하량 등을 정할 것
> ② 바닥으로부터 천장 또는 보까지의 높이는 $1.8m$ 이상으로 할 것

09 【4점】

「산업안전보건법」상, 위험물질 종류를 4가지 쓰시오.

[해설]
① 인화성 액체
② 인화성 가스
③ 부식성 물질
④ 급성 독성 물질

[참고]
산업안전보건기준에 관한 규칙
[별표 1] 위험물질의 종류
① 폭발성 물질 및 유기과산화물
② 물반응성 물질 및 인화성 고체
③ 산화성 액체 및 산화성 고체
④ 인화성 액체
⑤ 인화성 가스
⑥ 부식성 물질
⑦ 급성 독성 물질

[참고]
산업안전보건기준에 관한 규칙
제163조(와이어로프 등 달기구의 안전계수)

상황	안전율(S)
근로자가 탑승하는 운반구를 지지하는 달기와이어로프 또는 달기체인의 경우	10 이상
화물의 하중을 직접 지지하는 달기와이어로프 또는 달기체인의 경우	5 이상
훅, 샤클, 클램프, 리프팅 빔의 경우	3 이상
그 밖의 경우	4 이상

*안전율(=안전계수)
$$S = \frac{절단하중}{허용하중}$$

10 【4점】

화물의 하중을 두 줄로 지지하는 달기와이어로프의 절단하중이 $2000kg$일 때 와이어로프의 허용하중 $[kg]$을 구하시오.

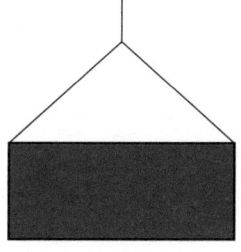

[해설]
허용하중 $= \dfrac{2000 \times 2}{5} = 800kg$

11 【4점】

어떤 사업장의 도수율이 12이고, 지난 한 해 동안 12건의 재해로 20명의 재해자가 발생하여 총 휴업일수는 146일 일 때, 사업장의 강도율을 구하시오.
(단, 근로자는 1일 10시간씩 연간 250일 근무한다.)

[해설]
도수율 $= \dfrac{재해건수}{연근로 총시간수} \times 10^6$ 에서,

연근로 총시간수 $= \dfrac{재해건수}{도수율} \times 10^6 = \dfrac{12}{12} \times 10^6 = 10^6$ 시간

∴ 강도율 $= \dfrac{총근로손실일수}{연근로 총시간수} \times 10^3$

$= \dfrac{146 \times \dfrac{250}{365}}{10^6} \times 10^3 = 0.1$

12 【3점】
양립성의 종류를 3가지 쓰시오.

출제 기준에서 제외된 내용입니다.

13 【4점】
다음 보기를 참고하여 에너지 대사율을 구하시오.

[보기]
① 기초대사량 7000 [kg/day]
② 운동 시 산소소모량 20000 [kg/day]
③ 안정 시 산소소모량 6000 [kg/day]

출제 기준에서 제외된 내용입니다.

14 【3점】
거리가 2m에서 조도가 150Lux일 때, 거리가 3m일 때 조도[Lux]를 구하시오.

출제 기준에서 제외된 내용입니다.

2019년 2회차 산업안전기사 실기 필답형 기출문제

01 【3점】
「산업안전보건법」상, 중대재해에 대한 기준을 3가지 쓰시오.

[해설]
① 사망자가 1명 이상 발생한 재해
② 3개월 이상의 요양이 필요한 부상자가 동시에 2명 이상 발생한 재해
③ 부상자 또는 직업성 질병자가 동시에 10명 이상 발생한 재해

[참고]
산업안전보건법 시행규칙
제3조(중대재해의 범위)
① 사망자가 1명 이상 발생한 재해
② 3개월 이상의 요양이 필요한 부상자가 동시에 2명 이상 발생한 재해
③ 부상자 또는 직업성 질병자가 동시에 10명 이상 발생한 재해

02 【5점】
「산업안전보건법」상, 사업주가 이동식 크레인을 사용할 때 설치하여야 할 방호장치의 종류를 3가지 쓰시오.

[해설]
① 권과방지장치
② 제동장치
③ 비상정지장치

[참고]
산업안전보건기준에 관한 규칙
제134조(방호장치의 조정)
사업주는 다음 각 호의 양중기에 과부하방지장치, 권과방지장치, 비상정지장치 및 제동장치, 그 밖의 방호장치(승강기의 파이널 리미트 스위치, 속도조절기, 출입문 인터 록 등)가 정상적으로 작동될 수 있도록 미리 조정해 두어야 한다.

03 【4점】
「산업안전보건법」상, 다음 보기의 사업에서 필요한 안전관리자의 최소 인원을 각각 쓰시오.

[보기]
(1) 펄프 제조업 (상시근로자 600명)
(2) 고무제품 제조업 (상시근로자 300명)
(3) 우편·통신업 (상시근로자 500명)
(4) 건설업 (공사금액 700억)

[해설]
(1) 2명   (2) 1명   (3) 1명   (4) 1명

[참고]
산업안전보건법 시행령
[별표 3] 안전관리자를 두어야 하는 사업의 안전관리자 수

① 펄프, 종이 제품 제조업 :
   상시근로자 500명 이상시 2명 이상
② 고무, 플라스틱 제품 제조업 :
   상시근로자 50명 이상 500명 미만시 1명 이상
③ 우편·통신업 :
   상시근로자 50명 이상 1천명 미만시 1명 이상
④ 건설업 :
   공사금액 50억~800억 미만시 1명 이상

04 【4점】

「산업안전보건법」상, 공기압축기를 가동할 때 작업시작 전 사업주가 관리감독자로 하여금 점검하도록 하여야 할 사항을 4가지 쓰시오.

> **해설**
> ① 압력방출장치의 기능
> ② 언로드밸브의 기능
> ③ 윤활유의 상태
> ④ 회전부의 덮개 또는 울

> **참고**
> 산업안전보건기준에 관한 규칙
> [별표 3] 작업시작 전 점검사항
> *공기압축기를 가동할 때
> ① 공기저장 압력용기의 외관 상태
> ② 드레인밸브(Drain valve)의 조작 및 배수
> ③ 압력방출장치의 기능
> ④ 언로드밸브(Unloading valve)의 기능
> ⑤ 윤활유의 상태
> ⑥ 회전부의 덮개 또는 울
> ⑦ 그 밖의 연결 부위의 이상 유무

05 【4점】

「산업안전보건법」상, 보일러의 폭발 사고를 예방하기 위하여 기능이 정상적으로 작동될 수 있도록 사업주가 유지·관리 하여야 하는 보일러의 방호장치를 4가지 쓰시오.

> **해설**
> ① 압력방출장치
> ② 압력제한스위치
> ③ 고저수위 조절장치
> ④ 화염 검출기

> **참고**
> 산업안전보건기준에 관한 규칙
> 제119조(폭발위험의 방지)
> 사업주는 보일러의 폭발 사고를 예방하기 위하여 압력방출장치, 압력제한스위치, 고저수위 조절장치, 화염 검출기 등의 기능이 정상적으로 작동될 수 있도록 유지·관리하여야 한다.

06 【6점】

「산업안전보건법」상, 전기 기계·기구를 설치할 때, 사업주가 주의하여야 할 사항을 3가지 쓰시오.

> **해설**
> ① 전기기계·기구의 충분한 전기적 용량 및 기계적 강도
> ② 습기·분진 등 사용 장소의 주위 환경
> ③ 전기적·기계적 방호수단의 적정성

> **참고**
> 산업안전보건기준에 관한 규칙
> 제303조(전기 기계·기구의 적정설치 등)
> ① 전기기계·기구의 충분한 전기적 용량 및 기계적 강도
> ② 습기·분진 등 사용 장소의 주위 환경
> ③ 전기적·기계적 방호수단의 적정성

07 【5점】

「보호구 안전인증 고시」상, 안전모의 성능시험 항목을 5가지 쓰시오.

해설
① 내관통성
② 내전압성
③ 내수성
④ 난연성
⑤ 턱끈풀림

참고
보호구 안전인증 고시
[별표 1] 추락 및 감전 위험방지용 안전모의 성능기준
*안전모의 시험성능기준

항목	시험성능기준
내관통성	AE, ABE종 안전모는 관통거리가 9.5mm 이하이고, AB종 안전모는 관통거리가 11.1mm 이하이어야 한다.
충격흡수성	최고전달충격력이 4450N을 초과해서는 안되며, 모체와 착장체의 기능이 상실되지 않아야 한다.
내전압성	AE, ABE종 안전모는 교류 $20kV$에서 1분간 절연파괴 없이 견뎌야하고, 이 때 누설되는 충전전류는 $10mA$이하이어야 한다.
내수성	AE, ABE종 안전모는 질량증가율이 1% 미만이어야 한다.
난연성	모체가 불꽃을 내며 5초 이상 연소되지 않아야 한다.
턱끈풀림	$150N$ 이상 $250N$ 이하에서 턱끈이 풀려야 한다.

08 【2점】

다음 보기는 「산업안전보건법」상, 양중기의 와이어로프(또는 달기체인)의 안전계수의 내용일 때, 빈칸을 채우시오.

[보기]
화물의 하중을 직접 지지하는 달기와이어로프 또는 달기체인의 경우 : 안전계수 (   ) 이상

해설
5

참고
산업안전보건기준에 관한 규칙
제163조(와이어로프 등 달기구의 안전계수)

상황	안전율(S)
근로자가 탑승하는 운반구를 지지하는 달기와이어로프 또는 달기체인의 경우	10 이상
화물의 하중을 직접 지지하는 달기와이어로프 또는 달기체인의 경우	5 이상
훅, 샤클, 클램프, 리프팅 빔의 경우	3 이상
그 밖의 경우	4 이상

09 【2점】

「산업안전보건법」상, LD_{50}을 설명하시오.

해설
경구 또는 경피 투여시 피실험 동물의 50%를 죽게하는 급성독성물질의 양

10 【4점】

「산업안전보건법」상, 유해·위험기계등이 안전인증기준에 적합한지를 확인하기 위하여 안전인증기관이 심사하는 심사의 종류를 4가지 쓰시오.

해설
① 예비심사
② 서면심사
③ 기술능력 및 생산체계 심사
④ 제품심사

참고
산업안전보건법 시행규칙
제110조(안전인증 심사의 종류 및 방법)

심사의 종류	심사기간
예비심사	7일
서면심사	15일 (외국에서 제조한 경우 30일)
기술능력 및 생산체계 심사	30일 (외국에서 제조한 경우 45일)
제품심사	15일
	30일 (일부 방호장치 보호구는 60일)

11 【4점】

어떤 사업장의 근로자수가 300명 일 때, 연간 15건의 재해발생으로 인한 휴업일수 288일이 발생하였다. 다음을 각각 구하시오.
(단, 근무시간은 1일 8시간, 근무일수는 연간 280일 이다.)

(1) 도수율
(2) 강도율

해설
(1) 도수율 = $\dfrac{\text{재해건수}}{\text{연근로 총시간수}} \times 10^6$
  $= \dfrac{15}{300 \times 8 \times 280} \times 10^6 = 22.32$

(2) 강도율 = $\dfrac{\text{근로손실일수}}{\text{연근로 총시간수}} \times 10^3$
  $= \dfrac{288 \times \dfrac{280}{365}}{300 \times 8 \times 280} \times 10^3 = 0.33$

12 【5점】

위험예지훈련 4단계를 쓰시오.

출제 기준에서 제외된 내용입니다.

13 【3점】

인체 계측자료의 응용원칙 3가지를 쓰시오.

출제 기준에서 제외된 내용입니다.

14 【4점】

다음 표의 HAZOP 기법에 사용되는 가이드워드의 의미를 각각 쓰시오.

출제 기준에서 제외된 내용입니다.

2019 3회차 산업안전기사 실기 필답형 기출문제

01 【4점】
「산업안전보건법」상, 산업안전보건위원회의 근로자 위원자격을 3가지 쓰시오.

해설
① 근로자 대표
② 근로자대표가 지명하는 1명 이상의 명예감독관
③ 근로자대표가 지명하는 9명 이내의 해당 사업장의 근로자

참고
산업안전보건법 시행령
제35조(산업안전보건위원회의 구성)
① 근로자 대표
② 근로자대표가 지명하는 1명 이상의 명예감독관
③ 근로자대표가 지명하는 9명 이내의 해당 사업장의 근로자

02 【4점】
「산업안전보건법」상, 유해·위험 방지를 위한 방호조치를 하지 아니하고는 양도·대여·설치 또는 사용에 제공하거나, 양도·대여의 목적으로 진열해서는 안되는 기계·기구 4가지를 쓰시오.

해설
① 예초기
② 원심기
③ 공기압축기
④ 지게차

참고
산업안전보건법 시행령
[별표 20] 유해·위험 방지를 위한 방호조치가 필요한 기계·기구
① 예초기
② 원심기
③ 공기압축기
④ 포장기계(진공포장기, 랩핑기로 한정)
⑤ 금속절단기
⑥ 지게차

03 【4점】
「산업안전보건법」상, 타워크레인에 사용하는 와이어로프의 사용금지 기준을 4가지 쓰시오.

해설
① 이음매가 있는 것
② 꼬인 것
③ 지름의 감소가 공칭지름의 7%를 초과한 것
④ 와이어로프의 한 꼬임에서 끊어진 소선의 수가 10% 이상인 것

참고
산업안전보건기준에 관한 규칙
제63조(달비계의 구조)
① 이음매가 있는 것
② 꼬인 것
③ 심하게 변형되거나 부식된 것
④ 열과 전기충격에 의해 손상된 것
⑤ 지름의 감소가 공칭지름의 7%를 초과한 것
⑥ 와이어로프의 한 꼬임에서 끊어진 소선의 수가 10% 이상인 것

04 【4점】

다음 보기는 「산업안전보건법」상, 공정안전보고서 이행상태 평가에 관한 내용이다. 빈칸을 채우시오.

[보기]
- 고용노동부장관은 공정안전보고서의 확인 후 1년이 경과한 날부터 (①) 이내에 공정안전보고서 이행상태의 평가를 해야한다.
- 사업주가 이행평가에 대한 추가요청을 하면 (②) 기간 내에 이행평가를 할 수 있다.

[해설]
① 2년
② 1년 또는 2년

[참고]
산업안전보건법 시행규칙
제54조(공정안전보고서 이행 상태의 평가)
① 고용노동부장관은 같은 조 제2항에 따른 공정안전보고서의 확인 후 1년이 지난 날부터 <u>2년</u> 이내에 공정안전보고서 이행 상태의 평가를 해야 한다.
② 이행상태평가 후 사업주가 이행상태평가를 요청하는 경우, <u>1년 또는 2년</u> 마다 이행상태평가를 할 수 있다.

05 【4점】

「보호구 안전인증 고시」상, 가죽제 안전화의 성능기준 항목을 4가지 쓰시오.

[해설]
① 내부식성시험
② 내압박성시험
③ 내충격성시험
④ 내답발성시험

[참고]
보호구 안전인증 고시
[별표 2의9] 가죽제안전화의 시험방법

① 은면결렬시험   ② 인열강도시험
③ 선심의 내부길이   ④ 내부식성시험
⑤ 겉창 시편의 채취방법
⑥ 인장강도 시험 및 신장율
⑦ 내유성시험   ⑧ 내압박성시험
⑨ 내충격성시험   ⑩ 박리저항시험
⑪ 내답발성시험

06 【4점】

「보호구 안전인증 고시」상, 보호구의 안전인증제품에 표시하여야 하는 사항을 4가지 쓰시오.

[해설]
① 형식 또는 모델명
② 제조자명
③ 제조번호 및 제조연월
④ 안전인증 번호

[참고]
보호구 안전인증 고시
제34조(안전인증 제품표시의 붙임)

① 형식 또는 모델명
② 규격 또는 등급 등
③ 제조자명
④ 제조번호 및 제조연월
⑤ 안전인증 번호

07 【4점】
재해조사시 유의사항 4가지를 쓰시오.

해설
① 사실을 수집한다.
② 위험에 대비해 보호구를 착용한다.
③ 객관적인 입장에서 2인 이상 실시한다.
④ 피해자에 대한 구급조치를 우선한다.

08 【4점】
「산업안전보건법」상, 안전보건총괄책임자의 직무를 3가지 쓰시오.

해설
① 위험성 평가의 실시에 관한 사항
② 작업의 중지
③ 도급 시 산업재해 예방조치

참고
산업안전보건법 시행령
제53조(안전보건총괄책임자의 직무 등)
① 위험성 평가의 실시에 관한 사항
② 작업의 중지
③ 도급 시 산업재해 예방조치
④ 산업안전보건관리비의 관계수급인 간의 사용에 관한 협의·조정 및 그 집행의 감독
⑤ 안전인증대상기계등과 자율안전확인대상기계 등의 사용 여부 확인

09 【4점】
다음 보기에서 「산업안전보건법」상, 의무안전인증 대상 기계 또는 설비, 방호장치, 보호구에 해당하는 것을 5가지만 골라 쓰시오.

[보기]
① 안전대　② 연삭기 덮개　③ 파쇄기
④ 충돌·협착 등의 위험 방지에 필요한 산업용 로봇 방호장치
⑤ 압력용기　⑥ 양중기용 과부하방지장치
⑦ 교류아크용접기용 자동전격방지기
⑧ 이동식 사다리
⑨ 동력식 수동대패용 칼날 접촉방지장치
⑩ 용접용 보안면

해설
①, ④, ⑤, ⑥, ⑩

참고
산업안전보건법 시행령
제74조(안전인증대상기계등)

기계 또는 설비	① 프레스 ② 전단기 및 절곡기 ③ 크레인 ④ 리프트 ⑤ 압력용기 ⑥ 롤러기 ⑦ 사출성형기 ⑦ 고소 작업대 ⑧ 곤돌라
방호장치	① 프레스 및 전단기 방호장치 ② 양중기용 과부하 방지장치 ③ 보일러 압력방출용 안전밸브 ④ 압력용기 압력방출용 안전밸브 ⑤ 압력용기 압력방출용 파열판 ⑥ 절연용 방호구 및 활선작업용 기구 ⑦ 방폭구조 전기기계·기구 및 부품 ⑧ 추락·낙하 및 붕괴 등의 위험방지 및 보호에 필요한 가설기자재로서 고용노동부장관이 정하여 고시하는 것 ⑨ 충돌·협착 등의 위험 방지에 필요한 산업용 로봇 방호장치로서 고용노동부장관이 정하여 고시하는 것

보호구	① 추락 및 감전 위험방지용 안전모 ② 안전화 ③ 안전장갑 ④ 방진마스크 ⑤ 방독마스크 ⑥ 송기마스크 ⑦ 전동식 호흡보호구 ⑧ 보호복 ⑨ 안전대 ⑩ 차광 및 비산물 위험방지용 보안경 ⑪ 용접용 보안면 ⑫ 방음용 귀마개 또는 귀덮개

10 【4점】

「산업안전보건법」상, 사업주가 근로자에게 실시해야 하는 안전보건교육 중, 근로자 정기교육의 내용을 4가지 쓰시오.

해설
① 산업안전 및 사고 예방에 관한 사항
② 산업보건 및 직업병 예방에 관한 사항
③ 위험성 평가에 관한 사항
④ 직무스트레스 예방 및 관리에 관한 사항

참고
산업안전보건법 시행규칙
[별표 5] 안전보건교육 교육대상별 교육내용
*근로자 정기교육

① 산업안전 및 사고 예방에 관한 사항
② 산업보건 및 직업병 예방에 관한 사항
③ 위험성 평가에 관한 사항
④ 건강증진 및 질병 예방에 관한 사항
⑤ 유해·위험 작업환경 관리에 관한 사항
⑥ 산업안전보건법령 및 산업재해보상보험 제도에 관한 사항
⑦ 직무스트레스 예방 및 관리에 관한 사항
⑧ 직장 내 괴롭힘, 고객의 폭언 등으로 인한 건강장해 예방 및 관리에 관한 사항

11 【4점】

「산업안전보건법」상, 흙막이 지보공 설치시 사업주가 정기적으로 점검하여야 하는 사항을 3가지 쓰시오.

해설
① 버팀대의 긴압의 정도
② 부재의 접속부·부착부 및 교차부의 상태
③ 침하의 정도

참고
산업안전보건기준에 관한 규칙
제347조(붕괴 등의 위험 방지)

① 부재의 손상·변형·부식·변위 및 탈락의 유무와 상태
② 버팀대의 긴압의 정도
③ 부재의 접속부·부착부 및 교차부의 상태
④ 침하의 정도

12 【4점】

「방호장치 자율안전기준 고시」상, 동력식 수동 대패기에 대한 각 물음에 답하시오.

(1) 방호장치의 이름
(2) 방호장치의 종류 2가지

> 해설
> (1) 날접촉 방지장치(=덮개)
> (2) 가동식, 고정식

> 참고
> 방호장치 자율안전기준 고시
> [별표 6] 대패기계용 덮개의 성능기준
>
> 대패기계 덮개의 종류는 아래와 같이 한다.
>
> | 종류 | 용도 |
> |---|---|
> | 가동식 | 대패날 부위를 가공재료의 크기에 따라 움직이며, 인체가 날에 접촉하는 것을 방지해 주는 형식 |
> | 고정식 | 대패날 부위를 필요에 따라 수동조정 하도록 하는 형식 |

13 【4점】

다음 그림은 인간-기계 기능체계 및 기본행동 키능 일 때, 빈칸을 채우시오.

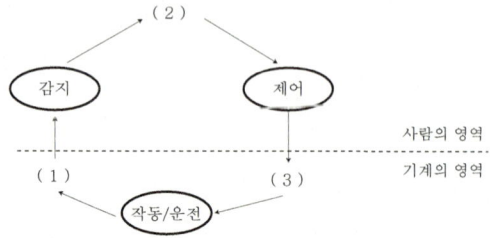

출제 기준에서 제외된 내용입니다.

14 【4점】

인간-기계 통제 제어의 정도의 분류를 3가지 쓰시오.

출제 기준에서 제외된 내용입니다.

2020 1회차 산업안전기사 실기 필답형 기출문제

01 【3점】

「산업안전보건법」상, 비, 눈 그 밖의 악천후로 인하여 작업을 중지시킨 후 또는 비계를 조립·해체하거나 변경한 후에 그 비계에서 작업을 하는 경우, 해당 작업을 시작하기 전에 점검해야 할 항목을 3가지 쓰시오.

해설
① 해당 비계의 연결부 또는 접속부의 풀림 상태
② 손잡이의 탈락 여부
③ 기둥의 침하, 변형, 변위 또는 흔들림 상태

참고
산업안전보건기준에 관한 규칙
제58조(비계의 점검 및 보수)
① 발판 재료의 손상 여부 및 부착 또는 걸림 상태
② 해당 비계의 연결부 또는 접속부의 풀림 상태
③ 연결 재료 및 연결 철물의 손상 또는 부식 상태
④ 손잡이의 탈락 여부
⑤ 기둥의 침하, 변형, 변위 또는 흔들림 상태
⑥ 로프의 부착 상태 및 매단 장치의 흔들림 상태

02 【4점】

「산업안전보건법」상, 유해위험방지계획서 제출 대상 사업의 종류를 4가지 쓰시오.
(단, 전기 계약용량이 $300kW$ 이상인 경우로 제한한다.)

해설
① 1차 금속 제조업
② 가구 제조업
③ 반도체 제조업
④ 전자부품 제조업

참고
산업안전보건법 시행령
제42조(유해위험방지계획서 제출 대상)
① 금속가공제품 제조업; 기계 및 가구 제외
② 비금속 광물제품 제조업
③ 기타 기계 및 장비 제조업
④ 자동차 및 트레일러 제조업
⑤ 식료품 제조업
⑥ 고무제품 및 플라스틱제품 제조업
⑦ 목재 및 나무제품 제조업
⑧ 기타 제품 제조업
⑨ 1차 금속 제조업
⑩ 가구 제조업
⑪ 화학물질 및 화학제품 제조업
⑫ 반도체 제조업
⑬ 전자부품 제조업

03 【4점】

다음 보기는 「방호장치 자율안전기준 고시」상, 롤러기 급정지장치 원주속도와 안전거리에 관한 내용일 때, 빈칸을 채우시오.

[보기]
$30m/min$ 이상 : 앞면 롤러 원주의 (①) 이내
$30m/min$ 미만 : 앞면 롤러 원주의 (②) 이내

해설

① $\dfrac{1}{2.5}$ ② $\dfrac{1}{3}$

참고

방호장치 자율안전기준 고시
[별표 3] 롤러기 급정지장치의 성능기준
*무부하동작에서 급정지거리

속도 기준	급정지거리 기준
$30m/min$ 이상	앞면 롤러 원주의 $\dfrac{1}{2.5}$ 이내
$30m/min$ 미만	앞면 롤러 원주의 $\dfrac{1}{3}$ 이내

04 【4점】

「산업안전보건법」상, 화학설비 및 그 부속설비에 폭발방지 성능과 규격을 갖춘 안전밸브 또는 파열판을 설치하여야 하는 경우를 3가지 쓰시오.

해설

① 압력용기
② 정변위 압축기
③ 정변위 펌프

참고

산업안전보건기준에 관한 규칙
제261조(안전밸브 등의 설치)

① 압력용기(안지름이 150밀리미터 이하인 압력용기는 제외하며, 압력 용기 중 관형 열교환기의 경우에는 관의 파열로 인하여 상승한 압력이 압력용기의 최고사용압력을 초과할 우려가 있는 경우만 해당한다)
② 정변위 압축기
③ 정변위 펌프(토출측에 차단밸브가 설치된 것만 해당한다)
④ 배관(2개 이상의 밸브에 의하여 차단되어 대기온도에서 액체의 열팽창에 의하여 파열될 우려가 있는 것으로 한정한다)
⑤ 그 밖의 화학설비 및 그 부속설비로서 해당 설비의 최고사용압력을 초과할 우려가 있는 것

05 【4점】

「산업안전보건법」상, 사업장의 안전 및 보건을 유지하기 위하여 안전보건관리규정을 작성하고자 할 때, 포함되어야 할 사항을 4가지 쓰시오.

해설

① 안전 및 보건에 관한 관리조직과 그 직무에 관한 사항
② 안전보건교육에 관한 사항
③ 작업장의 안전 및 보건 관리에 관한 사항
④ 사고 조사 및 대책 수립에 관한 사항

참고

산업안전보건법
제25조(안전보건관리규정의 작성)

① 안전 및 보건에 관한 관리조직과 그 직무에 관한 사항
② 안전보건교육에 관한 사항
③ 작업장의 안전 및 보건 관리에 관한 사항
④ 사고 조사 및 대책 수립에 관한 사항

06 【3점】

「산업안전보건법」상, 금지 표지 중 '출입금지표지'를 그리시오.
(단, 색상표시는 글자로 나타내시오.)

> **해설**
>
>
>
> 바탕 : 흰색
> 테두리 및 대각선 : 빨간색
> 화살표 : 검정색
>
> **참고**
> 산업안전보건법 시행규칙
> [별표 6] 안전보건표지의 종류와 형태
> *금지표지
>
>

07 【3점】

「산업안전보건법」상, 중량물의 취급하는 작업 시, 사업주는 근로자의 위험을 방지하기 위하여 작업 계획서를 작성하고 그 계획에 따라 작업을 하도록 하여야 한다. 이 때 작업 계획서에 포함돼야할 사항을 3가지 쓰시오.

> **해설**
> ① 추락위험을 예방할 수 있는 안전대책
> ② 낙하위험을 예방할 수 있는 안전대책
> ③ 전도위험을 예방할 수 있는 안전대책
>
> **참고**
> 산업안전보건기준에 관한 규칙
> [별표 4] 사전조사 및 작업계획서 내용
> *중량물의 취급작업시 작업계획서 내용
>
> ① 추락위험을 예방할 수 있는 안전대책
> ② 낙하위험을 예방할 수 있는 안전대책
> ③ 전도위험을 예방할 수 있는 안전대책
> ④ 협착위험을 예방할 수 있는 안전대책
> ⑤ 붕괴위험을 예방할 수 있는 안전대책

08 【5점】

「산업안전보건법」상, 누전에 의한 감전의 위험을 방지하기 위해 접지를 실시하는 코드와 플러그를 접속하여 사용하는 전기 기계·기구를 3가지 쓰시오.

> **해설**
> ① 사용전압이 대지전압 150볼트를 넘는 것
> ② 고정형·이동형 또는 휴대형 전동기계·기구
> ③ 휴대형 손전등

> **참고**
> 산업안전보건기준에 관한 규칙
> 제302조(전기 기계·기구의 접지)
> *코드와 플러그를 접속하여 사용하는 전기기계·기구
>
> ① 사용전압이 대지전압 150볼트를 넘는 것
> ② 냉장고·세탁기·컴퓨터 및 주변기기 등과 같은 고정형 전기기계·기구
> ③ 고정형·이동형 또는 휴대형 전동기계·기구
> ④ 물 또는 도전성이 높은 곳에서 사용하는 전기기계·기구, 비접지형 콘센트
> ⑤ 휴대형 손전등

09 【4점】

「산업안전보건법」상, 사업주가 근로자에게 실시하여야 하는 안전보건교육 중, 로봇작업에 대한 특별 안전보건교육내용을 4가지 쓰시오.

> **해설**
> ① 로봇의 기본원리·구조 및 작업방법에 관한 사항
> ② 이상 발생 시 응급조치에 관한 사항
> ③ 안전시설 및 안전기준에 관한 사항
> ④ 조작방법 및 작업순서에 관한 사항
>
> **참고**
> 산업안전보건법 시행규칙
> [별표 5] 안전보건교육 교육대상별 교육내용
> *로봇작업에 대한 교육
>
> ① 로봇의 기본원리·구조 및 작업방법에 관한 사항
> ② 이상 발생 시 응급조치에 관한 사항
> ③ 안전시설 및 안전기준에 관한 사항
> ④ 조작방법 및 작업순서에 관한 사항

10 【3점】

다음 보기는 「산업안전보건법」상, 아세틸렌 용접장치의 아세틸렌 발생기 설치에 대한 내용일 때, 빈칸을 채우시오.

> [보기]
> - 사업주는 아세틸렌 용접장치의 아세틸렌 발생기를 설치하는 경우에는 전용의 발생기실에 설치하여야 한다. 발생기실은 건물의 (①)에 위치하여야 하며, 화기를 사용하는 설비로부터 (②)m 를 초과하는 장소에 설치하여야 한다.
> - 발생기실을 옥외에 설치한 경우에는 그 개구부를 다른 건축물로부터 (③)m 이상 떨어지도록 하여야 한다.

> **해설**
> ① 최상층 ② 3 ③ 1.5
>
> **참고**
> 산업안전보건기준에 관한 규칙
> 제286조(발생기실의 설치장소 등)
>
> ① 사업주는 아세틸렌 용접장치의 아세틸렌 발생기를 설치하는 경우에는 전용의 발생기실에 설치하여야 한다.
> ② 발생기실은 건물의 <u>최상층</u>에 위치하여야 하며, 화기를 사용하는 설비로부터 <u>3미터</u>를 초과하는 장소에 설치하여야 한다.
> ③ 발생기실을 옥외에 설치한 경우에는 그 개구부를 다른 건축물로부터 <u>1.5미터</u> 이상 떨어지도록 하여야 한다.

11 【4점】

다음 보기는 「산업재해통계업무처리규정」상, 강도율의 정의에 대한 설명일 때, 빈칸을 채우시오.

[보기]
강도율이라 함은 근로시간 (①) 시간당 요양재해로 인한 (②)를 말한다.

해설
① 1000   ② 근로손실일수

참고
산업재해통계업무처리규정
제3조(산업재해통계의 산출방법 및 정의)

$$강도율 = \frac{총요양근로손실일수}{연근로시간수} \times 1000$$

12 【6점】

「산업안전보건법」상, 달비계에 사용할 수 없는 달기 체인의 기준을 3가지 쓰시오.

해설
① 달기 체인의 길이가 달기 체인이 제조된 때의 길이의 5퍼센트를 초과한 것
② 링의 단면지름이 달기 체인이 제조된 때의 해당 링의 지름의 10퍼센트를 초과하여 감소한 것
③ 균열이 있거나 심하게 변형된 것

참고
산업안전보건기준에 관한 규칙
제63조(달비계의 구조)
*달비계에 사용할 수 없는 달기 체인
① 달기 체인의 길이가 달기 체인이 제조된 때의 길이의 5퍼센트를 초과한 것
② 링의 단면지름이 달기 체인이 제조된 때의 해당 링의 지름의 10퍼센트를 초과하여 감소한 것
③ 균열이 있거나 심하게 변형된 것

13 【4점】

다음 보기의 안전성평가를 순서대로 나열하시오.

[보기]
① 정성적평가   ② 재평가   ③ FTA 재평가
④ 대책검토   ⑤ 자료정비   ⑥ 정량적평가

출제 기준에서 제외된 내용입니다.

14 【4점】

A 사업장의 제품은 10000시간 동안 10개의 제품에 고장이 발생될 때, 다음을 구하시오.
(단, 이 제품의 수명은 지수분포를 따른다.)

(1) 고장률[건/hr]
(2) 900시간동안 적어도 1개의 제품이 고장날 확률

출제 기준에서 제외된 내용입니다.

2020년 2회차 산업안전기사 실기 필답형 기출문제

01 【4점】

다음 보기는 「산업안전보건법」상, 연삭숫돌에 관한 내용일 때, 빈칸을 채우시오.

[보기]
사업주는 연삭숫돌을 사용하는 작업의 경우 작업을 시작하기 전에는 (①)분 이상, 연삭숫돌을 교체한 후에는 (②)분 이상 시험운전을 하고 해당 기계에 이상이 있는지 확인할 것

해설
① 1 ② 3

참고
산업안전보건기준에 관한 규칙
제122조(연삭숫돌의 덮개 등)

사업주는 연삭숫돌을 사용하는 작업의 경우 작업을 시작하기 전에는 <u>1분</u> 이상, 연삭숫돌을 교체한 후에는 <u>3분</u> 이상 시험운전을 하고 해당 기계에 이상이 있는지를 확인하여야 한다.

02 【4점】

「산업안전보건법」상, 사업주가 근로자에게 실시해야 하는 안전보건교육 중, 다음 근로자의 안전보건교육 시간을 각각 쓰시오.

[보기]
① 안전보건관리책임자 보수교육
② 안전보건관리책임자 신규교육
③ 안전관리자 신규교육
④ 건설재해예방전문지도기관 종사자 보수교육

해설
① 6시간 이상
② 6시간 이상
③ 34시간 이상
④ 24시간 이상

참고
산업안전보건법 시행규칙
[별표 4] 안전보건교육 교육과정별 교육시간
*안전보건관리책임자 등에 대한 교육

교육대상	교육시간	
	신규교육	보수교육
안전보건관리책임자	6시간 이상	6시간 이상
안전관리자, 안전관리전문기관의 종사자	34시간 이상	24시간 이상
보건관리자, 보건관리전문기관의 종사자	34시간 이상	24시간 이상
건설재해예방전문지도기관의 종사자	34시간 이상	24시간 이상
석면조사기관의 종사자	34시간 이상	24시간 이상
안전보건관리담당자	-	8시간 이상
안전검사기관, 자율안전검사기관의 종사자	34시간 이상	24시간 이상

03 【4점】

「산업안전보건법」상, 자율검사프로그램의 인정을 취소하거나 인정받은 자율검사프로그램의 내용에 따라 검사를 하도록 개선을 명할 수 있는 경우를 2가지 쓰시오.

해설
① 거짓이나 그 밖의 부정한 방법으로 자율검사프로그램을 인정받은 경우
② 자율검사프로그램을 인정받고도 검사를 하지 아니한 경우

참고
산업안전보건법
제99조(자율검사프로그램 인정의 취소 등)
① 거짓이나 그 밖의 부정한 방법으로 자율검사프로그램을 인정받은 경우
② 자율검사프로그램을 인정받고도 검사를 하지 아니한 경우
③ 인정받은 자율검사프로그램의 내용에 따라 검사를 하지 아니한 경우

04 【3점】

「산업재해 기록 분류에 관한 지침」상, 다음 보기의 재해를 분석하여 각 물음에 답하시오.

[보기]
어떠한 근로자가 작업장 통로를 걷다가 바닥에 있는 기름에 미끄러져 넘어져서 선반에 머리를 부딪쳐 부상을 입었다.

(1) 재해발생형태
(2) 가해물
(3) 기인물

해설
(1) 넘어짐 (2) 선반 (3) 기름

참고
산업재해 기록 분류에 관한 지침
KOSHA GUIDE G-83-2016
① 1차 원인에 의한 현상이 상해결과를 유발하기에 적합한 경우에는 1차 원인의 현상을 발생형태로 분류한다.
② 가해물은 근로자(사람)에게 직접적으로 상해를 입힌 기계, 장치, 구조물, 물체·물질, 사람 또는 환경 등을 말한다.
③ 기인물이란 직접적으로 재해를 유발하거나 영향을 끼친 에너지원(운동, 위치, 열, 전기 등)을 지닌 기계·장치, 구조물, 물체·물질, 사람 또는 환경 등을 말한다.

05 【3점】

「산업안전보건법」상, 안전관리자를 정수 이상으로 증원·교체·임명할 수 있는 사유를 3가지 쓰시오.

해설
① 해당 사업장의 연간 재해율이 같은 업종의 평균 재해율의 2배 이상인 경우
② 관리자가 질병이나 그 밖의 사유로 3개월 이상 직무를 수행할 수 없게 된 경우
③ 화학적 인자로 인한 직업성 질병자가 연간 3명 이상 발생한 경우

참고
산업안전보건법 시행규칙
제12조(안전관리자 등의 증원·교체임명 명령)
① 해당 사업장의 연간 재해율이 같은 업종의 평균 재해율의 2배 이상인 경우
② 중대재해가 연간 2건 이상 발생한 경우. 다만, 해당 사업장의 전년도 사망만인율이 같은 업종의 평균 사망만인율 이하인 경우는 제외한다.
③ 관리자가 질병이나 그 밖의 사유로 3개월 이상 직무를 수행할 수 없게 된 경우
④ 화학적 인자로 인한 직업성 질병자가 연간 3명 이상 발생한 경우

06 【4점】

「보호구 안전인증 고시」상, 차광보안경의 주목적을 3가지 쓰시오.

[해설]
① 자외선으로부터 눈 보호
② 적외선으로부터 눈 보호
③ 가시광선으로부터 눈 보호

[참고]
보호구 안전인증 고시
[별표 10] 차광보안경의 성능기준

종류	사용구분
자외선용	자외선이 발생하는 장소
적외선용	적외선이 발생하는 장소
복합용	자외선 및 적외선이 발생하는 장소
용접용	산소용접작업등과 같이 자외선, 적외선 및 강렬한 가시광선이 발생하는 장소

07 【4점】

다음 보기는 「산업안전보건법」상, 타워크레인의 작업 중지에 관한 내용일 때, 빈칸을 채우시오.

[보기]
- 운전작업을 중지하여야 하는 순간풍속 : (①)m/s
- 설치·수리·점검 또는 해체 작업을 중지하여야 하는 순간풍속 : (②)m/s

[해설]
① 15 ② 10

[참고]
산업안전보건기준에 관한 규칙
제37조(악천후 및 강풍 시 작업중지)

풍속	조치사항
순간 풍속 매 초당 10m를 초과하는 경우 (풍속 10m/s 초과)	타워크레인의 설치·수리·점검 또는 해체작업을 중지
순간 풍속 매 초당 15m를 초과하는 경우 (풍속 15m/s 초과)	타워크레인, 이동식크레인, 리프트 등의 운전작업을 중지

08 【4점】

다음 보기는 「산업안전보건법」상 낙하물 방지망 또는 방호선반 설치 시의 준수사항에 대한 설명일 때, 빈칸을 채우시오.

[보기]
- 설치 높이 (①)m 이내마다 설치하고, 내민 길이는 벽면으로부터 (②)m 이상으로 할 것
- 수평면과의 각도는 (③)도 이상 (④)도 이하를 유지할 것

[해설]
① 10 ② 2 ③ 20 ④ 30

[참고]
산업안전보건기준에 관한 규칙
제14조(낙하물에 의한 위험의 방지)
① 높이 10미터 이내마다 설치하고, 내민 길이는 벽면으로부터 2미터 이상으로 할 것
② 수평면과의 각도는 20도 이상 30도 이하를 유지할 것

09 【6점】

「산업안전보건법」상, 사업주는 가스폭발 위험장소 또는 분진폭발 위험장소에 설치되는 건축물 등에 대해서 해당하는 부분을 내화구조로 하여야 하며, 그 성능이 항상 유지될 수 있도록 점검·보수 등 적절한 조치를 하여야 한다. 이 때 내화구조로 제작해야 하는 기준을 2가지 쓰시오.

해설
① 건축물의 기둥 및 보 : 지상 1층 까지
② 배관·전선관 등의 지지대 : 지상으로부터 1단 까지

참고
산업안전보건기준에 관한 규칙
제270조(내화기준)
① 건축물의 기둥 및 보 : 지상 1층(지상 1층의 높이가 $6m$를 초과하는 경우에는 $6m$)까지
② 위험물 저장·취급용기의 지지대(높이가 $30cm$ 이하인 것은 제외): 지상으로부터 지지대의 끝 부분까지
③ 배관·전선관 등의 지지대 : 지상으로부터 1단(1단의 높이가 $6m$를 초과하는 경우에는 $6m$)까지

10 【4점】

감응형 방호장치를 설치한 프레스에서 광선을 차단한 후 $200ms$ 후에 슬라이드가 정지하였다. 이 때 방호장치의 안전거리는 최소 몇 mm 이상이어야 하는가?

해설
$D = 1.6T_m = 1.6 \times 200 = 320mm$

참고
프레스 방호장치의 선정 설치 및 사용 기술지침
KOSHA GUIDE M-122-2012
*방호장치의 안전거리
$D_m = 1.6T_m$
여기서,
D_m : 안전거리 $[mm]$
T_m : 총 소요시간 $[ms]$

11 【3점】

어떤 사업장의 연평균 근로자수는 1500명이며 연간 재해자수가 60건 발생하였다. 이 중 사망이 3건, 근로손실일수가 1500일 일 때 연천인율을 구하시오.

해설
연천인율 $= \dfrac{재해자수}{연평균 근로자수} \times 10^3 = \dfrac{60}{1500} \times 10^3 = 40$

12 【3점】

양립성 2가지를 쓰고 사례를 들어 설명하시오.

출제 기준에서 제외된 내용입니다.

14 【3점】

다음 FT도에서 컷셋(Cut Set)을 모두 구하시오.

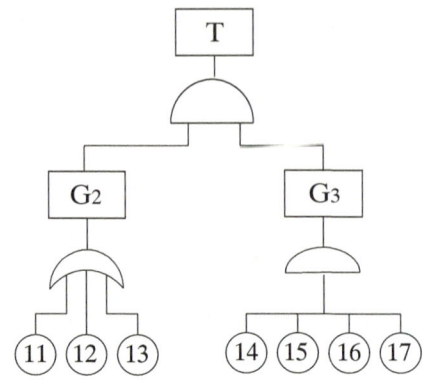

출제 기준에서 제외된 내용입니다.

13

접지공사 종류에서 접지저항값 및 접지선의 굵기에 대한 표의 빈칸을 채우시오.

종별	접지저항	접지선의 굵기
제1종	~~10Ω 이하~~	①
제2종	$\dfrac{150}{1선\ 지락전류}$ Ω 이하	②
제3종	~~100Ω 이하~~	③
특별 제3종	~~10Ω 이하~~	④

출제 기준에서 제외된 내용입니다.

2020년 3회차 산업안전기사 실기 필답형 기출문제

01 【4점】

「산업안전보건법」상, 사업주가 근로자에게 실시해야 하는 안전보건교육 중, 관리감독자 정기교육의 내용을 4가지 쓰시오.

해설
① 산업안전 및 사고 예방에 관한 사항
② 산업보건 및 직업병 예방에 관한 사항
③ 위험성 평가에 관한 사항
④ 직무스트레스 예방 및 관리에 관한 사항

참고
산업안전보건법 시행규칙
[별표 5] 안전보건교육 교육대상별 교육내용
*관리감독자 안전보건 정기교육

① 산업안전 및 사고 예방에 관한 사항
② 산업보건 및 직업병 예방에 관한 사항
③ 위험성평가에 관한 사항
④ 유해·위험 작업환경 관리에 관한 사항
⑤ 산업안전보건법령 및 산업재해보상보험 제도에 관한 사항
⑥ 직무스트레스 예방 및 관리에 관한 사항
⑦ 직장 내 괴롭힘, 고객의 폭언 등으로 인한 건강장해 예방 및 관리에 관한 사항
⑧ 작업공정의 유해·위험과 재해 예방대책에 관한 사항
⑨ 사업장 내 안전보건관리체제 및 안전·보건조치 현황에 관한 사항
⑩ 표준안전 작업방법 결정 및 지도·감독 요령에 관한 사항
⑪ 현장근로자와의 의사소통능력 및 강의능력 등 안전보건교육 능력 배양에 관한 사항
⑫ 비상시 또는 재해 발생시 긴급조치에 관한 사항
⑬ 그 밖의 관리감독자의 역할과 임무에 관한 사항

02 【6점】

「산업안전보건법」상, 사업주가 화학설비 또는 부속설비의 용도를 변경하는 경우(사용하는 원재료의 종류를 변경하는 경우를 포함) 해당 설비에 대한 점검사항을 3가지 쓰시오.

해설
① 그 설비 내부에 폭발이나 화재의 우려가 있는 물질이 있는지 여부
② 안전밸브·긴급차단장치 및 그 밖의 방호장치 기능의 이상 유무
③ 냉각장치·가열장치·교반장치·압축장치·계측장치 및 제어장치 기능의 이상 유무

참고
산업안전보건기준에 관한 규칙
제277조(사용 전의 점검 등)
*화학설비 또는 그 부속설비의 용도를 변경하는 경우

① 그 설비 내부에 폭발이나 화재의 우려가 있는 물질이 있는지 여부
② 안전밸브·긴급차단장치 및 그 밖의 방호장치 기능의 이상 유무
③ 냉각장치·가열장치·교반장치·압축장치·계측장치 및 제어장치 기능의 이상 유무

03 【4점】

다음 보기는 「산업안전보건법」상, 연삭숫돌에 관한 내용일 때, 빈칸을 채우시오.

[보기]
사업주는 연삭숫돌을 사용하는 작업의 경우 작업을 시작하기 전에는 (①)분 이상, 연삭숫돌을 교체한 후에는 (②)분 이상 시험운전을 하고 해당 기계에 이상이 있는지 확인할 것

해설
① 1 ② 3

참고
산업안전보건기준에 관한 규칙
제122조(연삭숫돌의 덮개 등)
사업주는 연삭숫돌을 사용하는 작업의 경우 작업을 시작하기 전에는 <u>1분</u> 이상, 연삭숫돌을 교체한 후에는 <u>3분</u> 이상 시험운전을 하고 해당 기계에 이상이 있는지를 확인하여야 한다.

04 【4점】

「산업안전보건법」상, 건물 등의 해체 작업시 작성해야하는 작업계획서 내용을 4가지 쓰시오.

해설
① 해체의 방법 및 해체 순서도면
② 사업장 내 연락방법
③ 해체물의 처분계획
④ 해체작업용 화약류 등의 사용계획서

참고
산업안전보건기준에 관한 규칙
[별표 4] 사전조사 및 작업계획서 내용
*건물 등의 해체작업

① 해체의 방법 및 해체 순서도면
② 가설설비·방호설비·환기설비 및 살수·방화설비 등의 방법
③ 사업장 내 연락방법
④ 해체물의 처분계획
⑤ 해체작업용 기계·기구 등의 작업계획서
⑥ 해체작업용 화약류 등의 사용계획서
⑦ 그 밖에 안전·보건에 관련된 사항

05 【4점】

「산업안전보건법」상, 프레스 등을 사용하여 작업할 때, 작업시작 전 작업자가 점검해야 할 사항을 2가지 쓰시오.

해설
① 클러치 및 브레이크의 기능
② 방호장치의 기능

참고
산업안전보건기준에 관한 규칙
[별표 3] 작업시작 전 점검사항
*프레스등을 사용하여 작업을 할 때

① 클러치 및 브레이크의 기능
② 크랭크축·플라이휠·슬라이드·연결봉 및 연결나사의 풀림 여부
③ 1행정 1정지기구·급정지장치 및 비상정지장치의 기능
④ 슬라이드 또는 칼날에 의한 위험방지 기구의 기능
⑤ 프레스의 금형 및 고정볼트 상태
⑥ 방호장치의 기능
⑦ 전단기의 칼날 및 테이블의 상태

06 【3점】

보일링 현상의 방지대책을 3가지 쓰시오.

> **해설**
> ① 흙막이벽의 근입장을 깊게 한다.
> ② 흙막이벽 배면의 지하수위를 낮춘다.
> ③ 굴착저면 하부의 지하수 흐름을 막는다.

> **참고**
> *보일링(Boiling)현상
> 사질지반 굴착시 흙막이벽 배면의 지하수가 굴착 저면으로 흘러들어와 흙과 물이 분출되는 현상
>
> *보일링(Boiling)현상의 방지대책
> ① 흙막이벽의 근입장을 깊게 한다.
> ② 흙막이벽 배면의 지하수위를 낮춘다.
> ③ 굴착저면 하부의 지하수 흐름을 막는다.

07 【6점】

「산업안전보건법」상, 누전에 의한 감전위험을 방지하기 위하여 감전방지용 누전차단기를 설치하는 조건을 3가지 쓰시오.

> **해설**
> ① 대지전압이 150볼트를 초과하는 이동형 또는 휴대형 전기기계·기구
> ② 철판·철골 위 등 도전성이 높은 장소에서 사용하는 이동형 또는 휴대형 전기기계·기구
> ③ 임시배선의 전로가 설치되는 장소에서 사용하는 이동형 또는 휴대형 전기기계·기구

> **참고**
> 산업안전보건기준에 관한 규칙
> 제304조(누전차단기에 의한 감전방지)
> ① 대지전압이 150볼트를 초과하는 이동형 또는 휴대형 전기기계·기구
> ② 물 등 도전성이 높은 액체가 있는 습윤장소에서 사용하는 저압(1.5천볼트 이하 직류전압이나 1천볼트 이하의 교류전압을 말한다)용 전기기계·기구
> ③ 철판·철골 위 등 도전성이 높은 장소에서 사용하는 이동형 또는 휴대형 전기기계·기구
> ④ 임시배선의 전로가 설치되는 장소에서 사용하는 이동형 또는 휴대형 전기기계·기구

08 【2점】

「산업안전보건법」상, 유해·위험 방지를 위한 방호조치를 하지 아니하고는 양도·대여·설치 또는 사용에 제공하거나, 양도·대여의 목적으로 진열해서는 안되는 기계·기구 4가지를 쓰시오.

> **해설**
> ① 예초기
> ② 원심기
> ③ 공기압축기
> ④ 지게차

> **참고**
> 산업안전보건법 시행령
> [별표 20] 유해·위험 방지를 위한 방호조치가 필요한 기계·기구
> ① 예초기
> ② 원심기
> ③ 공기압축기
> ④ 포장기계(진공포장기, 랩핑기로 한정)
> ⑤ 금속절단기
> ⑥ 지게차

09 【3점】

다음 보기는 「산업안전보건법」상, 안전기의 설치에 관한 내용일 때, 빈칸을 채우시오.

[보기]
- 사업주는 아세틸렌 용접장치의 (①) 마다 안전기를 설치하여야 한다. 다만, 주관 및 (①)에 가장 가까운 (②) 마다 안전기를 부착한 경우에는 그러하지 아니하다.
- 사업주는 가스용기가 발생기와 분리되어 있는 아세틸렌 용접장치에 대하여 (③)에 안전기를 설치하여야 한다.

해설
① 취관
② 분기관
③ 발생기와 가스용기 사이

참고
산업안전보건기준에 관한 규칙
제289조(안전기의 설치)
① 사업주는 아세틸렌 용접장치의 취관마다 안전기를 설치하여야 한다. 다만, 주관 및 취관에 가장 가까운 분기관마다 안전기를 부착한 경우에는 그러하지 아니하다.
② 사업주는 가스용기가 발생기와 분리되어 있는 아세틸렌 용접장치에 대하여 발생기와 가스용기 사이에 안전기를 설치하여야 한다.

10 【4점】

다음 표는 「보호구 안전인증 고시」상, 내전압용 절연 장갑의 성능 기준인 표일 때, 빈칸을 채우시오.

등급	색상	최대사용전압	
		교류(V, 실효값)	직류(V)
00	갈색	500	①
0	빨간색	②	1500
1	흰색	7500	11250
2	노란색	17000	25500
3	녹색	26500	39750
4	등색	③	④

해설
① 750 ② 1000 ③ 36000 ④ 54000

참고
보호구 안전인증 고시
[별표 3] 내전압용절연장갑의 성능기준

등급	색상	최대사용전압	
		교류(V, 실효값)	직류(V)
00	갈색	500	750
0	빨간색	1000	1500
1	흰색	7500	11250
2	노란색	17000	25500
3	녹색	26500	39750
4	등색	36000	54000

비고 : 직류＝1.5×교류

11 【4점】

어떤 사업장의 평균근로자수는 400명이다. 이 사업장에서 연간 80건의 재해 발생과 100명의 재해자 발생으로 인하여 근로 손실일수 800일이 발생하였을 때, 종합재해지수를 구하시오.
(단, 근무일수는 연간 280일, 근무시간은 1일 8시간이다.)

해설

$$도수율 = \frac{재해건수}{연근로 총시간수} \times 10^6$$
$$= \frac{80}{400 \times 8 \times 280} \times 10^6 = 89.29$$

$$강도율 = \frac{근로손실일수}{연근로 총시간수} \times 10^3$$
$$= \frac{800}{400 \times 8 \times 280} \times 10^3 = 0.89$$

$$\therefore 종합재해지수 = \sqrt{도수율 \times 강도율}$$
$$= \sqrt{89.29 \times 0.89} = 8.91$$

12 【3점】

Foot Proof 기계·기구 3가지를 쓰시오.

출제 기준에서 제외된 내용입니다.

13 【4점】

20m의 거리에서 음압수준이 100dB일 때 200m의 거리에서의 음압수준은 몇 dB인지 구하시오.

출제 기준에서 제외된 내용입니다.

14 【4점】

다음 FT도에서 미니멀 컷셋(Minimal Cut Set)을 구하시오.

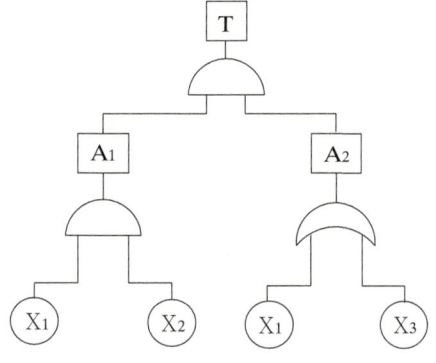

출제 기준에서 제외된 내용입니다.

2020 4회차 산업안전기사 실기 필답형 기출문제

01 【3점】

「산업안전보건법」상, 안전보건 표지 중 '응급구호 표지'를 그리시오.
(단, 색상표시는 글자로 나타내고, 크기에 대한 기준은 표시하지 않아도 된다.)

해설

바탕 : 녹색
십자가 : 흰색

참고
산업안전보건법 시행규칙
[별표 6] 안전보건표지의 종류와 형태
*안내표지

녹십자표지	응급구호 표지	들것	세안장치
⊕	+	🛠+	💧+
비상용기구	비상구	좌측비상구	우측비상구
비상용기구	🏃	←🏃	🏃→

02 【2점】

다음 보기에 해당하는 방폭구조의 기호를 쓰시오.

[보기]
① 내압방폭구조   ② 충전방폭구조

해설
① Ex d   ② Ex q

참고
방호장치 안전인증 고시
[별표 6] 가스·증기방폭구조인 전기기기의 일반성능기준
*방폭구조의 종류

종류	내용
내압 방폭구조 (d)	용기 내 폭발시 용기가 그 압력을 견디고 개구부 등을 통해 외부에 인화될 우려가 없는 구조
압력 방폭구조 (p)	용기 내에 보호가스를 압입시켜 대기압 이상으로 유지하여 폭발성 가스가 유입되지 않도록 하는 구조
안전증 방폭구조 (e)	운전 중에 생기는 아크, 스파크, 발열 등의 발화원을 제거하여 안전도를 증가시킨 구조
유입 방폭구조 (o)	전기불꽃, 아크, 고온 발생 부분을 기름으로 채워 폭발성 가스 또는 증기에 인화되지 않도록 한 구조
본질안전 방폭구조 (ia, ib)	운전 중 단선, 단락, 지락에 의한 사고시 폭발 점화원의 발생이 방지된 구조
비점화 방폭구조 (n)	운전중에 점화원을 차단하여 폭발이 일어나지 않고, 이상 상태에서 짧은시간 동안 방폭기능을 할 수 있는 구조
몰드 방폭구조 (m)	전기불꽃, 고온 발생 부분은 컴파운드로 밀폐한 구조
충전 방폭구조 (q)	미세한 석영가루를 이용하여 방폭작용을 할 수 있는 구조
특수 방폭구조 (s)	앞서 언급한 이외의 구조로서 폭발성 가스의 인화를 확실히 방지할 수 있도록 한 것이 실험 결과로서 확인되는 구조

03 【5점】

「산업안전보건법」상, 사업주가 관리대상 유해물질을 취급하는 작업장에 게시하여야 할 사항을 5가지 쓰시오.

[해설]
① 관리대상 유해물질의 명칭
② 인체에 미치는 영향
③ 취급상 주의사항
④ 착용하여야 할 보호구
⑤ 응급조치와 긴급 방재 요령

[참고]
산업안전보건기준에 관한 규칙
제442조(명칭 등의 게시)

① 관리대상 유해물질의 명칭
② 인체에 미치는 영향
③ 취급상 주의사항
④ 착용하여야 할 보호구
⑤ 응급조치와 긴급 방재 요령

04 【6점】

「위험기계·기구 방호조치 기준」상, 다음 위험기계·기구에 설치하여야 하는 방호장치 각각 1가지씩 쓰시오.

[보기]
① 원심기 ② 공기압축기 ③ 금속절단기

[해설]
① 회전체 접촉 예방장치
② 압력방출장치
③ 날접촉 예방장치

[참고]
*위험기계·기구 방호장치

기계·기구의 종류	방호장치의 종류
예초기	날접촉 예방장치
원심기	회전체 접촉 예방장치
공기압축기	압력방출장치
포장기계	구동부 방호 연동장치
금속절단기	날접촉 예방장치
지게차	헤드가드 백레스트 전조등·후미등 안전벨트

05 【4점】

「산업안전보건법」상, 사업주가 근로자의 위험을 방지하기 위해, 타워크레인을 설치·조립·해체 하는 작업시 작성하여야 하는 작업계획서의 내용을 4가지 쓰시오.

[해설]
① 타워크레인의 종류 및 형식
② 설치·조립 및 해체순서
③ 작업도구·장비·가설설비 및 방호설비
④ 작업인원의 구성 및 작업근로자의 역할범위

[참고]
산업안전보건기준에 관한 규칙
[별표 4] 사전조사 및 작업계획서 내용
*타워크레인을 설치·조립·해체 하는 작업

① 타워크레인의 종류 및 형식
② 설치·조립 및 해체순서
③ 작업도구·장비·가설설비 및 방호설비
④ 작업인원의 구성 및 작업근로자의 역할범위

06 【6점】

「산업안전보건법」상, 사업주가 근로자에게 실시해야 하는 안전보건교육 중, 채용 시 교육 및 작업내용 변경 시 교육 내용을 4가지 쓰시오.

해설
① 산업안전 및 사고 예방에 관한 사항
② 산업보건 및 직업병 예방에 관한 사항
③ 위험성 평가에 관한 사항
④ 직무스트레스 예방 및 관리에 관한 사항

참고
산업안전보건법 시행규칙
[별표 5] 안전보건교육 교육대상별 교육내용
*채용 시 교육 및 작업내용 변경 시 교육

① 산업안전 및 사고 예방에 관한 사항
② 산업보건 및 직업병 예방에 관한 사항
③ 위험성 평가에 관한 사항
④ 산업안전보건법령 및 산업재해보상보험 제도에 관한 사항
⑤ 직무스트레스 예방 및 관리에 관한 사항
⑥ 직장 내 괴롭힘, 고객의 폭언 등으로 인한 건강장해 예방 및 관리에 관한 사항
⑦ 기계·기구의 위험성과 작업의 순서 및 동선에 관한 사항
⑧ 작업 개시 전 점검에 관한 사항
⑨ 정리정돈 및 청소에 관한 사항
⑩ 사고 발생 시 긴급조치에 관한 사항
⑪ 물질안전보건자료에 관한 사항

07 【3점】

「산업안전보건법」상, 설비를 사용할 때 정전기에 의한 화재 또는 폭발 위험이 있는 경우, 사업주가 조치하여야 할 방지대책을 3가지 쓰시오.

해설
① 접지
② 가습
③ 제전장치 사용

참고
산업안전보건기준에 관한 규칙
제325조(정전기로 인한 화재 폭발 등 방지)

사업주는 설비를 사용할 때에 정전기에 의한 화재 또는 폭발 등의 위험이 발생할 우려가 있는 경우에는 해당 설비에 대하여 확실한 방법으로 <u>접지</u>를 하거나, 도전성 재료를 사용하거나 <u>가습</u> 및 점화원이 될 우려가 없는 <u>제전장치를 사용</u>하는 등 정전기의 발생을 억제하거나 제거하기 위하여 필요한 조치를 하여야 한다.

08 【4점】

「산업안전보건법」상, 작업발판 일체형 거푸집 종류를 4가지 쓰시오.

해설
① 갱폼
② 슬립폼
③ 클라이밍폼
④ 터널라이닝폼

참고
산업안전보건기준에 관한 규칙
제331조의3(작업발판 일체형 거푸집의 안전조치)

① 갱폼
② 슬립폼
③ 클라이밍폼
④ 터널라이닝폼
⑤ 그 밖에 거푸집과 작업발판이 일체로 제작된 거푸집 등

09 【4점】

「산업안전보건법」상, 사업주는 과압에 따른 폭발을 방지하기 위하여 폭발 방지 성능과 규격을 갖춘 안전밸브 또는 파열판을 설치하여야 할 때, 안전밸브 또는 파열판을 설치해야 하는 경우를 2가지 쓰시오.

해설
① 반응 폭주 등 급격한 압력 상승 우려가 있는 경우
② 급성 독성물질의 누출로 인하여 주위의 작업환경을 오염시킬 우려가 있는 경우

참고
산업안전보건기준에 관한 규칙
제262조(파열판의 설치)

① 반응 폭주 등 급격한 압력 상승 우려가 있는 경우
② 급성 독성물질의 누출로 인하여 주위의 작업환경을 오염시킬 우려가 있는 경우
③ 운전 중 안전밸브에 이상 물질이 누적되어 안전밸브가 작동되지 아니할 우려가 있는 경우

10 【5점】

다음 보기의 빈칸을 채우시오.

[보기]
사업주는 아세틸렌 용접장치를 사용하여 금속의 용접, 융단 또는 가열작업을 하는 경우에 다음 각 호의 사항을 준수하여야 한다.

- 발생기의 (①), (②), (③), 매 시 평균 가스발생량 및 1회 카바이드 공급량을 발생기실 내의 보기 쉬운 장소에 게시할 것
- 발생기실에는 관계 근로자가 아닌 사람이 출입하는 것을 금지할 것
- 발생기에서 (④)m 이내 또는 발생기실에서 (⑤)m 이내의 장소에서는 흡연, 화기의 사용 또는 불꽃이 발생할 위험한 행위를 금지시킬 것

해설
① 종류   ② 형식   ③ 제작업체명   ④ 5   ⑤ 3

참고
산업안전보건기준에 관한 규칙
제290조(아세틸렌 용접장치의 관리 등)

① 발생기의 종류, 형식, 제작업체명, 매 시 평균 가스발생량 및 1회 카바이드 공급량을 발생기실 내의 보기 쉬운 장소에 게시할 것
② 발생기실에는 관계 근로자가 아닌 사람이 출입하는 것을 금지할 것
③ 발생기에서 5미터 이내 또는 발생기실에서 3미터 이내의 장소에서는 흡연, 화기의 사용 또는 불꽃이 발생할 위험한 행위를 금지시킬 것

11 【4점】

어떤 사업장의 근로자가 400명일 때, 연간 재해자수가 30명, 총 근로 손실일수가 100일 이었다. 이 사업장의 강도율을 구하시오.
(단, 1일 작업시간 8시간, 연근로일수 250일 이다.)

해설

$$강도율 = \frac{근로손실일수}{연근로 총시간수} \times 10^3$$
$$= \frac{100}{400 \times 8 \times 250} \times 10^3 = 0.13$$

13 【3점】

다음 보기 중에서 인간과오 불안전 분석기능 도구 4가지를 고르시오.

[보기]
① FTA   ② ETA   ③ HAZOP   ④ THERP
⑤ CA   ⑥ FMEA   ⑦ PHA   ⑧ MORT

출제 기준에서 제외된 내용입니다.

12 【3점】

어떤 사업장의 근로자 500명 일 때, 재해건수가 3건, 1인당 연근로 총 시간수가 3000시간 이었다. 이 사업장의 도수율을 구하시오.

해설

$$도수율 = \frac{재해건수}{연근로 총시간수} \times 10^6 = \frac{3}{500 \times 3000} \times 10^6 = 2$$

14 【3점】

다음 FT도에서 컷셋(Cut Set)을 모두 구하시오.

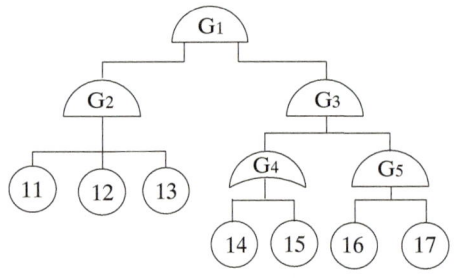

출제 기준에서 제외된 내용입니다.

2021년 1회차 산업안전기사 실기 필답형 기출문제

01 【4점】

「산업안전보건법」상, 사업주가 근로자에게 실시해야 하는 안전보건교육 중, 채용 시 교육 및 작업내용 변경 시 교육 내용을 4가지 쓰시오.

[해설]
① 산업안전 및 사고 예방에 관한 사항
② 산업보건 및 직업병 예방에 관한 사항
③ 위험성 평가에 관한 사항
④ 직무스트레스 예방 및 관리에 관한 사항

[참고]
산업안전보건법 시행규칙
[별표 5] 안전보건교육 교육대상별 교육내용
*채용 시 교육 및 작업내용 변경 시 교육

① 산업안전 및 사고 예방에 관한 사항
② 산업보건 및 직업병 예방에 관한 사항
③ 위험성 평가에 관한 사항
④ 산업안전보건법령 및 산업재해보상보험 제도에 관한 사항
⑤ 직무스트레스 예방 및 관리에 관한 사항
⑥ 직장 내 괴롭힘, 고객의 폭언 등으로 인한 건강장해 예방 및 관리에 관한 사항
⑦ 기계·기구의 위험성과 작업의 순서 및 동선에 관한 사항
⑧ 작업 개시 전 점검에 관한 사항
⑨ 정리정돈 및 청소에 관한 사항
⑩ 사고 발생 시 긴급조치에 관한 사항
⑪ 물질안전보건자료에 관한 사항

02 【4점】

다음 표는 「방호장치 자율안전기준 고시」상, 롤러기 방호장치인 급정지장치에 대한 내용일 때, 빈칸을 채우시오.

종류	위치
손조작식	밑면에서 (①)
복부조작식	밑면에서 (②)
무릎조작식	밑면에서 (③)

[해설]
① $1.8m$ 이내
② $0.8m$ 이상 $1.1m$ 이내
③ $0.6m$ 이내

[참고]
방호장치 자율안전기준 고시
[별표 3] 롤러기 급정지 장치의 성능기준
*급정지장치의 종류

종류	위치
손조작식	밑면에서 $1.8m$ 이내
복부조작식	밑면에서 $0.8m$ 이상 $1.1m$ 이내
무릎조작식	밑면에서 $0.6m$ 이내

✔ 단, 급정지장치 조작부의 중심점을 기준으로 한다.

03 【5점】

어떤 사업장의 근로자가 300명 일 때, 사망이 2명, 4급 요양재해가 1명, 10급 요양재해가 1명, 요양재해 휴업일 300일이 발생했다. 이 사업장의 강도율을 구하시오.
(단, 1일 작업시간 8시간, 연근로일수 300일 이다.)

해설

$$강도율 = \frac{근로손실일수}{연근로 \ 총시간수} \times 10^3$$

$$= \frac{7500 \times 2 + 5500 + 600 + 300 \times \frac{300}{365}}{300 \times 8 \times 300} \times 10^3 = 29.65$$

참고

*요양근로손실일수 산정요령

신체 장해자 등급	근로손실 일 수
사망	7500일
1~3급	7500일
4급	5500일
5급	4000일
6급	3000일
7급	2200일
8급	1500일
9급	1000일
10급	600일
11급	400일
12급	200일
13급	100일
14급	50일

04 【3점】

다음 보기는 「산업안전보건법」상, 가설통로 설치 기준에 관한 내용일 때, 빈칸을 채우시오.

[보기]
- 경사가 (①)도를 초과하는 경우에는 미끄러지지 아니하는 구조로 할 것
- 수직갱에 가설된 통로의 길이가 15m 이상인 경우에는 (②)m 이내마다 계단참을 설치할 것
- 건설공사에 사용하는 높이 8m 이상인 비계다리에는 (③)m 이내마다 계단참을 설치할 것

해설

① 15 ② 10 ③ 7

참고

산업안전보건기준에 관한 규칙
제23조(가설통로의 구조)

① 견고한 구조로 할 것
② 경사는 30도 이하로 할 것
③ 경사가 15도를 초과하는 경우에는 미끄러지지 아니하는 구조로 할 것
④ 추락할 위험이 있는 장소에는 안전난간을 설치할 것
⑤ 수직갱에 가설된 통로의 길이가 15m 이상인 경우에는 10m 이내마다 계단참을 설치할 것
⑥ 건설공사에 사용하는 높이 8m 이상인 비계다리에는 7m 이내마다 계단참을 설치할 것

05 【5점】

「보호구 안전인증 고시」상, 방진마스크의 시험성능 기준을 4가지 쓰시오.

> **해설**
> ① 시야
> ② 불연성
> ③ 음성전달판
> ④ 여과재 질량

> **참고**
> 보호구 안전인증 고시
> [별표 4] 방진마스크의 성능기준
> ① 안면부 흡기저항
> ② 여과재 분진 등 포집효율
> ③ 안면부 배기저항
> ④ 안면부 누설율
> ⑤ 배기밸브 작동
> ⑥ 시야
> ⑦ 강도, 신장율 및 영구변형율
> ⑧ 불연성
> ⑨ 음성전달판
> ⑩ 투시부의 내충격성
> ⑪ 여과재 질량
> ⑫ 여과재 호흡저항
> ⑬ 안면부 내부의 이산화탄소 농도

06 【3점】

「산업안전보건법」상, 인체에 해로운 분진, 흄, 미스트, 증기 또는 가스 상태의 물질을 배출하기 위하여 설치하는 국소배기장치의 후드 설치시 준수사항을 4가지 쓰시오.

> **해설**
> ① 유해물질이 발생하는 곳마다 설치할 것
> ② 유해인자의 발생형태와 비중, 작업방법 등을 고려하여 해당 분진 등의 발산원을 제어할 수 있는 구조로 설치할 것
> ③ 후드의 형식은 가능하면 포위식 또는 부스식 후드를 설치할 것
> ④ 외부식 또는 리시버식 후드는 해당 분진등의 발산원에 가장 가까운 위치에 설치할 것

> **참고**
> 산업안전보건기준에 관한 규칙
> 제72조(후드)
> ① 유해물질이 발생하는 곳마다 설치할 것
> ② 유해인자의 발생형태와 비중, 작업방법 등을 고려하여 해당 분진 등의 발산원을 제어할 수 있는 구조로 설치할 것
> ③ 후드의 형식은 가능하면 포위식 또는 부스식 후드를 설치할 것
> ④ 외부식 또는 리시버식 후드는 해당 분진등의 발산원에 가장 가까운 위치에 설치할 것

07 【4점】

「산업안전보건법」상, 공정안전보고서에 포함되어야 할 사항을 4가지 쓰시오.

해설
① 공정안전자료
② 공정위험성평가서
③ 안전운전계획
④ 비상조치계획

참고
산업안전보건법 시행규칙
제50조(공정안전보고서의 세부 내용 등)
① 공정안전자료
② 공정위험성평가서 및 잠재위험에 대한 사고 예방·피해 최소화 대책
③ 안전운전계획
④ 비상조치계획

08 【4점】

「산업안전보건법」상, 다음의 각 작업에서의 조도 기준에 대한 빈칸을 채우시오.
(단, 갱도 등의 작업장은 제외한다.)

작업	조도
초정밀작업	(①)Lux 이상
정밀작업	(②)Lux 이상
보통작업	(③)Lux 이상
그 외 작업	(④)Lux 이상

해설
① 750
② 300
③ 150
④ 75

참고
산업안전보건기준에 관한 규칙
제8조(조도)

작업	조도
초정밀작업	750Lux 이상
정밀작업	300Lux 이상
보통작업	150Lux 이상
그 외 작업	75Lux 이상

09 【4점】

「산업안전보건법」상, 노사협의체 설치 대상 사업장 및 정기회의 개최주기를 각각 쓰시오.

해설
① 공사금액이 120억(토목공사업은 150억) 이상인 건설공사
② 2개월 마다

참고
산업안전보건법 시행령
제63조(노사협의체의 설치 대상), 제65조(노사협의체의 운영)

① 노사협의체를 구성해야 하는 건설 공사는 공사금액이 120억원(토목공사업은 150억원) 이상인 건설공사를 말한다.
② 정기회의는 2개월 마다 노사협의체의 위원장이 소집하며, 임시회의는 위원장이 필요하다고 인정할 때에 소집한다.

10 【4점】

연삭숫돌의 파괴 원인을 4가지 쓰시오.

> **해설**
> ① 회전력이 결합력보다 클 때
> ② 외부의 충격을 받았을 때
> ③ 숫돌에 균열이 있을 때
> ④ 숫돌의 측면을 사용할 때

> **참고**
> *연삭숫돌의 파괴원인
> ① 내, 외면의 플랜지 지름이 다를 때
> ② 플랜지 직경이 숫돌 직경의 1/3 크기 보다 작을 때
> ③ 회전력이 결합력보다 클 때
> ④ 외부의 충격을 받았을 때
> ⑤ 숫돌에 균열이 있을 때
> ⑥ 숫돌의 측면을 사용할 때
> ⑦ 숫돌의 치수, 특히 내경의 크기가 적당하지 않을 때
> ⑧ 숫돌의 회전속도가 너무 빠를 때
> ⑨ 숫돌의 회전중심이 제대로 잡히지 않았을 때

11 【3점】

「산업안전보건법」상, 공사용 가설도로를 설치하는 경우 사업주의 준수사항을 3가지 쓰시오.

> **해설**
> ① 도로는 장비와 차량이 안전하게 운행할 수 있도록 견고하게 설치할 것
> ② 도로와 작업장이 접하여 있을 경우에는 울타리 등을 설치할 것
> ③ 차량의 속도제한 표지를 부착할 것

> **참고**
> 산업안전보건기준에 관한 규칙
> 제379조(가설도로)
> ① 도로는 장비와 차량이 안전하게 운행할 수 있도록 견고하게 설치할 것
> ② 도로와 작업장이 접하여 있을 경우에는 울타리 등을 설치할 것
> ③ 도로는 배수를 위하여 경사지게 설치하거나 배수시설을 설치할 것
> ④ 차량의 속도제한 표지를 부착할 것

12 【4점】

전압이 $300V$인 충전부분에 작업자의 물에 젖은 손이 접촉되어 감전 후 사망하였을 때, 다음을 구하시오.
(단, 인체의 저항은 1000Ω이다.)

(1) 심실세동전류 $[mA]$
(2) 통전시간 $[ms]$

해설

(1) 손이 물에 젖으면 저항이 $\frac{1}{25}$로 감소하므로

$$R = 1000 \times \frac{1}{25} = 40\Omega$$

$$V = IR$$

$$\therefore I = \frac{V}{R} = \frac{300}{40} = 7.5A = 7500mA$$

(2) $I = \frac{165}{\sqrt{T}}[mA] \quad \therefore \sqrt{T} = \frac{165}{I}$

$$\therefore T = \frac{165^2}{I^2} = \frac{165^2}{7500^2} = 0.00048s = 0.48ms$$

참고

*인체의 전기저항

경우	기준
습기가 있는 경우	건조 시 보다 $\frac{1}{10}$ 저하
땀에 젖은 경우	건조 시 보다 $\frac{1}{12} \sim \frac{1}{20}$ 저하
물에 젖은 경우	건조 시 보다 $\frac{1}{25}$ 저하

13 【4점】

다음 보기의 FTA단계를 순서대로 나열하시오.

[보기]
① FT도 작성
② 재해원인 규명
③ 개선계획 작성
④ TOP 사상 정의
⑤ 개선안 실시계획

출제 기준에서 제외된 내용입니다.

14 【4점】

다음 각각 이론의 5단계를 쓰시오.

(1) 하인리히 도미노 이론
(2) 아담스의 연쇄 이론

출제 기준에서 제외된 내용입니다.

2021년 2회차 산업안전기사 실기 필답형 기출문제

01 【3점】

다음 보기는 「방호장치 자율안전기준 고시」상, 연삭기 덮개의 시험방법 중 연삭기 작동시험 확인사항 일 때, 빈칸을 채우시오.

[보기]
- 연삭 (①) 과 덮개의 접촉 여부
- 탁상용연삭기는 덮개, (②) 및 (③) 부착 상태의 적합성 여부

해설
① 숫돌 ② 워크레스트 ③ 조정편

참고
방호장치 자율안전기준 고시
[별표 4의2] 연삭기 덮개의 시험방법
*연삭기 작동시험 확인사항

① 연삭**숫돌**과 덮개의 접촉여부
② 덮개의 고정상태, 작업의 원활성, 안전성, 덮개 노출의 적합성 여부
③ 탁상용 연삭기는 덮개, <u>워크레스트</u> 및 <u>조정편</u> 부착상태의 적합성 여부

02 【5점】

「산업안전보건법」상, 사업주가 근로자에게 실시해야하는 안전보건교육 중, 관리감독자 정기교육의 내용을 4가지 쓰시오.

해설
① 산업안전 및 사고 예방에 관한 사항
② 산업보건 및 직업병 예방에 관한 사항
③ 위험성 평가에 관한 사항
④ 직무스트레스 예방 및 관리에 관한 사항

참고
산업안전보건법 시행규칙
[별표 5] 안전보건교육 교육대상별 교육내용
*관리감독자 안전보건 정기교육

① 산업안전 및 사고 예방에 관한 사항
② 산업보건 및 직업병 예방에 관한 사항
③ 위험성평가에 관한 사항
④ 유해·위험 작업환경 관리에 관한 사항
⑤ 산업안전보건법령 및 산업재해보상보험 제도에 관한 사항
⑥ 직무스트레스 예방 및 관리에 관한 사항
⑦ 직장 내 괴롭힘, 고객의 폭언 등으로 인한 건강장해 예방 및 관리에 관한 사항
⑧ 작업공정의 유해·위험과 재해 예방대책에 관한 사항
⑨ 사업장 내 안전보건관리체제 및 안전·보건조치 현황에 관한 사항
⑩ 표준안전 작업방법 결정 및 지도·감독 요령에 관한 사항
⑪ 현장근로자와의 의사소통능력 및 강의능력 등 안전보건교육 능력 배양에 관한 사항
⑫ 비상시 또는 재해 발생시 긴급조치에 관한 사항
⑬ 그 밖의 관리감독자의 역할과 임무에 관한 사항

03 【4점】

「산업안전보건법」상, 사업주가 근로자의 위험을 방지하기 위하여 차량계 하역운반기계 등을 사용하는 작업 시 작성하고, 그에 따라 작업을 하도록 하여야하는 작업계획서의 내용을 2가지 쓰시오.

해설
① 해당 작업에 따른 추락·낙하·전도·협착 및 붕괴 등의 위험 예방대책
② 차량계 하역운반기계 등의 운행경로 및 작업방법

참고
산업안전보건기준에 관한 규칙
[별표 4] 사전조사 및 작업계획서 내용
*차량계 하역운반기계등을 사용하는 작업
① 해당 작업에 따른 추락·낙하·전도·협착 및 붕괴 등의 위험 예방대책
② 차량계 하역운반기계 등의 운행경로 및 작업방법

04 【5점】

「산업안전보건법」상, 경고표지 중 위험장소 경고표지를 그리시오.
(단, 색상표시는 글자로 나타내시오.)

해설

바탕 : 노란색
느낌표 : 검정색
테두리 : 검정색

참고

산업안전보건법 시행규칙
[별표 6] 안전보건표지의 종류와 형태
*경고표지

인화성물질 경고	산화성물질 경고	폭발성물질 경고	급성독성 물질경고
부식성물질 경고	방사성물질 경고	고압전기 경고	매달린물체 경고
낙하물 경고	고온 경고	저온 경고	몸균형상실 경고
레이저광선 경고	위험장소 경고	발암성·변이원성·생식독성·전신독성·호흡기 과민성물질 경고	

05 【3점】

다음 보기는 「산업안전보건법」상, 비계(달비계·달대비계 및 말비계는 제외)의 높이가 $2m$ 이상인 작업장소에 설치해야하는 작업발판의 구조에 대한 내용일 때, 빈칸을 채우시오.

[보기]
- 작업발판의 폭은 (①)cm 이상으로 하고, 발판재료 간의 틈은 (②)cm 이하로 할 것. 다만, 외줄비계의 경우에는 고용노동부장관이 별도로 정하는 기준에 따른다.
- 추락의 위험이 있는 장소에는 (③)을 설치할 것

해설
① 40 ② 3 ③ 안전난간

> **참고**
> 산업안전보건기준에 관한 규칙
> 제56조(작업발판의 구조)
> ① 발판재료는 작업할 때의 하중을 견딜 수 있도록 견고한 것으로 할 것
> ② 작업발판의 폭은 <u>40센티미터</u> 이상으로 하고, 발판재료 간의 틈은 <u>3센티미터</u> 이하로 할 것. 다만, 외줄비계의 경우에는 고용노동부장관이 별도로 정하는 기준에 따른다.
> ③ 추락의 위험이 있는 장소에는 <u>안전난간</u>을 설치할 것

06 【4점】

「산업안전보건법」상, 크레인을 사용하여 작업을 시작하기 전, 사업자가 관리감독자로 하여금 점검하도록 해야할 사항을 2가지 쓰시오.

> **해설**
> ① 권과방지장치·브레이크·클러치 및 운전장치의 기능
> ② 와이어로프가 통하고 있는 곳의 상태

> **참고**
> 산업안전보건기준에 관한 규칙
> [별표 3] 작업시작 전 점검사항
> *크레인을 사용하여 작업을 할 때
> ① 권과방지장치·브레이크·클러치 및 운전장치의 기능
> ② 주행로의 상측 및 트롤리가 횡행하는 레일의 상태
> ③ 와이어로프가 통하고 있는 곳의 상태

07 【4점】

다음 보기는 「산업안전보건법」상, 화물의 낙하에 의하여 지게차 운전자에게 위험을 미칠 우려가 있는 작업장에서, 지게차의 헤드가드가 갖추어야 할 사항에 대한 설명일 때, 빈칸을 채우시오.

> [보기]
> - 강도는 지게차의 최대하중의 (①)배 값의 등분포정하중에 견딜 수 있을 것
> - 상부틀의 각 개구의 폭 또는 길이가 (②) cm 미만 일 것

> **해설**
> ① 2   ② 16

> **참고**
> 산업안전보건기준에 관한 규칙
> 제180조(헤드가드)
> ① 강도는 지게차의 최대하중의 <u>2배</u> 값(4톤을 넘는 값에 대해서는 4톤으로 한다.)의 등분포정하중에 견딜 수 있을 것
> ② 상부틀의 각 개구의 폭 또는 길이가 <u>16cm</u> 미만 일 것
> ③ 운전자가 앉아서 조작하거나 서서 조작하는 지게차의 헤드가드는 한국산업표준에서 정하는 높이 기준 이상일 것
> (입식 : 1.905m, 좌식 : 0.903m)

08 【4점】

다음 보기는 「산업안전보건법」상, 충전전로의 선간전압에 따른 접근 한계거리에 대한 내용이다. 빈칸을 채우시오.

충전전로의 선간전압	충전전로에 대한 접근 한계거리
380 V	(①)
1.5 kV	(②)
6.6 kV	(③)
22.9 kV	(④)

해설
① 30cm ② 45cm ③ 60cm ④ 90cm

참고
산업안전보건기준에 관한 규칙
제321조(충전전로에서의 전기작업)

충전전로의 선간전압 [kV]	충전전로에 대한 접근한계거리 [cm]
0.3 이하	접촉금지
0.3 초과 0.75 이하	30
0.75 초과 2 이하	45
2 초과 15 이하	60
15 초과 37 이하	90
37 초과 88 이하	110
88 초과 121 이하	130
121 초과 145 이하	150
145 초과 169 이하	170
169 초과 242 이하	230
242 초과 362 이하	380
362 초과 550 이하	550
550 초과 800 이하	790

09 【4점】

다음 표는 아세틸렌과 클로로벤젠의 폭발하한계 및 폭발상한계에 대한 표이다. 혼합가스의 조성이 아세틸렌 70%, 클로로벤젠 30%일 때, 다음을 구하시오.

가스	폭발하한계	폭발상한계
아세틸렌	2.5vol%	81vol%
클로로벤젠	1.3vol%	7.1vol%

(1) 아세틸렌 위험도
(2) 혼합가스의 공기 중 폭발 하한계 [vol%]

해설

(1) 위험도 $= \dfrac{81-2.5}{2.5} = 31.4$

(2) $L = \dfrac{100}{\dfrac{70}{2.5} + \dfrac{30}{1.3}} = 1.96 vol\%$

참고
*가스의 위험도(H)

$$H = \dfrac{L_h - L_l}{L_l}$$

여기서,
L_h : 폭발상한계
L_l : 폭발하한계

*혼합가스의 폭발한계 산술평균식

$$L = \dfrac{100(= V_1 + V_2 + V_3)}{\dfrac{V_1}{L_1} + \dfrac{V_2}{L_2} + \dfrac{V_3}{L_3}}$$

여기서,
V : 각 가스의 부피조성 [vol%]
L : 각 가스의 폭발한계 [vol%]

10 【3점】

어떤 사업장의 연평균 근로자수는 400명이며 연간재해자 수가 8명 발생하였다. 이 사업장의 연천인율을 구하시오.

해설

연천인율 = $\dfrac{\text{재해자수}}{\text{연평균 근로자수}} \times 10^3 = \dfrac{8}{400} \times 10^3 = 20$

11 【5점】

다음 보기의 건설업 산업안전보건관리비를 계산하시오.

[보기]
① 건축공사(갑)
  - 법적 요율 : 2.28%
  - 기초액 : 4,325,000원
② 낙찰률 70%
  - 사급재료비 25억
  - 관급재료비 3억
  - 직접노무비 10억
  - 관리비(간접비포함) 10억

해설

산업안전보건관리비$_1$
= $(3+25+10) \times 100,000,000 \times 0.0228 + 4,325,000$
= 90,965,000원

산업안전보건관리비$_2$
= $[(25+10) \times 100,000,000 \times 0.0228 + 5,349,000] \times 1.2$
= 100,950,000원

최종적으로, 둘 중 작은 값을 선정한다.
∴ 90,965,000 원

참고

건설업 산업안전보건관리비 계상 및 사용기준
제2조(정의)

산업안전보건관리비
= (관급재료비 + 사급재료비 + 직접노무비) × 요율
  + 기초액

산업안전보건관리비
= [(사급재료비 + 직접노무비) × 요율 + 기초액] × 1.2

위 두가지 식으로 구한 값들 중, 작은 값을 산업안전보건관리비로 선정한다.

12 【4점】

하인리히 재해 구성비율 1:29:300 법칙의 의미에 대하여 설명하시오.

출제 기준에서 제외된 내용입니다.

13 【3점】

양립성 3가지를 쓰고 사례를 들어 설명하시오.

출제 기준에서 제외된 내용입니다.

14 【5점】

다음 그림을 보고 전체 신뢰도(R)를 0.85로 설계하고자 할 때 부품 R_x의 신뢰도를 구하시오.

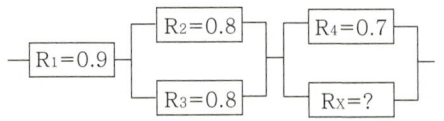

출제 기준에서 제외된 내용입니다.

2021년 3회차 산업안전기사 실기 필답형 기출문제

01 【4점】

「산업안전보건법」상, 대통령령으로 정하는 크기, 높이 등에 해당하는 건설공사를 착공하려는 경우, 사업주는 유해위험방지계획서를 작성할 때, 건설안전 분야의 자격 등 고용노동부령으로 정하는 자격을 갖춘 자의 의견을 들어야한다. 이러한 건설공사에 해당하는 것을 4가지 쓰시오.

해설
① 연면적 $30000m^2$ 이상인 건축물
② 연면적 $5000m^2$ 이상인 종교시설
③ 연면적 $5000m^2$ 이상인 지하도상가
④ 깊이 $10m$ 이상인 굴착공사

참고
산업안전보건법 시행령
제42조(유해위험방지계획서 제출 대상)
*건축물 또는 시설 등의 건설·개조 해체 공사
① 지상높이가 31미터 이상인 건축물 또는 인공구조물
② 연면적 3만제곱미터 이상인 건축물
③ 연면적 5천제곱미터 이상인 시설로서 다음의 어느 하나에 해당하는 시설
  ㉠ 문화 및 집회시설(전시장 및 동물원·식물원은 제외한다)
  ㉡ 판매시설, 운수시설(고속철도의 역사 및 집배송 시설은 제외한다)
  ㉢ 종교시설
  ㉣ 의료시설 중 종합병원
  ㉤ 숙박시설 중 관광숙박시설
  ㉥ 지하도상가
  ㉦ 냉동·냉장 창고시설
④ 연면적 5천제곱미터 이상인 냉동·냉장 창고시설의 설비공사 및 단열공사
⑤ 최대 지간길이가 50미터 이상인 다리의 건설등 공사
⑥ 터널의 건설등 공사
⑦ 다목적댐, 발전용댐, 저수용량 2천만톤 이상의 용수 전용 댐 및 지방상수도 전용 댐의 건설등 공사
⑧ 깊이 10미터 이상인 굴착공사

02 【5점】

「산업안전보건법」상, 산업용 로봇의 작동범위 내에서 해당 로봇에 대하여 교시 등의 작업 시 예기치 못한 작동 또는 오조작에 의한 위험을 방지하기 위하여 수립해야 하는 지침사항을 4가지 쓰시오.
(단, 그 밖의 로봇의 예기치 못한 작동 또는 오조작에의한 위험을 방지하기 위하여 필요한 조치는 제외하여 쓰시오.)

해설
① 로봇의 조작방법 및 순서
② 작업 중의 매니퓰레이터의 속도
③ 2명 이상의 근로자에게 작업을 시킬 경우의 신호방법
④ 이상을 발견한 경우의 조치

참고
산업안전보건기준에 관한 규칙
제222조(교시 등)
① 로봇의 조작방법 및 순서
② 작업 중의 매니퓰레이터의 속도
③ 2명 이상의 근로자에게 작업을 시킬 경우의 신호방법
④ 이상을 발견한 경우의 조치
⑤ 이상을 발견하여 로봇의 운전을 정지시킨 후, 이를 재가동 시킬 경우의 조치

03 【3점】

다음 보기는 「산업안전보건법」상, 안전난간대 구조에 대한 설명일 때, 빈칸을 채우시오.

[보기]
- 상부난간대 : 바닥면·발판 또는 경사로의 표면으로부터 (①)cm 이상
- 난간대 : 지름 (②)cm 이상 금속제 파이프
- 하중 : (③)kg 이상 하중에 견딜 수 있는 튼튼한 구조

해설

① 90 ② 2.7 ③ 100

참고

산업안전보건기준에 관한 규칙
제13조(안전난간의 구조 및 설치요건)

① 상부 난간대, 중간 난간대, 발끝막이판 및 난간기둥으로 구성할 것. 다만, 중간 난간대, 발끝막이판 및 난간기둥은 이와 비슷한 구조와 성능을 가진 것으로 대체할 수 있다.
② 상부 난간대는 바닥면·발판 또는 경사로의 표면으로부터 90cm 이상 지점에 설치하고, 상부 난간대를 120cm 이하에 설치하는 경우에는 중간 난간대는 상부 난간대와 바닥면등의 중간에 설치하여야 하며, 120cm 이상 지점에 설치하는 경우에는 중간 난간대를 2단 이상으로 균등하게 설치하고 난간의 상하 간격은 60cm 이하가 되도록 할 것. 다만, 난간기둥 간의 간격이 25cm 이하인 경우에는 중간 난간대를 설치하지 아니할 수 있다.
③ 발끝막이판은 바닥면등으로부터 10cm 이상의 높이를 유지할 것. 다만, 물체가 떨어지거나 날아올 위험이 없거나 그 위험을 방지할 수 있는 망을 설치하는 등 필요한 예방 조치를 한 장소는 제외한다.
④ 난간기둥은 상부 난간대와 중간 난간대를 견고하게 떠받칠 수 있도록 적정한 간격을 유지할 것
⑤ 상부 난간대와 중간 난간대는 난간 길이 전체에 걸쳐 바닥면등과 평행을 유지할 것
⑥ 난간대는 지름 2.7cm 이상의 금속제 파이프나 그 이상의 강도가 있는 재료일 것
⑦ 안전난간은 구조적으로 가장 취약한 지점에서 가장 취약한 방향으로 작용하는 100kg 이상의 하중에 견딜 수 있는 튼튼한 구조일 것

04 【4점】

「산업안전보건법」상, 용융고열물을 취급하는 설비를 내부에 설치한 건축물에 대하여 수증기 폭발을 방지하기 위해 사업주가 하여야 할 조치사항을 2가지 쓰시오.

해설

① 바닥은 물이 고이지 아니하는 구조로 할 것
② 지붕·벽·창 등은 빗물이 새어들지 아니하는 구조로 할 것

참고

산업안전보건기준에 관한 규칙
제249조(건축물의 구조)

① 바닥은 물이 고이지 아니하는 구조로 할 것
② 지붕·벽·창 등은 빗물이 새어들지 아니하는 구조로 할 것

05 【4점】

다음 보기는 「산업안전보건법」상, 화물의 낙하에 의하여 지게차 운전자에게 위험을 미칠 우려가 있는 작업장에서, 지게차의 헤드가드가 갖추어야 할 사항에 대한 설명일 때, 빈칸을 채우시오.

[보기]
- 강도는 지게차의 최대하중의 (①)배 값의 등분포정하중에 견딜 수 있을 것
- 상부틀의 각 개구의 폭 또는 길이가 (②) cm 미만 일 것

해설

① 2 ② 16

> **참고**
> 산업안전보건기준에 관한 규칙
> 제180조(헤드가드)
> ① 강도는 지게차의 최대하중의 2배 값(4톤을 넘는 값에 대해서는 4톤으로 한다.)의 등분포정하중에 견딜 수 있을 것
> ② 상부틀의 각 개구의 폭 또는 길이가 16cm 미만일 것
> ③ 운전자가 앉아서 조작하거나 서서 조작하는 지게차의 헤드가드는 한국산업표준에서 정하는 높이 기준 이상일 것
>   (입식 : 1.905m, 좌식 : 0.903m)

06 【5점】

「산업안전보건법」상, 누전에 의한 감전의 위험을 방지하기 위해 접지를 실시하는 코드와 플러그를 접속하여 사용하는 전기 기계·기구를 5가지 쓰시오.

> **해설**
> ① 사용전압이 대지전압 150볼트를 넘는 것
> ② 냉장고·세탁기·컴퓨터 및 주변기기 등과 같은 고정형 전기기계·기구
> ③ 고정형·이동형 또는 휴대형 전동기계·기구
> ④ 물 또는 도전성이 높은 곳에서 사용하는 전기기계·기구, 비접지형 콘센트
> ⑤ 휴대형 손전등

> **참고**
> 산업안전보건기준에 관한 규칙
> 제302조(전기 기계·기구의 접지)
> *코드와 플러그를 접속하여 사용하는 전기기계·기구
> ① 사용전압이 대지전압 150볼트를 넘는 것
> ② 냉장고·세탁기·컴퓨터 및 주변기기 등과 같은 고정형 전기기계·기구
> ③ 고정형·이동형 또는 휴대형 전동기계·기구
> ④ 물 또는 도전성이 높은 곳에서 사용하는 전기기계·기구, 비접지형 콘센트
> ⑤ 휴대형 손전등

07 【3점】

조명은 근로자들의 작업환경에 있어 중요한 안전요소이다. 선반 작업 중 현재의 조도는 $120 Lux$ 이다. 그러나 선반 작업은 정밀작업의 기준으로 조명을 설치하여야 한다. 「산업안전보건법」상, 현재 작업의 기준에 맞는 선반작업의 조도기준을 쓰시오.

> **해설**
> $300 Lux$ 이상

> **참고**
> 산업안전보건기준에 관한 규칙
> 제8조(조도)
>
> | 작업 | 조도 |
> |---|---|
> | 초정밀작업 | $750 Lux$ 이상 |
> | 정밀작업 | $300 Lux$ 이상 |
> | 보통작업 | $150 Lux$ 이상 |
> | 그 외 작업 | $75 Lux$ 이상 |

08 【3점】

다음 표는 「보호구 안전인증 고시」상, 분리식 방진마스크의 포집효율에 대한 내용일 때, 빈칸을 채우시오.

등급	염화나트륨($NaCl$) 및 파라핀 오일 시험
특급	(①)% 이상
1급	(②)% 이상
2급	(③)% 이상

> **해설**
> ① 99.95 ② 94 ③ 80

> **참고**
> 보호구 안전인증 고시
> [별표 4] 방진마스크의 성능 기준
> *여과제 분진 등 포집효율

종류	등급	염화나트륨($NaCl$) 및 파라핀 오일(Paraffin Oil) 시험
분리식	특급	99.95% 이상
	1급	94% 이상
	2급	80% 이상
안면부 여과식	특급	99% 이상
	1급	94% 이상
	2급	80% 이상

09 【3점】

「산업안전보건법」상, 산업안전보건위원회의 회의록 작성 사항을 3가지 쓰시오.
(단, 그 밖의 토의사항은 제외한다.)

> **해설**
> ① 개최일시 및 장소
> ② 출석위원
> ③ 심의 내용 및 의결·결정사항

> **참고**
> 산업안전보건법 시행령
> 제37조(산업안전보건위원회의 회의 등)
> ① 개최일시 및 장소
> ② 출석위원
> ③ 심의 내용 및 의결·결정사항
> ④ 그 밖의 토의사항

10 【6점】

「산업안전보건법」상, 사업주가 가스장치실을 설치해야 할 때, 만족하여야 하는 설치기준을 3가지 쓰시오.

> **해설**
> ① 가스가 누출된 경우에는 그 가스가 정체되지 않도록 할 것
> ② 지붕과 천장에는 가벼운 불연성 재료를 사용할 것
> ③ 벽에는 불연성 재료를 사용할 것

> **참고**
> 산업안전보건기준에 관한 규칙
> 제292조(가스장치실의 구조 등)
> ① 가스가 누출된 경우에는 그 가스가 정체되지 않도록 할 것
> ② 지붕과 천장에는 가벼운 불연성 재료를 사용할 것
> ③ 벽에는 불연성 재료를 사용할 것

11 【3점】

「산업안전보건법」상, 달비계에 사용할 수 없는 달기 체인의 기준을 3가지 쓰시오.

> **해설**
> ① 달기 체인의 길이가 달기 체인이 제조된 때의 길이의 5퍼센트를 초과한 것
> ② 링의 단면지름이 달기 체인이 제조된 때의 해당 링의 지름의 10퍼센트를 초과하여 감소한 것
> ③ 균열이 있거나 심하게 변형된 것

> **참고**
> 산업안전보건기준에 관한 규칙
> 제63조(달비계의 구조)
> *달비계에 사용할 수 없는 달기 체인
> ① 달기 체인의 길이가 달기 체인이 제조된 때의 길이의 5퍼센트를 초과한 것
> ② 링의 단면지름이 달기 체인이 제조된 때의 해당 링의 지름의 10퍼센트를 초과하여 감소한 것
> ③ 균열이 있거나 심하게 변형된 것

13 【4점】

미국방성 위험성평가 중 위험도(MIL-STD-882B)를 4가지 쓰시오.

출제 기준에서 제외된 내용입니다.

12 【5점】

어떤 사업장의 근무 및 재해발생현황이 다음 보기와 같을 때, 이 사업장의 종합재해지수를 구하시오.
(단, 소수 셋째자리까지 표현하시오.)

[보기]
① 평균근로자수 : 500명
② 연간 재해건수 : 210건
③ 근로손실일수 : 900일
④ 연간 근무시간 : 2400시간

14 【3점】

인간 주의의 특성 3가지를 쓰시오.

출제 기준에서 제외된 내용입니다.

해설

$$도수율 = \frac{재해건수}{연근로 총시간수} \times 10^6$$
$$= \frac{210}{500 \times 2400} \times 10^6 = 175$$

$$강도율 = \frac{근로손실일수}{연근로 총시간수} \times 10^3$$
$$= \frac{900}{500 \times 2400} \times 10^3 = 0.75$$

$$\therefore 종합재해지수 = \sqrt{도수율 \times 강도율}$$
$$= \sqrt{175 \times 0.75} = 11.456$$

2022년 1회차 산업안전기사 실기 필답형 기출문제

01 【4점】

아래 보기는 「산업안전보건법」상, 건설공사발주자의 산업재해 예방 조치에 대한 내용일 때 빈칸을 채우시오.

[보기]
- 총 공사금액이 (①)억 이상인 건설공사발주자는 산업재해 예방을 위하여 건설공사의 계획, 설계 및 시공 단계에서 다음 각 호의 구분에 따른 조치를 하여야 한다.

- 1. 건설공사 기획단계 : 해당 건설공사에서 중점적으로 관리하여야 할 유해·위험요인과 이의 감소방안을 포함한 (②)을 작성할 것

- 2. 건설공사 설계단계 : 기본안전보건대장을 설계자에게 제공하고, 설계자로 하여금 유해·위험요인의 감소방안을 포함한 (③)을 작성하게 하고 이를 확인 할 것

- 3. 건설공사 시공단계 : 건설공사발주자로부터 건설공사를 최초로 도급받은 수급인에게 (③)을 제공하고, 그 수급인에게 이를 반영하여 안전한 작업을 위한 (④)을 작성하게 하고 그 이행여부를 확인할 것

참고

산업안전보건법 시행령
제55조(산업재해 예방 조치 대상 건설공사)

'대통령령으로 정하는 건설공사'란 총공사금액이 50억원 이상인 공사를 말한다.

산업안전보건법
제67조(건설공사발주자의 산업재해 예방 조치)

① 건설공사 계획단계: 해당 건설공사에서 중점적으로 관리하여야 할 유해·위험요인과 이의 감소방안을 포함한 기본안전보건대장을 작성할 것
② 건설공사 설계단계: 제1호에 따른 기본안전보건대장을 설계자에게 제공하고, 설계자로 하여금 유해·위험요인의 감소방안을 포함한 설계안전보건대장을 작성하게 하고 이를 확인할 것
③ 건설공사 시공단계: 건설공사발주자로부터 건설공사를 최초로 도급받은 수급인에게 제2호에 따른 설계안전보건대장을 제공하고, 그 수급인에게 이를 반영하여 안전한 작업을 위한 공사안전보건대장을 작성하게 하고 그 이행 여부를 확인할 것

해설

① 50억
② 기본안전보건대장
③ 설계안전보건대장
④ 공사안전보건대장

02 【4점】

「산업안전보건법」상, 사업주는 차량계 하역운반기계 등을 이송하기 위하여 자주 또는 견인으로 화물자동차에 싣거나 내리는 작업을 할 때 발판·성토 등을 사용하는 경우, 기계의 전도 또는 전락에 의한 위험을 방지하기 위하여 준수하여야 할 사항을 4가지 쓰시오.

해설
① 싣거나 내리는 작업은 평탄하고 견고한 장소에서 할 것
② 발판을 사용하는 경우에는 충분한 길이·폭 및 강도를 가진 것을 사용하고 적당한 경사를 유지하기 위하여 견고하게 설치할 것
③ 가설대 등을 사용하는 경우에는 충분한 폭 및 강도와 적당한 경사를 확보할 것
④ 지정운전자의 성명·연락처 등을 보기 쉬운 곳에 표시하고 지정운전자 외에는 운전하지 않도록 할 것

참고
산업안전보건기준에 관한 규칙
제174조(차량계 하역운반기계등의 이송)
① 싣거나 내리는 작업은 평탄하고 견고한 장소에서 할 것
② 발판을 사용하는 경우에는 충분한 길이·폭 및 강도를 가진 것을 사용하고 적당한 경사를 유지하기 위하여 견고하게 설치할 것
③ 가설대 등을 사용하는 경우에는 충분한 폭 및 강도와 적당한 경사를 확보할 것
④ 지정운전자의 성명·연락처 등을 보기 쉬운 곳에 표시하고 지정운전자 외에는 운전하지 않도록 할 것

03 【3점】

다음 보기는 「산업안전보건법」상, 안전기의 설치에 관한 내용일 때, 빈칸을 채우시오.

[보기]
- 사업주는 아세틸렌 용접장치의 (①) 마다 안전기를 설치하여야 한다. 다만, 주관 및 (①)에 가장 가까운 (②) 마다 안전기를 부착한 경우에는 그러하지 아니하다.
- 사업주는 가스용기가 발생기와 분리되어 있는 아세틸렌 용접장치에 대하여 (③)와 가스용기 사이에 안전기를 설치하여야 한다.

해설
① 취관 ② 분기관 ③ 발생기

참고
산업안전보건기준에 관한 규칙
제289조(안전기의 설치)
① 사업주는 아세틸렌 용접장치의 취관마다 안전기를 설치하여야 한다. 다만, 주관 및 취관에 가장 가까운 분기관마다 안전기를 부착한 경우에는 그러하지 아니하다.
② 사업주는 가스용기가 발생기와 분리되어 있는 아세틸렌 용접장치에 대하여 발생기와 가스용기 사이에 안전기를 설치하여야 한다.

04 【5점】

「산업안전보건법」상, 근로자가 작업이나 통행 등으로 인하여 전기기계·기구 등 또는 전류 등의 충전부분에 접촉하거나 접근함으로써 감전위험이 있는 충전부분에 대하여, 감전을 방지하기 위해 사업주가 조치하여야 하는 방지방법을 3가지 쓰시오.

해설
① 충전부가 노출되지 않도록 폐쇄형 외함이 있는 구조로 할 것
② 충전부에 충분한 절연효과가 있는 방호망이나 절연덮개를 설치할 것
③ 충전부는 내구성이 있는 절연물로 완전히 덮어 감쌀 것

참고
산업안전보건기준에 관한 규칙
제301조(전기 기계·기구 등의 충전부 방호)
① 충전부가 노출되지 않도록 폐쇄형 외함이 있는 구조로 할 것
② 충전부에 충분한 절연효과가 있는 방호망이나 절연덮개를 설치할 것
③ 충전부는 내구성이 있는 절연물로 완전히 덮어 감쌀 것
④ 발전소·변전소 및 개폐소 등 구획되어 있는 장소로서 관계 근로자가 아닌 사람의 출입이 금지되는 장소에 충전부를 설치하고, 위험표시 등의 방법으로 방호를 강화할 것
⑤ 전주 위 및 철탑 위 등 격리되어 있는 장소로서 관계 근로자가 아닌 사람이 접근할 우려가 없는 장소에 충전부를 설치할 것

05 【3점】

「산업안전보건법」상, 사업주가 근로자의 위험을 방지하기 위해, 타워크레인을 설치·조립·해체 하는 작업시 작성하여야 하는 작업계획서의 내용을 4가지 쓰시오.

해설
① 타워크레인의 종류 및 형식
② 설치·조립 및 해체순서
③ 작업도구·장비·가설설비 및 방호설비
④ 작업인원의 구성 및 작업근로자의 역할범위

참고
산업안전보건기준에 관한 규칙
[별표 4] 사전조사 및 작업계획서 내용
*타워크레인을 설치·조립·해체 하는 작업
① 타워크레인의 종류 및 형식
② 설치·조립 및 해체순서
③ 작업도구·장비·가설설비 및 방호설비
④ 작업인원의 구성 및 작업근로자의 역할범위

06 【5점】

「산업안전보건법」상, 사다리식 통로 등을 설치하는 경우 사업주가 준수해야할 사항을 4가지 쓰시오.

해설
① 견고한 구조로 할 것
② 심한 손상·부식 등이 없는 재료를 사용할 것
③ 발판의 간격은 일정하게 할 것
④ 폭은 30cm 이상으로 할 것

참고
산업안전보건기준에 관한 규칙
제24조(사다리식 통로 등의 구조)
① 견고한 구조로 할 것
② 심한 손상·부식 등이 없는 재료를 사용할 것
③ 발판의 간격은 일정하게 할 것
④ 발판과 벽과의 사이는 15cm 이상의 간격을 유지할 것

⑤ 폭은 30cm 이상으로 할 것
⑥ 사다리가 넘어지거나 미끄러지는 것을 방지하기 위한 조치를 할 것
⑦ 사다리의 상단은 걸쳐놓은 지점으로부터 60cm 이상 올라가도록 할 것
⑧ 사다리식 통로의 길이가 10m 이상인 경우에는 5m 이내마다 계단참을 설치할 것
⑨ 사다리식 통로의 기울기는 75° 이하로 할 것 다만, 고정식 사다리식 통로의 기울기는 90° 이하로 하고, 그 높이가 7m 이상인 경우에는 다음 각 목의 구분에 따른 조치를 할 것
  ㉠ 등받이울이 있어도 근로자 이동에 지장이 없는 경우: 바닥으로부터 높이가 2.5m 되는 지점부터 등받이울을 설치할 것
  ㉡ 등받이울이 있으면 근로자가 이동이 곤란한 경우 : 한국산업표준에서 정하는 기준에 적합한 개인용 추락 방지 시스템을 설치하고 근로자로 하여금 한국산업표준에서 정하는 기준에 적합한 전신안전대를 사용하도록 할 것
⑩ 접이식 사다리 기둥은 사용 시 접혀지거나 펼쳐지지 않도록 철물 등을 사용하여 견고하게 조치할 것

07 【3점】

「산업안전보건법」상, 안전인증 대상 보호구를 5가지 쓰시오.

해설
① 안전화
② 안전장갑
③ 방진마스크
④ 방독마스크
⑤ 송기마스크

참고
산업안전보건법 시행령
제74조(안전인증대상기계등)
*안전인증 대상 보호구
① 추락 및 감전 위험방지용 안전모
② 안전화
③ 안전장갑
④ 방진마스크
⑤ 방독마스크

⑥ 송기마스크
⑦ 전동식 호흡보호구
⑧ 보호복
⑨ 안전대
⑩ 차광 및 비산물 위험방지용 보안경
⑪ 용접용 보안면
⑫ 방음용 귀마개 또는 귀덮개

08 【5점】

「산업안전보건법」상, 유해·위험 방지를 위한 방호조치를 하지 아니하고는 양도·대여·설치 또는 사용에 제공하거나, 양도·대여의 목적으로 진열해서는 안되는 기계·기구 4가지를 쓰시오.

해설
① 예초기
② 원심기
③ 공기압축기
④ 지게차

참고
산업안전보건법 시행령
[별표 20] 유해·위험 방지를 위한 방호조치가 필요한 기계·기구
① 예초기
② 원심기
③ 공기압축기
④ 포장기계(진공포장기, 랩핑기로 한정)
⑤ 금속절단기
⑥ 지게차

09 【5점】

어떤 사업장의 총 근로자수가 2000명, 근로시간이 2400시간 일 때, 산업 재해로 인하여 사망자수가 2명, 재해자수가 10명, 재해건수가 11건 발생하였다. 이 사업장의 사망만인율을 구하시오.

해설
$$사망만인율 = \frac{사망자\ 수}{근로자\ 수} \times 10000 = \frac{2}{2000} \times 10000 = 10$$

10 【3점】

화물의 하중을 두 줄로 지지하는 달기와이어로프의 절단하중이 $2000kg$일 때 와이어로프의 허용하중 $[kg]$을 구하시오.

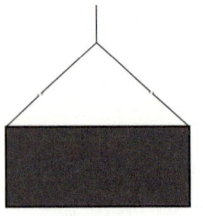

해설

허용하중 $= \dfrac{2000 \times 2}{5} = 800kg$

참고

산업안전보건기준에 관한 규칙
제163조(와이어로프 등 달기구의 안전계수)

상황	안전율(S)
근로자가 탑승하는 운반구를 지지하는 달기와이어로프 또는 달기체인의 경우	10 이상
화물의 하중을 직접 지지하는 달기와이어로프 또는 달기체인의 경우	5 이상
훅, 샤클, 클램프, 리프팅 빔의 경우	3 이상
그 밖의 경우	4 이상

*안전율(=안전계수)

$S = \dfrac{절단하중}{허용하중}$

11 【4점】

다음 보기는 「산업안전보건법」상, 위험물을 저장, 취급하는 화학설비 및 그 부속설비를 설치하는 경우, 폭발이나 화재에 따른 피해를 줄일 수 있도록 설비 및 시설간에 충분한 안전거리에 관한 내용이다. 빈칸을 채우시오.

> [보기]
> - 단위공정시설 및 설비로부터 다른 단위공정시설 및 설비의 사이 : (①)m 이상 이격
> - 플레어스택으로부터 단위공정시설 및 설비, 위험물질 저장탱크 또는 위험물질 하역설비의 사이 : 반경 (②)m 이상 이격
> - 위험물질 저장탱크로부터 단위공정시설 및 설비, 보일러 또는 가열로의 사이 : 저장탱크 바깥(외)면으로부터 (③)m 이상 이격
> - 사무실·연구실·실험실·정비실 또는 식당으로부터 단위공정시설 및 설비, 위험물질 저장탱크, 위험물질 하역설비, 보일러 또는 가열로의 사이 : 사무실 등 바깥(외) 면으로부터 (④)m 이상 이격

해설

① 10 ② 20 ③ 20 ④ 20

참고

산업안전보건기준에 관한 규칙
[별표 8] 안전거리

① 단위공정시설 및 설비로부터 다른 단위공정시설 및 설비의 사이 : 10미터 이상
② 플레어스택으로부터 단위공정시설 및 설비, 위험물질 저장탱크 또는 위험물질 하역설비의 사이 : 반경 20미터 이상
③ 위험물질 저장탱크로부터 단위공정시설 및 설비, 보일러 또는 가열로의 사이 : 저장탱크 바깥면으로부터 20미터 이상 이격
④ 사무실·연구실·실험실·정비실 또는 식당으로부터 단위공정시설 및 설비, 위험물질 저장탱크, 위험물질 하역설비, 보일러 또는 가열로의 사이 : 사무실 등의 바깥 면으로부터 20미터 이상

12 【4점】

~~Swain은 인간의 오류를 크게 작위적 오류 (Commission Error)와 부작위적 오류(Omission Error)로 구분할 때 2개의 오류에 대해 설명하시오.~~

출제 기준에서 제외된 내용입니다.

13 【3점】

~~다음 보기는 인간관계 매커니즘 적응기제에 관한 정의일 때 알맞은 답을 쓰시오.~~

~~[보기]
① 자신이 억압된 것을 다른 사람의 것으로 생각한다.
② 다른 사람의 행동양식이나 태도를 주입한다.
③ 남의 행동이나 판단을 표본으로하여 따라한다.~~

출제 기준에서 제외된 내용입니다.

14 【4점】

~~거리가 $2m$에서 조도가 $150 Lux$일 때, 거리가 $3m$일 때 조도$[Lux]$를 구하시오.~~

출제 기준에서 제외된 내용입니다.

2022년 2회차 산업안전기사 실기 필답형 기출문제

01 【4점】
「산업안전보건법」상, 공정안전보고서에 포함되어야 할 사항을 4가지 쓰시오.

해설
① 공정안전자료
② 공정위험성평가서
③ 안전운전계획
④ 비상조치계획

참고
산업안전보건법 시행규칙
제50조(공정안전보고서의 세부 내용 등)
① 공정안전자료
② 공정위험성평가서 및 잠재위험에 대한 사고 예방·피해 최소화 대책
③ 안전운전계획
④ 비상조치계획

02 【3점】
「산업안전보건법」상, 전기 기계·기구를 설치할 때, 사업주가 주의하여야 할 사항을 3가지 쓰시오.

해설
① 전기기계·기구의 충분한 전기적 용량 및 기계적 강도
② 습기·분진 등 사용 장소의 주위 환경
③ 전기적·기계적 방호수단의 적정성

참고
산업안전보건기준에 관한 규칙
제303조(전기 기계·기구의 적정설치 등)
① 전기기계·기구의 충분한 전기적 용량 및 기계적 강도
② 습기·분진 등 사용 장소의 주위 환경
③ 전기적·기계적 방호수단의 적정성

03 【3점】
다음 보기는 「산업안전보건법」상 사다리식 통로의 설치 기준에 관한 내용일 때 빈칸을 채우시오.
(단, 등받이울이 있어도 근로자의 이동에 지장이 없는 경우이다.)

[보기]
- 사다리식 통로의 길이가 10m 이상인 경우에는 (①)m 이내마다 계단참을 설치할 것
- 사다리식 통로의 기울기는 75° 이하로 할 것 다만, 고정식 사다리식 통로의 기울기는 (②)° 이하로 하고, 그 높이가 7m 이상인 경우, 등받이울을 설치시 높이가 (③)m 되는 지점부터 등받이울을 설치할 것

해설
① 5 ② 90 ③ 2.5

> [참고]
> 산업안전보건기준에 관한 규칙
> 제24조(사다리식 통로 등의 구조)
> ① 견고한 구조로 할 것
> ② 심한 손상·부식 등이 없는 재료를 사용할 것
> ③ 발판의 간격은 일정하게 할 것
> ④ 발판과 벽과의 사이는 15cm 이상의 간격을 유지할 것
> ⑤ 폭은 30cm 이상으로 할 것
> ⑥ 사다리가 넘어지거나 미끄러지는 것을 방지하기 위한 조치를 할 것
> ⑦ 사다리의 상단은 걸쳐놓은 지점으로부터 60cm 이상 올라가도록 할 것
> ⑧ 사다리식 통로의 길이가 10m 이상인 경우에는 5m 이내마다 계단참을 설치할 것
> ⑨ 사다리식 통로의 기울기는 75° 이하로 할 것 다만, 고정식 사다리식 통로의 기울기는 90° 이하로 하고, 그 높이가 7m 이상인 경우에는 다음 각 목의 구분에 따른 조치를 할 것
> ㉠ 등받이울이 있어도 근로자 이동에 지장이 없는 경우: 바닥으로부터 높이가 2.5m 되는 지점부터 등받이울을 설치할 것
> ㉡ 등받이울이 있으면 근로자가 이동이 곤란한 경우: 한국산업표준에서 정하는 기준에 적합한 개인용 추락 방지 시스템을 설치하고 근로자로 하여금 한국산업표준에서 정하는 기준에 적합한 전신안전대를 사용하도록 할 것
> ⑩ 접이식 사다리 기둥은 사용 시 접혀지거나 펼쳐지지 않도록 철물 등을 사용하여 견고하게 조치할 것

04 【4점】

「산업안전보건법」상, 사업장의 안전 및 보건을 유지하기 위하여 안전보건관리규정을 작성하고자 할 때, 포함되어야 할 사항을 4가지 쓰시오.

> [해설]
> ① 안전 및 보건에 관한 관리조직과 그 직무에 관한 사항
> ② 안전보건교육에 관한 사항
> ③ 작업장의 안전 및 보건 관리에 관한 사항
> ④ 사고 조사 및 대책 수립에 관한 사항

> [참고]
> 산업안전보건법
> 제25조(안전보건관리규정의 작성)
> ① 안전 및 보건에 관한 관리조직과 그 직무에 관한 사항
> ② 안전보건교육에 관한 사항
> ③ 작업장의 안전 및 보건 관리에 관한 사항
> ④ 사고 조사 및 대책 수립에 관한 사항

05 【4점】

아래 표는 화재의 종류를 구분한 표이다. 빈칸을 채우시오.

등급	종류	색
A급	일반화재	①
B급	유류화재	②
C급	③	청색
D급	④	무색

> [해설]
> ① 백색
> ② 황색
> ③ 전기화재
> ④ 금속화재

> [참고]
> *화재의 구분
>
> | 등급 | 종류 | 색 | 소화방법 |
> |---|---|---|---|
> | A급 | 일반화재 | 백색 | 냉각소화 |
> | B급 | 유류 및 가스화재 | 황색 | 질식소화 |
> | C급 | 전기화재 | 청색 | 질식소화 |
> | D급 | 금속화재 | 무색 | 피복소화 |

06 【4점】

「산업안전보건법」상, 비, 눈 그 밖의 악천후로 인하여 작업을 중지시킨 후 또는 비계를 조립·해체하거나 변경한 후에 그 비계에서 작업을 하는 경우, 해당 작업을 시작하기 전에 점검해야 할 항목을 4가지 쓰시오.

해설
① 발판 재료의 손상 여부 및 부착 또는 걸림 상태
② 해당 비계의 연결부 또는 접속부의 풀림 상태
③ 손잡이의 탈락 여부
④ 기둥의 침하, 변형, 변위 또는 흔들림 상태

참고
산업안전보건기준에 관한 규칙
제58조(비계의 점검 및 보수)
① 발판 재료의 손상 여부 및 부착 또는 걸림 상태
② 해당 비계의 연결부 또는 접속부의 풀림 상태
③ 연결 재료 및 연결 철물의 손상 또는 부식 상태
④ 손잡이의 탈락 여부
⑤ 기둥의 침하, 변형, 변위 또는 흔들림 상태
⑥ 로프의 부착 상태 및 매단 장치의 흔들림 상태

07 【4점】

「산업안전보건법」상, 사업주가 근로자에게 실시해야 하는 안전보건교육 중, 채용 시 교육 내용을 4가지 쓰시오.

해설
① 산업안전 및 사고 예방에 관한 사항
② 산업보건 및 직업병 예방에 관한 사항
③ 위험성 평가에 관한 사항
④ 직무스트레스 예방 및 관리에 관한 사항

참고
산업안전보건법 시행규칙
[별표 5] 안전보건교육 교육대상별 교육내용
*채용 시 교육 및 작업내용 변경 시 교육
① 산업안전 및 사고 예방에 관한 사항
② 산업보건 및 직업병 예방에 관한 사항
③ 위험성 평가에 관한 사항
④ 산업안전보건법령 및 산업재해보상보험 제도에 관한 사항
⑤ 직무스트레스 예방 및 관리에 관한 사항
⑥ 직장 내 괴롭힘, 고객의 폭언 등으로 인한 건강장해 예방 및 관리에 관한 사항
⑦ 기계·기구의 위험성과 작업의 순서 및 동선에 관한 사항
⑧ 작업 개시 전 점검에 관한 사항
⑨ 정리정돈 및 청소에 관한 사항
⑩ 사고 발생 시 긴급조치에 관한 사항
⑪ 물질안전보건자료에 관한 사항

08 【3점】

「산업안전보건법」상, 근로자가 용접·용단 작업을 하도록 하는 경우에 사업주는 화재 감시자를 지정하여 용접, 용단 작업 장소에 배치하여야 할 때, 화재 감시자 배치장소의 기준을 3가지 쓰시오.

해설
① 작업반경 $11m$ 이내에 건물구조 자체나 내부에 가연성물질이 있는 장소
② 작업반경 $11m$ 이내의 바닥 하부에 가연성물질이 $11m$ 이상 떨어져 있지만 불꽃에 의해 쉽게 발화될 우려가 있는 장소
③ 가연성물질이 금속으로 된 칸막이·벽·천장 또는 지붕의 반대쪽 면에 인접해 있어 열전도나 열복사에 의해 발화될 우려가 있는 장소

> **참고**
> 산업안전보건에 관한 규칙
> 제241조의2(화재감시자)
>
> ① 작업반경 11미터 이내에 건물구조 자체나 내부(개구부 등으로 개방된 부분을 포함한다)에 가연성물질이 있는 장소
> ② 작업반경 11미터 이내의 바닥 하부에 가연성물질이 11미터 이상 떨어져 있지만 불꽃에 의해 쉽게 발화될 우려가 있는 장소
> ③ 가연성물질이 금속으로 된 칸막이·벽·천장 또는 지붕의 반대쪽 면에 인접해 있어 열전도나 열복사에 의해 발화될 우려가 있는 장소

09 【6점】

「산업안전보건법」상, 부두·안벽에서의 하역작업시 사업주가 하여야 할 조치사항을 3가지 쓰시오.

> **해설**
> ① 작업장 및 통로의 위험한 부분에는 안전하게 작업할 수 있는 조명을 유지할 것
> ② 부두 또는 안벽의 선을 따라 통로를 설치하는 경우에는 폭을 90cm 이상으로 할 것
> ③ 육상에서의 통로 및 작업장소로서 다리 또는 선거 갑문을 넘는 보도 등의 위험한 부분에는 안전난간 또는 울타리 등을 설치할 것

> **참고**
> 산업안전보건기준에 관한 규칙
> 제390조(하역작업장의 조치기준)
>
> ① 작업장 및 통로의 위험한 부분에는 안전하게 작업할 수 있는 조명을 유지할 것
> ② 부두 또는 안벽의 선을 따라 통로를 설치하는 경우에는 폭을 90cm 이상으로 할 것
> ③ 육상에서의 통로 및 작업장소로서 다리 또는 선거 갑문을 넘는 보도 등의 위험한 부분에는 안전난간 또는 울타리 등을 설치할 것

10 【4점】

「산업안전보건법」상 자율안전확인대상 기계 또는 설비를 4가지 쓰시오.

> **해설**
> ① 혼합기
> ② 자동차정비용 리프트
> ③ 공작기계
> ④ 인쇄기

> **참고**
> 산업안전보건법 시행령
> 제77조(자율안전확인대상기계등)
>
> | 기계 또는 설비 | ① 연삭기 또는 연마기 |
> | | ② 산업용 로봇 |
> | | ③ 혼합기 |
> | | ④ 파쇄기 또는 분쇄기 |
> | | ⑤ 식품가공용 기계 |
> | | ⑥ 컨베이어 |
> | | ⑦ 자동차정비용 리프트 |
> | | ⑧ 공작기계 |
> | | ⑨ 고정형 목재가공용 기계 |
> | | ⑩ 인쇄기 |

11 【4점】

「산업안전보건법」상, 다음 그림에 해당하는 안전보건표지의 명칭을 쓰시오.

① 	② 	③ 	④ 

> **해설**
> ① 화기금지
> ② 폭발성물질경고
> ③ 부식성물질경고
> ④ 고압전기경고

참고

산업안전보건법 시행규칙
[별표 6] 안전보건표지의 종류와 형태
*금지표지 및 경고표지

12 【4점】

다음 보기는 어떠한 위험성 평가기법에 대한 설명일 때 위험성 평가기법의 명칭을 쓰시오.

[보기]
어떠한 사건에 대하여 성공과 실패확률을 계산하여 정량적, 귀납적으로 시스템의 안전도를 분석하는 방법

출제 기준에서 제외된 내용입니다.

13 【4점】

다음을 각각 간단하게 서술하시오.

(1) Fool Proof
(2) Fail Safe

출제 기준에서 제외된 내용입니다.

14 【5점】

어떤 사업장의 기계를 1시간 가동할 때 고장 발생 확률이 0.004일 때 다음을 구하시오.

(1) 평균고장간격(MTBF) [시간]
(2) 10시간 가동할 때의 신뢰도

출제 기준에서 제외된 내용입니다.

2022 3회차 산업안전기사 실기 필답형 기출문제

01 【5점】

「산업안전보건법」상, 로봇의 작동범위 내에서 그 로봇에 관하여 교시 등의 작업할 때 작업 시작 전 점검사항 3가지를 쓰시오.

해설
① 외부 전선의 피복 또는 외장의 손상 유무
② 매니퓰레이터 작동의 이상 유무
③ 제동장치 및 비상정지장치의 기능

참고
산업안전보건기준에 관한 규칙
[별표 3] 작업시작 전 점검사항

① 외부 전선의 피복 또는 외장의 손상 유무
② 매니퓰레이터 작동의 이상 유무
③ 제동장치 및 비상정지장치의 기능

참고
산업안전보건법 시행령
제74조(안전인증대상기계등)
*안전인증 대상 보호구

① 추락 및 감전 위험방지용 안전모
② 안전화
③ 안전장갑
④ 방진마스크
⑤ 방독마스크
⑥ 송기마스크
⑦ 전동식 호흡보호구
⑧ 보호복
⑨ 안전대
⑩ 차광 및 비산물 위험방지용 보안경
⑪ 용접용 보안면
⑫ 방음용 귀마개 또는 귀덮개

02 【4점】

「산업안전보건법」상, 안전인증 대상 보호구를 5가지 쓰시오.

해설
① 안전화
② 안전장갑
③ 방진마스크
④ 방독마스크
⑤ 송기마스크

03 【4점】

「산업안전보건법」상, 안전보건관리담당자의 업무를 4가지 쓰시오.

해설
① 안전·보건교육 실시에 관한 보좌 및 조언·지도
② 위험성평가에 관한 보좌 및 조언·지도
③ 작업환경측정 및 개선에 관한 보좌 및 조언·지도
④ 건강진단에 관한 보좌 및 조언·지도

> **참고**
> 산업안전보건법 시행령
> 제25조(안전보건관리담당자의 업무)
> ① 안전·보건교육 실시에 관한 보좌 및 조언·지도
> ② 위험성평가에 관한 보좌 및 조언·지도
> ③ 작업환경측정 및 개선에 관한 보좌 및 조언·지도
> ④ 건강진단에 관한 보좌 및 조언·지도
> ⑤ 산업재해 발생의 원인 조사, 산업재해 통계의 기록 및 유지를 위한 보좌 및 조언·지도
> ⑥ 산업안전·보건과 관련된 안전장치 및 보호구 구입 시 적격품 선정에 관한 보좌 및 조언·지도

> **참고**
> 산업안전보건기준에 관한 규칙
> 제67조(말비계)
> ① 지주부재의 하단에는 미끄럼 방지장치를 하고, 근로자가 양측 끝 부분에 올라서서 작업하지 않도록 할 것
> ② 지주부재와 수평면의 기울기를 75도 이하로 하고, 지주부재와 지주부재 사이를 고정시키는 보조부재를 설치할 것
> ③ 말비계의 높이가 2미터를 초과하는 경우에는 작업발판의 폭을 40센티미터 이상으로 할 것

04 【4점】

다음 보기는 「산업안전보건법」상, 말비계 조립 시 사업주의 준수사항에 대한 내용일 때, 빈칸을 채우시오.

[보기]
- 지주부재의 하단에는 (①)를 하고, 근로자가 양측 끝 부분에 올라서서 작업하지 않도록 할 것
- 지주부재와 수평면의 기울기를 (②)도 이하로 하고, 지주부재와 지주부재 사이를 고정시키는 보조부재를 설치할 것
- 말비계의 높이가 (③)m를 초과하는 경우에는 작업발판의 폭을 (④)cm 이상으로 할 것

> **해설**
> ① 미끄럼 방지장치
> ② 75
> ③ 2
> ④ 40

05 【4점】

기계설비의 방호원리를 3가지 쓰시오.

> **해설**
> ① 차단
> ② 위험제거
> ③ 덮어씌움

> **참고**
> *기계설비의 방호원리
> ① 차단
> ② 위험제거
> ③ 덮어씌움
> ④ 위험에 적응

06 【4점】

다음 보기는 「산업안전보건법」상 화학설비 및 부속설비 안전기준에 대한 내용일 때, 빈칸을 채우시오.

[보기]
사업주는 급성독성물질이 지속적으로 외부에 유출될 수 있는 화학설비 및 그 부속설비에 파열판과 안전밸브를 (①)로 설치하고 그 사이에는 (②) 또는 (③)를 설치하여야 한다.

해설
① 직렬
② 압력지시계
③ 자동경보장치

참고
산업안전보건기준에 관한 규칙
제263조(파열판 및 안전밸브의 직렬설치)

사업주는 급성 독성물질이 지속적으로 외부에 유출될 수 있는 화학설비 및 그 부속설비에 파열판과 안전밸브를 직렬로 설치하고 그 사이에는 압력지시계 또는 자동경보장치를 설치하여야 한다.

07 【4점】

「산업안전보건법」상, 사업주가 교류아크용접기에 전격방지기를 설치하여야 하는 장소를 2가지 쓰시오.

해설
① 선박의 이중 선체 내부·밸러스트 탱크·보일러 내부 등 도전체에 둘러싸인 장소
② 근로자가 물·땀 등으로 인하여 도전성이 높은 습윤상태에서 작업하는 장소

참고
산업안전보건기준에 관한 규칙
제306조(교류아크용접기 등)

① 선박의 이중 선체 내부·밸러스트 탱크·보일러 내부 등 도전체에 둘러싸인 장소
② 추락할 위험이 있는 높이 2미터 이상의 장소로 철골 등 도전성이 높은 물체에 근로자가 접촉할 우려가 있는 장소
③ 근로자가 물·땀 등으로 인하여 도전성이 높은 습윤상태에서 작업하는 장소

08 【4점】

다음 보기는 「산업안전보건법」상, 사업주가 설치하여야 할 추락방호망에 대한 내용일 때, 빈칸을 채우시오.

[보기]
- 추락방호망의 설치위치는 가능하면 작업면으로부터 가까운 지점에 설치하여야 하며, 작업면으로부터 망의 설치 지점까지의 수직거리는 (①)m를 초과하지 아니한 것
- 추락방호망은 수평으로 설치하고, 망의 처짐은 짧은 변 길이의 12% 이상이 되도록 할 것
- 건축물 등 바깥쪽으로 설치하는 경우 추락방호망의 내민 길이는 벽면으로부터 (②)m 이상이 되도록 할 것. 다만, 그물코가 $20mm$ 이하인 추락방호망을 사용한 경우에는 낙하물방지망을 설치한 것으로 본다.

해설
① 10   ② 3

> **참고**
> 산업안전보건기준에 관한 규칙
> 제42조(추락의 방지)
>
> ① 추락방호망의 설치위치는 가능하면 작업면으로부터 가까운 지점에 설치하여야 하며, 작업면으로부터 망의 설치지점까지의 수직거리는 <u>10미터</u>를 초과하지 아니할 것
> ② 추락방호망은 수평으로 설치하고, 망의 처짐은 짧은 변 길이의 12퍼센트 이상이 되도록 할 것
> ③ 건축물 등의 바깥쪽으로 설치하는 경우 추락방호망의 내민 길이는 벽면으로부터 <u>3미터</u> 이상 되도록 할 것. 다만, 그물코가 20밀리미터 이하인 추락방호망을 사용한 경우에는 낙하물 방지망을 설치한 것으로 본다.

09 【4점】

「산업안전보건법」상, 사업장의 안전 및 보건을 유지하기 위하여 안전보건관리규정을 작성하고자 할 때, 포함되어야 할 사항을 4가지 쓰시오.

> **해설**
> ① 안전 및 보건에 관한 관리조직과 그 직무에 관한 사항
> ② 안전보건교육에 관한 사항
> ③ 작업장의 안전 및 보건 관리에 관한 사항
> ④ 사고 조사 및 대책 수립에 관한 사항

> **참고**
> 산업안전보건법
> 제25조(안전보건관리규정의 작성)
>
> ① 안전 및 보건에 관한 관리조직과 그 직무에 관한 사항
> ② 안전보건교육에 관한 사항
> ③ 작업장의 안전 및 보건 관리에 관한 사항
> ④ 사고 조사 및 대책 수립에 관한 사항

10 【5점】

다음 보기는 「산업안전보건법」상, 정전기 재해에 관한 예방대책의 내용일 때, 빈칸을 채우시오.

> [보기]
> 해당 설비에 대하여 확실한 방법으로 (①)를 하거나 (②) 재료를 사용하거나 가습 및 점화원이 될 우려가 없는 (③)를 사용하는 등 정전기의 발생을 억제하거나 제거하기 위하여 필요한 조치를 하여야 한다.

> **해설**
> ① 접지 ② 도전성 ③ 제전장치

> **참고**
> 산업안전보건기준에 관한 규칙
> 제325조(정전기로 인한 화재 폭발 등 방지)
>
> 사업주는 설비를 사용할 때에 정전기에 의한 화재 또는 폭발 등의 위험이 발생할 우려가 있는 경우에는 해당 설비에 대하여 확실한 방법으로 <u>접지</u>를 하거나, <u>도전성</u> 재료를 사용하거나 가습 및 점화원이 될 우려가 없는 <u>제전장치</u>를 사용하는 등 정전기의 발생을 억제하거나 제거하기 위하여 필요한 조치를 하여야 한다.

11 【3점】

「산업안전보건법」상, 사업주가 근로자에게 실시해야 하는 안전보건교육 중, 근로자 정기교육의 내용을 4가지 쓰시오.

> **해설**
> ① 산업안전 및 사고 예방에 관한 사항
> ② 산업보건 및 직업병 예방에 관한 사항
> ③ 위험성 평가에 관한 사항
> ④ 직무스트레스 예방 및 관리에 관한 사항

> **참고**
> 산업안전보건법 시행규칙
> [별표 5] 안전보건교육 교육대상별 교육내용
> *근로자 정기교육
> ① 산업안전 및 사고 예방에 관한 사항
> ② 산업보건 및 직업병 예방에 관한 사항
> ③ 위험성 평가에 관한 사항
> ④ 건강증진 및 질병 예방에 관한 사항
> ⑤ 유해·위험 작업환경 관리에 관한 사항
> ⑥ 산업안전보건법령 및 산업재해보상보험 제도에 관한 사항
> ⑦ 직무스트레스 예방 및 관리에 관한 사항
> ⑧ 직장 내 괴롭힘, 고객의 폭언 등으로 인한 건강장해 예방 및 관리에 관한 사항

13 【4점】

인간-기계 통합시스템에서 시스템이 갖는 기능을 ~~4~~가지 쓰시오.

출제 기준에서 제외된 내용입니다.

12 【3점】

어떤 사업장에서 사망자 2명, 1급재해자 1명, 2급재해자 1명, 3급재해자 1명, 9급재해자 1명, 10급재해자 4명이 발생했을 때, 요양근로손실일수를 구하시오.

> **해설**
> 요양근로손실일수
> $= 7500 \times (2+1+1+1) + 1000 \times 1 + 600 \times 4$
> $= 40900$일

> **참고**
> *요양근로손실일수 산정요령
>
> | 신체 장해자 등급 | 근로손실 일 수 |
> |---|---|
> | 사망 | 7500일 |
> | 1~3급 | 7500일 |
> | 4급 | 5500일 |
> | 5급 | 4000일 |
> | 6급 | 3000일 |
> | 7급 | 2200일 |
> | 8급 | 1500일 |
> | 9급 | 1000일 |
> | 10급 | 600일 |
> | 11급 | 400일 |
> | 12급 | 200일 |
> | 13급 | 100일 |
> | 14급 | 50일 |

14 【3점】

다음 FT도 그림에서 ①, ③, ⑤, ⑦의 발생 확률은 ~~20%~~이고, ②, ④, ⑥의 발생 확률은 ~~10%~~일 때, 정상사상 발생 확률[%]을 적으시오.
(단, 소수점 다섯째 자리까지 나타내시오.)

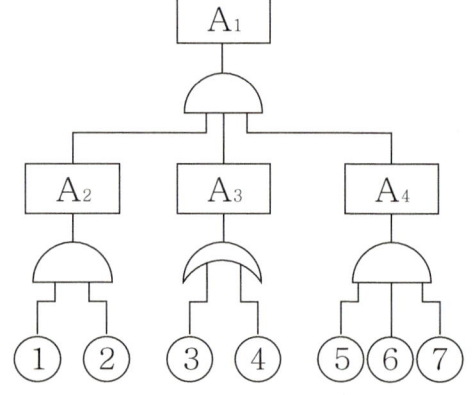

출제 기준에서 제외된 내용입니다.

2023년 1회차 산업안전기사 실기 필답형 기출문제

01 【3점】

다음 보기는 「산업안전보건법」상, 소음 작업에 대한 내용일 때, 빈칸을 채우시오.

[보기]
- '소음작업'이란 1일 8시간 작업을 기준으로 (①)dB 이상의 소음이 발생하는 작업을 말한다.
- '강렬한 소음작업'이란 다음 각목의 어느 하나에 해당하는 작업을 말한다.
  (1) 90dB 이상의 소음이 1일 (②)시간 이상 발생하는 작업
  (2) 100dB 이상의 소음이 1일 (③)시간 이상 발생하는 작업

해설
① 85 ② 8 ③ 2

참고
산업안전보건기준에 관한 규칙
제512조(정의)
① '소음작업'이란 1일 8시간 작업을 기준하여 85dB 이상의 소음이 발생하는 작업
② 강렬한 소음작업

데시벨(이상)	발생시간(1일 기준)
90dB	8시간 이상
95dB	4시간 이상
100dB	2시간 이상
105dB	1시간 이상
110dB	30분 이상
115dB	15분 이상

③ 충격 소음작업

데시벨(이상)	발생횟수(1일 기준)
120dB	10000회 이상
130dB	1000회 이상
140dB	100회 이상

02 【4점】

「산업안전보건법」상, 사업주는 사업장에 유해하거나 위험한 설비가 있는 경우 중대산업사고를 예방하기 위하여 대통령령으로 정하는 바에 따라 공정안전보고서를 작성하고 고용노동부장관에게 제출하여 심사를 받아야 한다. 다음 표의 물질을 제조·취급·저장하는 설비에 공정안전보고서를 작성하여야 하는 기준에 알맞게 빈칸을 채우시오.

유해·위험물질	규정량[kg]
인화성가스	제조·취급 : (①) 저장 : 200,000
암모니아	제조·취급·저장 : (②)
염산 (중량 20% 이상)	제조·취급·저장 : (③)
황산 (중량 20% 이상)	제조·취급·저장 : (④)

해설
① 5000
② 10000
③ 20000
④ 20000

> **참고**
> 산업안전보건법 시행령
> [별표 13] 유해·위험물질 규정량

유해·위험물질	CAS번호	규정량[kg]
인화성가스	-	제조·취급 : 5,000 저장 : 200,000
암모니아	7664-41-7	제조·취급·저장 : 10,000
염산 (중량 20% 이상)	7647-01-0	제조·취급·저장 : 20,000
황산 (중량 20% 이상)	7664-93-9	제조·취급·저장 : 20,000

03 【4점】

「보호구 안전인증 고시」상, 사용구분에 따른 차광보안경의 종류를 4가지 쓰시오.

> **해설**
> ① 자외선용
> ② 적외선용
> ③ 복합용
> ④ 용접용

> **참고**
> 보호구 안전인증 고시
> [별표 10] 차광보안경의 성능기준

종류	사용구분
자외선용	자외선이 발생하는 장소
적외선용	적외선이 발생하는 장소
복합용	자외선 및 적외선이 발생하는 장소
용접용	산소용접작업등과 같이 자외선, 적외선 및 강렬한 가시광선이 발생하는 장소

04 【5점】

「산업안전보건법」상, 사업주는 과압에 따른 폭발을 방지하기 위하여 폭발 방지 성능과 규격을 갖춘 안전밸브 또는 파열판을 설치하여야 할 때, 안전밸브 또는 파열판을 설치해야 하는 경우를 3가지 쓰시오.
(단, 배관은 2개 이상의 밸브에 의하여 차단되어 대기온도에서 액체의 열팽창에 의하여 파열될 우려가 있는 것으로 한정한다.)

> **해설**
> ① 반응 폭주 등 급격한 압력 상승 우려가 있는 경우
> ② 급성 독성물질의 누출로 인하여 주위의 작업 환경을 오염시킬 우려가 있는 경우
> ③ 운전 중 안전밸브에 이상 물질이 누적되어 안전밸브가 작동되지 아니할 우려가 있는 경우

> **참고**
> 산업안전보건기준에 관한 규칙
> 제262조(파열판의 설치)
>
> ① 반응 폭주 등 급격한 압력 상승 우려가 있는 경우
> ② 급성 독성물질의 누출로 인하여 주위의 작업 환경을 오염시킬 우려가 있는 경우
> ③ 운전 중 안전밸브에 이상 물질이 누적되어 안전밸브가 작동되지 아니할 우려가 있는 경우

05 【3점】

「산업안전보건법」상, 가연성물질이 있는 장소에서 화재위험작업을 하는 경우, 화재예방에 필요한 사항을 3가지 쓰시오.

해설
① 작업 준비 및 작업 절차 수립
② 작업장 내 위험물의 사용·보관 현황 파악
③ 작업근로자에 대한 화재예방 및 피난교육 등 비상조치

참고
산업안전보건기준에 관한 규칙
제241조(화재위험작업 시의 준수사항)
① 작업 준비 및 작업 절차 수립
② 작업장 내 위험물의 사용·보관 현황 파악
③ 화기작업에 따른 인근 가연성물질에 대한 방호조치 및 소화기구 비치
④ 용접불티 비산방지덮개, 용접방화포 등 불꽃, 불티 등 비산방지조치
⑤ 인화성 액체의 증기 및 인화성 가스가 남아 있지 않도록 환기 등의 조치
⑥ 작업근로자에 대한 화재예방 및 피난교육 등 비상조치

06 【4점】

다음 보기는 「산업안전보건법」상, 충전전로의 선간전압에 따른 접근 한계거리에 대한 내용이다. 빈칸을 채우시오.

충전전로의 선간전압	충전전로에 대한 접근 한계거리
380 V	(①)
1.5 kV	(②)
6.6 kV	(③)
22.9 kV	(④)

해설
① 30cm ② 45cm ③ 60cm ④ 90cm

참고
산업안전보건기준에 관한 규칙
제321조(충전전로에서의 전기작업)

충전전로의 선간전압 [kV]	충전전로에 대한 접근한계거리 [cm]
0.3 이하	접촉금지
0.3 초과 0.75 이하	30
0.75 초과 2 이하	45
2 초과 15 이하	60
15 초과 37 이하	90
37 초과 88 이하	110
88 초과 121 이하	130
121 초과 145 이하	150
145 초과 169 이하	170
169 초과 242 이하	230
242 초과 362 이하	380
362 초과 550 이하	550
550 초과 800 이하	790

07 【5점】

「산업안전보건법」상, 비, 눈 그 밖의 악천후로 인하여 작업을 중지시킨 후 또는 비계를 조립·해체하거나 변경한 후에 그 비계에서 작업을 하는 경우, 해당 작업을 시작하기 전에 점검해야 할 항목을 4가지 쓰시오.

해설
① 발판 재료의 손상 여부 및 부착 또는 걸림 상태
② 해당 비계의 연결부 또는 접속부의 풀림 상태
③ 손잡이의 탈락 여부
④ 기둥의 침하, 변형, 변위 또는 흔들림 상태

참고
산업안전보건기준에 관한 규칙
제58조(비계의 점검 및 보수)

① 발판 재료의 손상 여부 및 부착 또는 걸림 상태
② 해당 비계의 연결부 또는 접속부의 풀림 상태
③ 연결 재료 및 연결 철물의 손상 또는 부식 상태
④ 손잡이의 탈락 여부
⑤ 기둥의 침하, 변형, 변위 또는 흔들림 상태
⑥ 로프의 부착 상태 및 매단 장치의 흔들림 상태

08 【4점】

「산업안전보건법」상, 사다리식 통로 등을 설치하는 경우 사업주가 준수해야할 사항을 4가지 쓰시오.

해설
① 견고한 구조로 할 것
② 심한 손상·부식 등이 없는 재료를 사용할 것
③ 발판의 간격은 일정하게 할 것
④ 폭은 30cm 이상으로 할 것

참고
산업안전보건기준에 관한 규칙
제24조(사다리식 통로 등의 구조)
① 견고한 구조로 할 것
② 심한 손상·부식 등이 없는 재료를 사용할 것
③ 발판의 간격은 일정하게 할 것
④ 발판과 벽과의 사이는 15cm 이상의 간격을 유지할 것
⑤ 폭은 30cm 이상으로 할 것
⑥ 사다리가 넘어지거나 미끄러지는 것을 방지하기 위한 조치를 할 것
⑦ 사다리의 상단은 걸쳐놓은 지점으로부터 60cm 이상 올라가도록 할 것
⑧ 사다리식 통로의 길이가 10m 이상인 경우에는 5m 이내마다 계단참을 설치할 것
⑨ 사다리식 통로의 기울기는 75° 이하로 할 것 다만, 고정식 사다리식 통로의 기울기는 90° 이하로 하고, 그 높이가 7m 이상인 경우에는 다음 각 목의 구분에 따른 조치를 할 것
  ㉠ 등받이울이 있어도 근로자 이동에 지장이 없는 경우: 바닥으로부터 높이가 2.5m 되는 지점부터 등받이울을 설치할 것
  ㉡ 등받이울이 있으면 근로자가 이동이 곤란한 경우 : 한국산업표준에서 정하는 기준에 적합한 개인용 추락 방지 시스템을 설치하고 근로자로 하여금 한국산업표준에서 정하는 기준에 적합한 전신안전대를 사용하도록 할 것
⑩ 접이식 사다리 기둥은 사용 시 접혀지거나 펼쳐지지 않도록 철물 등을 사용하여 견고하게 조치할 것

09 【4점】

「산업안전보건법」상, 다음의 각 작업에서의 조도 기준에 대한 빈칸을 채우시오.
(단, 갱도 등의 작업장은 제외한다.)

작업	조도
초정밀작업	(①)Lux 이상
정밀작업	(②)Lux 이상
보통작업	(③)Lux 이상
그 외 작업	(④)Lux 이상

해설
① 750
② 300
③ 150
④ 75

참고
산업안전보건기준에 관한 규칙
제8조(조도)

작업	조도
초정밀작업	750Lux 이상
정밀작업	300Lux 이상
보통작업	150Lux 이상
그 외 작업	75Lux 이상

10 【4점】

「산업안전보건법」상, 타워크레인 설치·해체시 근로자 대상 특별안전보건교육 내용을 4가지 쓰시오.

해설
① 붕괴·추락 및 재해방지에 관한 사항
② 부재의 구조·재질 및 특성에 관한 사항
③ 신호방법 및 요령에 관한 사항
④ 이상 발생 시 응급조치에 관한 사항

> [참고]
> 산업안전보건법 시행규칙
> [별표 5] 안전보건교육 교육대상별 교육내용
> *타워크레인 설치·해체시 근로자 대상 특별안전보건교육
> ① 붕괴·추락 및 재해방지에 관한 사항
> ② 설치·해체 순서 및 안전작업방법에 관한 사항
> ③ 부재의 구조·재질 및 특성에 관한 사항
> ④ 신호방법 및 요령에 관한 사항
> ⑤ 이상 발생 시 응급조치에 관한 사항
> ⑥ 그 밖에 안전·보건관리에 필요한 사항

11 【4점】

다음 보기를 참고하여 위험성평가 실시 순서를 번호로 나열하시오.

> [보기]
> ① 근로자의 작업과 관계되는 유해 위험요인의 파악
> ② 평가대상의 선정 등 사전준비
> ③ 위험성평가 실시내용 및 결과에 관한 기록
> ④ 위험성 감소대책의 수립 및 실행
> ⑤ 추정한 위험성이 허용 가능한 위험성인지 여부의 결정

> [해설]
> ② → ① → ⑤ → ④ → ③

> [참고]
> 사업장 위험성평가에 관한 지침
> 제8조(위험성평가의 절차)
> ① 사전준비
> ② 유해·위험요인 파악
> ③ 위험성 결정
> ④ 위험성 감소대책 수립 및 실행
> ⑤ 위험성평가 실시내용 및 결과에 관한 기록 및 보존

12 【4점】

다음 보기는 「산업안전보건법」상, 사업주가 근로자 수 이상으로 지급하고 작용하도록 하여야하는 보호구에 대한 내용일 때, 빈칸을 채우시오.

> [보기]
> - 물체가 떨어지거나 날아올 위험 또는 근로자가 추락할 위험이 있는 작업 : (①)
> - 높이 또는 깊이 $2m$ 이상의 추락할 위험이 있는 장소에서 하는 작업 : (②)
> - 물체가 흩날릴 위험이 있는 작업 : (③)
> - 고열에 의한 화상 등의 위험이 있는 작업 : (④)

> [해설]
> ① 안전모
> ② 안전대
> ③ 보안경
> ④ 방열복

> [참고]
> 산업안전보건기준에 관한 규칙
> 제32조(보호구의 지급 등)
> ① 물체가 떨어지거나 날아올 위험 또는 근로자가 추락할 위험이 있는 작업: 안전모
> ② 높이 또는 깊이 2미터 이상의 추락할 위험이 있는 장소에서 하는 작업: 안전대
> ③ 물체가 흩날릴 위험이 있는 작업: 보안경
> ④ 고열에 의한 화상 등의 위험이 있는 작업: 방열복

13 【3점】

「산업안전보건법」상, 설치·이전하거나 그 주요 구조부분을 변경하려는 경우, 유해위험방지계획서를 작성하여 고용노동부장관에게 제출하고 심사를 받아야 하는 대통령령으로 정하는 기계·기구 및 설비에 해당하는 경우를 3가지 쓰시오.
(단, 사업이나 건설공사는 제외한다.)

[해설]
① 화학설비
② 건조설비
③ 가스집합 용접장치

[참고]
산업안전보건법 시행령
제42조(유해위험방지계획서 제출 대상)
*대통령령으로 정하는 기계·기구 및 설비
① 금속이나 그 밖의 광물 용해로
② 화학설비
③ 건조설비
④ 가스집합 용접장치
⑤ 근로자의 건강에 상당한 장해를 일으킬 우려가 있는 물질로서 고용노동부령으로 정하는 물질의 밀폐·환기·배기를 위한 설비

14 【4점】

어떤 사업장의 평균근로자수는 400명이다. 이 사업장에서 연간 80건의 재해 발생과 100명의 재해자 발생으로 인하여 근로손실일수 800일이 발생하였을 때, 종합재해지수를 구하시오.
(단, 근무일수는 연간 280일, 근무시간은 1일 8시간이다.)

[해설]

$$도수율 = \frac{재해건수}{연근로 \ 총시간수} \times 10^6$$
$$= \frac{80}{400 \times 8 \times 280} \times 10^6 = 89.29$$

$$강도율 = \frac{근로손실일수}{연근로 \ 총시간수} \times 10^3$$
$$= \frac{800}{400 \times 8 \times 280} \times 10^3 = 0.89$$

$$\therefore 종합재해지수 = \sqrt{도수율 \times 강도율}$$
$$= \sqrt{89.29 \times 0.89} = 8.91$$

2023 2회차 산업안전기사 실기 필답형 기출문제

01 【4점】

다음 보기는 「산업안전보건법」상, 경고표지의 용도 및 사용 장소에 관한 내용일 때, 빈칸을 채우시오.

[보기]
(①) : 화기의 취급을 극히 주의해야 하는 물질이 있는 장소
(②) : 가열·압축하거나 강산·알칼리 등을 첨가하면 강한 산화성을 띠는 물질이 있는 장소
(③) : 돌 및 블록 등 떨어질 우려가 있는 물체가 있는 장소
(④) : 미끄러운 장소 등 넘어지기 쉬운 장소

해설
① 인화성물질 경고
② 산화성물질 경고
③ 낙하물 경고
④ 몸균형상실 경고

참고
산업안전보건법 시행규칙
[별표 6] 안전보건표지의 종류와 형태
*경고표지

인화성물질 경고	산화성물질 경고	폭발성물질 경고	급성독성 물질경고
부식성물질 경고	방사성물질 경고	고압전기 경고	매달린물체 경고
낙하물 경고	고온 경고	저온 경고	몸균형상실 경고
레이저광선 경고	위험장소 경고	발암성·변이원성·생식독성·전신독성·호흡기과민성물질 경고	

02 【4점】

「산업안전보건법」상, 터널 강(鋼)아치 지보공의 조립 시 사업주가 따라야하는 사항을 4가지 쓰시오.

해설
① 조립간격은 조립도에 따를 것
② 주재가 아치작용을 충분히 할 수 있도록 쐐기를 박는 등 필요한 조치를 할 것
③ 연결볼트 및 띠장 등을 사용하여 주재 상호간을 튼튼하게 연결할 것
④ 터널 등의 출입구 부분에는 받침대를 설치할 것

참고
산업안전보건기준에 관한 규칙
제364조(조립 또는 변경시의 조치)
*강(鋼)아치 지보공의 조립
① 조립간격은 조립도에 따를 것
② 주재가 아치작용을 충분히 할 수 있도록 쐐기를 박는 등 필요한 조치를 할 것
③ 연결볼트 및 띠장 등을 사용하여 주재 상호간을 튼튼하게 연결할 것
④ 터널 등의 출입구 부분에는 받침대를 설치할 것
⑤ 낙하물이 근로자에게 위험을 미칠 우려가 있는 경우에는 널판 등을 설치할 것

03 【5점】

「산업안전보건법」상, 잠함 또는 우물통의 내부에서 근로자가 굴착작업을 하는 경우에, 잠함 또는 우물통의 급격한 침하에 의한 위험을 방지하기 위한 사업주의 준수사항 2가지를 쓰시오.

해설
① 침하관계도에 따라 굴착방법 및 재하량 등을 정할 것
② 바닥으로부터 천장 또는 보까지의 높이는 1.8m 이상으로 할 것

참고
산업안전보건기준에 관한 규칙
제376조(급격한 침하로 인한 위험 방지)
① 침하관계도에 따라 굴착방법 및 재하량 등을 정할 것
② 바닥으로부터 천장 또는 보까지의 높이는 1.8m 이상으로 할 것

04 【3점】

「산업안전보건법」상, 누전에 의한 감전위험을 방지하기 위하여 감전방지용 누전차단기를 설치하는 조건을 3가지 쓰시오.

해설
① 대지전압이 150볼트를 초과하는 이동형 또는 휴대형 전기기계·기구
② 철판·철골 위 등 도전성이 높은 장소에서 사용하는 이동형 또는 휴대형 전기기계·기구
③ 임시배선의 전로가 설치되는 장소에서 사용하는 이동형 또는 휴대형 전기기계·기구

참고
산업안전보건기준에 관한 규칙
제304조(누전차단기에 의한 감전방지)
① 대지전압이 150볼트를 초과하는 이동형 또는 휴대형 전기기계·기구
② 물 등 도전성이 높은 액체가 있는 습윤장소에서 사용하는 저압(1.5천볼트 이하 직류전압이나 1천볼트 이하의 교류전압을 말한다)용 전기기계·기구
③ 철판·철골 위 등 도전성이 높은 장소에서 사용하는 이동형 또는 휴대형 전기기계·기구
④ 임시배선의 전로가 설치되는 장소에서 사용하는 이동형 또는 휴대형 전기기계·기구

05 【5점】

다음 내용은 「산업안전보건법」상, 안전보건관리규정에 관한 내용일 때, 각각 물음에 답하시오.

(1) 소프트웨어 개발 및 공급업에서 안전보건관리규정을 작성하여야 하는 상시근로자 수는 몇 명 이상인가?

(2) 사업장에서 안전보건관리규정을 작성하려 할 때, 포함사항을 4가지 쓰시오.

해설

(1) 300명
(2)
① 안전 및 보건에 관한 관리조직과 그 직무에 관한 사항
② 안전보건교육에 관한 사항
③ 작업장의 안전 및 보건 관리에 관한 사항
④ 사고 조사 및 대책 수립에 관한 사항

참고

산업안전보건법 시행규칙
[별표 2] 안전보건관리규정을 작성해야 할 사업의 종류 및 상시근로자 수

농업, 어업, 소프트웨어 개발 및 공급업, 컴퓨터 프로그래밍, 시스템 통합 및 관리업, 정보서비스업, 금융 및 보험업, 임대업(부동산 제외), 전문, 과학 및 기술서비스업(연구개발업은 제외), 사업지원 서비스업, 사회복지 서비스업은 300명이며, 그 외는 100명이다.

산업안전보건법
제25조(안전보건관리규정의 작성)

① 안전 및 보건에 관한 관리조직과 그 직무에 관한 사항
② 안전보건교육에 관한 사항
③ 작업장의 안전 및 보건 관리에 관한 사항
④ 사고 조사 및 대책 수립에 관한 사항

06 【5점】

「산업안전보건법」상, 유해위험방지계획서의 작성·제출 대상 건설공사를 착공하려는 경우, 유해·위험방지계획서의 제출기한과 첨부서류를 2가지 쓰시오.

해설

① 제출기한 : 해당 공사의 착공 전날까지
② 첨부서류
 ㉠ 공사 개요 및 안전보건관리계획
 ㉡ 작업 공사 종류별 유해위험방지계획

참고

산업안전보건법 시행규칙
제42조(제출서류 등)

사업주가 유해위험방지계획서를 제출할 때에는 건설공사 유해위험방지계획서를 <u>해당 공사의 착공 전날까지</u> 공단에 2부를 제출해야 한다.

[별표 10] 유해위험방지계획서 첨부서류
① 공사 개요 및 안전보건관리계획
② 작업 공사 종류별 유해위험방지계획

07 【3점】

다음 보기는 「방호장치 자율안전기준 고시」상, 목재가공용 둥근톱에 대한 방호장치 중 분할날이 갖추어야할 사항일 때, 빈칸을 채우시오.

[보기]
- 분할날의 두께는 둥근톱 두께의 1.1배 이상으로 한다.
- 견고히 고정할 수 있으며 분할날과 톱날 원주면과의 거리는 (①)mm 이내로 조정, 유지할 수 있어야 하고, 표준 테이블면 상의 톱 뒷날의 2/3 이상을 덮도록 한다.
- 재료는 KS D 32751(탄소공구강재)에서 정한 STC5(탄소공구강) 또는 이와 동등이상 재료를 사용할 것
- 분할날 조임볼트는 (②)개 이상일 것
- 분할날 조임볼트는 (③) 조치가 되어 있을 것

해설
① 12 ② 2 ③ 이완방지

참고
방호장치 자율안전기준 고시
[별표 5] 목재가공용 덮개 및 분할날 성능기준
① 분할날의 두께는 둥근톱 두께의 1.1배 이상일 것
② 견고히 고정할 수 있으며 분할날과 톱날 원주면과의 거리는 12mm 이내로 조정, 유지할 수 있어야 하고 표준 테이블면 상의 톱 뒷날의 2/3 이상을 덮도록 할 것
③ 재료는 KS D 3751(탄소공구강재)에서 정한 STC5(탄소공구강) 또는 이와 동등이상의 재료를 사용할 것
④ 분할날 조임볼트는 2개 이상일 것
⑤ 분할날 조임볼트는 둥근톱 직경에 따라 사용하여야 하며 이완방지조치가 되어 있을 것

08 【3점】

「산업안전보건법」상, 산업안전보건위원회의 근로자위원자격을 3가지 쓰시오.

해설
① 근로자 대표
② 근로자대표가 지명하는 1명 이상의 명예감독관
③ 근로자대표가 지명하는 9명 이내의 해당 사업장의 근로자

참고
산업안전보건법 시행령
제35조(산업안전보건위원회의 구성)
① 근로자 대표
② 근로자대표가 지명하는 1명 이상의 명예감독관
③ 근로자대표가 지명하는 9명 이내의 해당 사업장의 근로자

09 【3점】

다음 표는 「산업안전보건법」상, 충전전로에 대한 접근 한계거리에 대한 내용일 때, 빈칸을 채우시오.

충전전로의 선간전압[kV]	충전전로에 대한 접근 한계거리
2 초과 15 이하	(①)
37 초과 88 이하	(②)
145 초과 169 이하	(③)

해설
① 60cm ② 110cm ③ 170cm

참고
산업안전보건기준에 관한 규칙
제321조(충전전로에서의 전기작업)

충전전로의 선간전압 [kV]	충전전로에 대한 접근한계거리 [cm]
0.3 이하	접촉금지
0.3 초과 0.75 이하	30
0.75 초과 2 이하	45
2 초과 15 이하	60
15 초과 37 이하	90
37 초과 88 이하	110
88 초과 121 이하	130
121 초과 145 이하	150
145 초과 169 이하	170
169 초과 242 이하	230
242 초과 362 이하	380
362 초과 550 이하	550
550 초과 800 이하	790

10 【4점】

「산업안전보건법」상, 사업주가 근로자에게 실시하여야 하는 안전보건교육 중, 로봇작업에 대한 특별 안전보건교육내용을 4가지 쓰시오.

해설
① 로봇의 기본원리·구조 및 작업방법에 관한 사항
② 이상 발생 시 응급조치에 관한 사항
③ 안전시설 및 안전기준에 관한 사항
④ 조작방법 및 작업순서에 관한 사항

참고
산업안전보건법 시행규칙
[별표 5] 안전보건교육 교육대상별 교육내용
*로봇작업에 대한 교육
① 로봇의 기본원리·구조 및 작업방법에 관한 사항
② 이상 발생 시 응급조치에 관한 사항
③ 안전시설 및 안전기준에 관한 사항
④ 조작방법 및 작업순서에 관한 사항

11 【4점】

「산업안전보건법」상, 유해·위험 방지를 위한 방호조치를 하지 아니하고는 양도·대여·설치 또는 사용에 제공하거나, 양도·대여의 목적으로 진열해서는 안되는 기계·기구 4가지를 쓰시오.

해설
① 예초기
② 원심기
③ 공기압축기
④ 지게차

참고
산업안전보건법 시행령
[별표 20] 유해·위험 방지를 위한 방호조치가 필요한 기계·기구
① 예초기
② 원심기
③ 공기압축기
④ 포장기계(진공포장기, 랩핑기로 한정)
⑤ 금속절단기
⑥ 지게차

12 【4점】

다음 보기는 방폭구조의 종류를 나타낼 때, 해당하는 방폭구조의 기호를 각각 쓰시오.

[보기]
① 안전증 방폭구조
② 충전 방폭구조
③ 유입 방폭구조
④ 특수 방폭구조

해설
① Ex e ② Ex q ③ Ex o ④ Ex s

13 【5점】

다음 그림과 같이 하중이 $1200kg$인 화물을 두줄걸이 와이어로프로 들어올리고 있다. 이 때 와이어로프의 상부 각도는 $108°$, 파단하중은 $42.7kN$일 때, 다음 물음에 답하시오.

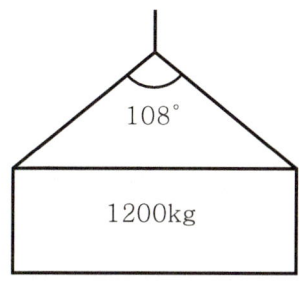

(1) 안전율을 구하시오.
(2) 안전율의 만족 또는 불만족 여부와 그 이유를 쓰시오.

참고
산업안전보건기준에 관한 규칙
제163조(와이어로프 등 달기구의 안전계수)

상황	안전율(S)
근로자가 탑승하는 운반구를 지지하는 달기와이어로프 또는 달기체인의 경우	10 이상
화물의 하중을 직접 지지하는 달기와이어로프 또는 달기체인의 경우	5 이상
훅, 샤클, 클램프, 리프팅 빔의 경우	3 이상
그 밖의 경우	4 이상

*로프 하나에 걸리는 장력

$$T = \dfrac{\dfrac{W}{2}}{\cos\dfrac{\theta}{2}}$$

여기서,
W : 중량 $[kg]$
θ : 각도 $[°]$

*안전율(=안전계수)

$$S = \dfrac{파단하중}{사용하중}$$

해설
(1)

$$T = \dfrac{\dfrac{1200}{2}}{\cos\left(\dfrac{108}{2}\right)} = 1020.78kg \times 9.8 = 10003.64N$$

$\fallingdotseq 10kN$

안전율 $= \dfrac{42.7}{10} = 4.27$

(2) 안전율이 5보다 작으므로 불만족이다.

14 【3점】

다음 보기는 「산업안전보건법」상, 달비계의 안전계수에 대한 내용일 때, 빈칸을 채우시오.

[보기]
- 달기 와이어로프 및 달기강선의 안전계수 : (①) 이상
- 달기체인 및 달기훅의 안전계수 : (②) 이상
- 달기강대와 달비계의 하부 및 상부 지점의 안전계수는 강재의 경우 (③) 이상, 목재의 경우 5 이상

출제 기준에서 제외된 내용입니다.

2023 3회차 산업안전기사 실기 필답형 기출문제

01 【3점】

다음 보기는 「산업안전보건법」상, 달비계의 안전계수에 대한 내용일 때, 빈칸을 채우시오.

[보기]
- 훅, 샤클, 클램프, 리프팅 빔의 경우 : (①) 이상
- 화물의 하중을 직접 지지하는 달기와이어로프 또는 달기체인의 경우 : (②) 이상
- 근로자가 탑승하는 운반구를 지지하는 달기와이어로프 또는 달기체인의 경우 : (③) 이상

해설
① 3 ② 5 ③ 10

참고
산업안전보건기준에 관한 규칙
제163조(와이어로프 등 달기구의 안전계수)

상황	안전율(S)
근로자가 탑승하는 운반구를 지지하는 달기와이어로프 또는 달기체인의 경우	10 이상
화물의 하중을 직접 지지하는 달기와이어로프 또는 달기체인의 경우	5 이상
훅, 샤클, 클램프, 리프팅 빔의 경우	3 이상
그 밖의 경우	4 이상

02 【4점】

다음 내용은 「산업재해통계업무처리규정」상, 사망만인율에 대한 내용일 때, 각각의 물음에 답하시오.

(1) 사망만인율의 계산식
(2) 사망자수에 포함되지 않는 경우 2가지

해설
(1) 사망만인율 = $\dfrac{\text{사망자수}}{(\text{산재보험적용})\text{근로자수}} \times 10000$

(2)
① 체육행사에 의한 사망
② 폭력행위에 의한 사망

참고
산업재해통계업무처리규정
제3조(산업재해통계의 산출방법 및 정의)
*사망만인율

① 사망만인율=(사망자수/산재보험적용근로자수)×10,000
② '사망자수'는 근로복지공단의 유족급여가 지급된 사망자수를 말함. 다만, 사업장 밖의 교통사고, 체육행사, 폭력행위, 통상의 출퇴근에 의한 사망, 사고발생일로부터 1년을 경과하여 사망한 경우는 제외함.

03 【4점】

「산업안전보건법」상, 안전관리자를 정수 이상으로 증원·교체·임명할 수 있는 사유를 3가지 쓰시오. (단, 해당 사업장의 전년도 사망만인율이 같은 업종의 평균 사망만인율 초과인 경우로 한정하며, 화학적 인자로 인한 직업성 질병자 관련 사항은 제외한다.)

> **해설**
> ① 해당 사업장의 연간 재해율이 같은 업종의 평균 재해율의 2배 이상인 경우
> ② 중대재해가 연간 2건 이상 발생한 경우
> ③ 관리자가 질병이나 그 밖의 사유로 3개월 이상 직무를 수행할 수 없게 된 경우

> **참고**
> 산업안전보건법 시행규칙
> 제12조(안전관리자 등의 증원·교체임명 명령)
> ① 해당 사업장의 연간 재해율이 같은 업종의 평균 재해율의 2배 이상인 경우
> ② 중대재해가 연간 2건 이상 발생한 경우. 다만, 해당 사업장의 전년도 사망만인율이 같은 업종의 평균 사망만인율 이하인 경우는 제외한다.
> ③ 관리자가 질병이나 그 밖의 사유로 3개월 이상 직무를 수행할 수 없게 된 경우
> ④ 화학적 인자로 인한 직업성 질병자가 연간 3명 이상 발생한 경우

04 【4점】

「보호구 안전인증 고시」상, 특급 방진마스크를 사용해야하는 장소를 2가지 쓰시오.

> **해설**
> ① 베릴륨 등과 같이 독성이 강한 물질들을 함유한 분진 등 발생장소
> ② 석면 취급장소

> **참고**
> 보호구 안전인증 고시
> [별표 4] 방진마스크의 성능기준

등급	사용장소
특급	① 베릴륨 등과 같이 독성이 강한 물질들을 함유한 분진 등 발생장소 ② 석면 취급장소
1급	① 특급마스크 착용장소를 제외한 분진 등 발생장소 ② 금속흄 등과 같이 열적으로 생기는 분진 등 발생장소 ③ 기계적으로 생기는 분진 등 발생장소
2급	특급 및 1급 마스크 착용장소를 제외한 분진 등 발생장소

05 【3점】

「위험기계·기구 방호조치 기준」상, 다음 위험기계·기구에 설치하여야 하는 방호장치 각각 1가지씩 쓰시오.

> [보기]
> ① 원심기 ② 공기압축기 ③ 금속절단기

> **해설**
> ① 회전체 접촉 예방장치
> ② 압력방출장치
> ③ 날접촉 예방장치

> [참고]
> *위험기계·기구 방호장치

기계·기구의 종류	방호장치의 종류
예초기	날접촉 예방장치
원심기	회전체 접촉 예방장치
공기압축기	압력방출장치
포장기계	구동부 방호 연동장치
금속절단기	날접촉 예방장치
지게차	헤드가드 백레스트 전조등·후미등 안전벨트

> [참고]
> 산업안전보건법 시행령
> 제35조(산업안전보건위원회의 구성)
> ① 산업안전보건위원회의 근로자위원은 다음 각 호의 사람으로 구성한다.
> ㉠ 근로자 대표
> ㉡ 근로자대표가 지명하는 1명 이상의 명예산업안전감독관
> ㉢ 근로자대표가 지명하는 9명 이내의 해당 사업장의 근로자
> ② 산업안전보건위원회의 사용자위원은 다음 각 호의 사람으로 구성한다.
> ㉠ 해당 사업의 대표자
> ㉡ 안전관리자
> ㉢ 보건관리자
> ㉣ 산업보건의
> ㉤ 해당 사업장 부서의 장

06 【6점】

다음은 「산업안전보건법」상, 회의체에 대한 내용일 때, 다음 물음에 각각 답하시오.

(1) 사업장의 안전 및 보건에 관한 중요 사항을 심의·의결하기 위하여 사업장에 근로자위원과 사용자위원이 같은 수로 구성되는 회의체의 명칭

(2) 해당 회의의 개최 주기를 쓰시오.

(3) 근로자위원, 사용자위원 자격을 각각 1가지씩 쓰시오.

> [해설]
> (1) 산업안전보건위원회
> (2) 분기(3개월) 마다
> (3)
> ① 근로자위원 : 근로자 대표
> ② 사용자위원 : 안전관리자

07 【4점】

다음 보기는 「산업안전보건법」상 화학설비 및 부속설비 안전기준에 대한 내용일 때, 빈칸을 채우시오.

> [보기]
> - 사업주는 급성 독성물질이 지속적으로 외부에 유출될 수 있는 화학설비 및 그 부속설비에 파열판과 안전밸브를 (①)로 설치하고 그 사이에는 압력지시계 또는 (②)를 설치하여야 한다.
> - 사업주는 안전밸브등이 안전밸브등을 통하여 보호하려는 설비의 최고사용압력 이하에서 작동되도록 하여야 한다. 다만, 안전밸브등이 2개 이상 설치된 경우에 1개는 최고사용압력의 (③)배, 외부화재를 대비한 경우에는 (④)배 이하에서 작동되도록 설치할 수 있다.

> [해설]
> ① 직렬   ② 자동경보장치
> ③ 1.05   ④ 1.1

> [참고]
> 산업안전보건기준에 관한 규칙
> 제263조(파열판 및 안전밸브의 직렬설치)
> 사업주는 급성 독성물질이 지속적으로 외부에 유출될 수 있는 화학설비 및 그 부속설비에 파열판과 안전밸브를 직렬로 설치하고 그 사이에는 압력지시계 또는 자동경보장치를 설치하여야 한다.
>
> 제264조(안전밸브등의 작동요건)
> 사업주는 안전밸브등이 안전밸브등을 통하여 보호하려는 설비의 최고사용압력 이하에서 작동되도록 하여야 한다. 다만, 안전밸브등이 2개 이상 설치된 경우에 1개는 최고사용압력의 1.05배, 외부화재를 대비한 경우에는 1.1배 이하에서 작동되도록 설치할 수 있다.

08 【4점】

「산업안전보건법」상, 다음 보기에서 필요한 안전관리자의 최소 인원을 각각 쓰시오.

[보기]
① 식료품 제조업 - 상시근로자 600명
② 1차 금속 제조업 - 상시근로자 200명
③ 플라스틱 제조업 - 상시근로자 300명
④ 총공사금액 1000억원 이상인 건설업
(전체 공사 기간을 100으로 할 때 15에서 85에 해당하는 기간)

> [해설]
> ① 2명 ② 1명 ③ 1명 ④ 2명

> [참고]
> 산업안전보건법 시행령
> [별표 3] 안전관리자를 두어야 하는 사업의 안전관리자 수
> ① 식료품, 음료 제조업:
>   상시근로자 500명 이상시 2명 이상
> ② 1차 금속 제조업:
>   상시근로자 50명 이상 500명 미만시 1명 이상
> ③ 고무, 플라스틱 제조업:
>   상시근로자 50명 이상 500명 미만시 1명 이상
> ④ 건설업:
>   공사금액 800억~1500억 미만시 2명 이상

09 【4점】

「산업안전보건법」상, 사업주가 근로자에게 시행하여야 하는 안전보건교육 중, 건설업 기초 안전·보건교육의 내용을 2가지 쓰시오.

> [해설]
> ① 건설공사의 종류(건축·토목 등) 및 시공 절차
> ② 산업재해 유형별 위험요인 및 안전보건조치
> ③ 안전보건관리체제 현황 및 산업안전보건 관련 근로자 권리·의무

> [참고]
> 산업안전보건법 시행규칙
> [별표 5] 안전보건교육 교육대상별 교육내용
> *건설업 기초안전보건교육에 대한 내용 및 시간
>
> | 교육 내용 | 시간 |
> |---|---|
> | 건설공사의 종류 및 시공 절차 | 1시간 |
> | 산업재해 유형별 위험요인 및 안전보건조치 | 2시간 |
> | 안전보건관리체제 현황 및 산업안전보건 관련 근로자 권리·의무 | 1시간 |

10 【4점】

연삭숫돌의 파괴 원인을 4가지 쓰시오.

> [해설]
> ① 회전력이 결합력보다 클 때
> ② 외부의 충격을 받았을 때
> ③ 숫돌에 균열이 있을 때
> ④ 숫돌의 측면을 사용할 때

> **참고**
> **＊연삭숫돌의 파괴원인**
> ① 내, 외면의 플랜지 지름이 다를 때
> ② 플랜지 직경이 숫돌 직경의 1/3 크기 보다 작을 때
> ③ 회전력이 결합력보다 클 때
> ④ 외부의 충격을 받았을 때
> ⑤ 숫돌에 균열이 있을 때
> ⑥ 숫돌의 측면을 사용할 때
> ⑦ 숫돌의 치수, 특히 내경의 크기가 적당하지 않을 때
> ⑧ 숫돌의 회전속도가 너무 빠를 때
> ⑨ 숫돌의 회전중심이 제대로 잡히지 않았을 때

> **참고**
> **＊인체의 전기저항**
>
> | 경우 | 기준 |
> |---|---|
> | 습기가 있는 경우 | 건조 시 보다 $\frac{1}{10}$ 저하 |
> | 땀에 젖은 경우 | 건조 시 보다 $\frac{1}{12} \sim \frac{1}{20}$ 저하 |
> | 물에 젖은 경우 | 건조 시 보다 $\frac{1}{25}$ 저하 |

11 【4점】

전압이 $300\,V$ 인 충전부분에 작업자의 물에 젖은 손이 접촉되어 감전 후 사망하였을 때, 다음을 구하시오.
(단, 인체의 저항은 $1000\,\Omega$ 이다.)

(1) 심실세동전류 $[mA]$
(2) 통전시간 $[ms]$

> **해설**
> (1) 손이 물에 젖으면 저항이 $\frac{1}{25}$ 로 감소하므로
> $R = 1000 \times \frac{1}{25} = 40\,\Omega$
> $V = IR$
> $\therefore I = \frac{V}{R} = \frac{300}{40} = 7.5A = 7500mA$
>
> (2) $I = \frac{165}{\sqrt{T}}[mA] \quad \therefore \sqrt{T} = \frac{165}{I}$
> $\therefore T = \frac{165^2}{I^2} = \frac{165^2}{7500^2} = 0.00048s = 0.48ms$

12 【4점】

HAZOP 기법에 사용되는 가이드워드에 관한 의미를 영문으로 쓰시오.

(1) 설계의도 외에 다른 공정변수가 부가되는 상태
(2) 설계의도대로 완전히 이루어지지 않는 상태
(3) 설계의도대로 되지 않거나 운전 유지되지 않는 상태
(4) 공정변수가 양적으로 증가되는 상태

> 출제 기준에서 제외된 내용입니다.

13 【4점】

FTA에서 사용되는 용어 중, 미니멀 컷셋(Minimal Cut Set), 미니멀 패스셋(Minimal Path Set)을 설명하시오.

> 출제 기준에서 제외된 내용입니다.

14 【3점】

인체 계측자료의 응용원칙 3가지를 쓰시오.

> 출제 기준에서 제외된 내용입니다.

Memo

2024
1회차

산업안전기사 실기
필답형 기출문제

01
【4점】

「산업안전보건법」상, 다음 그림에 해당하는 안전보건표지의 명칭을 쓰시오.

①	②	③	④
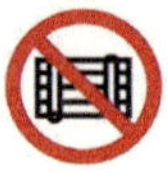	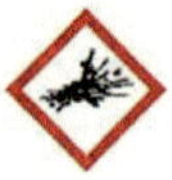	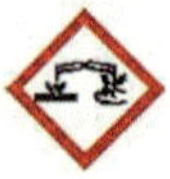	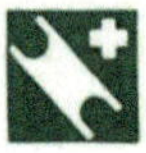

① 물체이동금지
② 폭발성물질경고
③ 부식성물질경고
④ 들것

해설

산업안전보건법 시행규칙
[별표 6] 안전보건표지의 종류와 형태
*금지표지, 경고표지, 안내표지

출입금지	보행금지	차량통행금지	사용금지
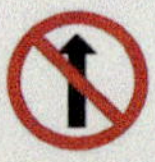	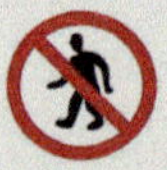	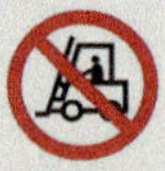	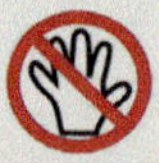
탑승금지	금연	화기금지	물체이동금지
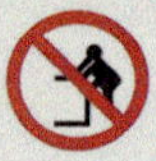	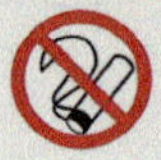	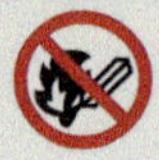	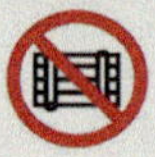

참고

인화성물질 경고	산화성물질 경고	폭발성물질 경고	급성독성 물질경고
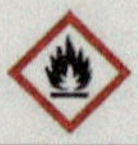	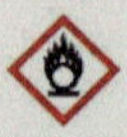	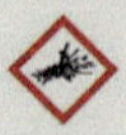	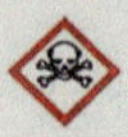
부식성물질 경고	방사성물질 경고	고압전기 경고	매달린물체 경고
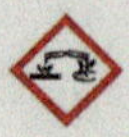	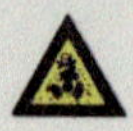	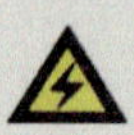	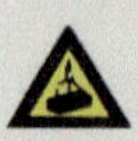
낙하물 경고	고온 경고	저온 경고	몸균형상실 경고
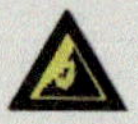	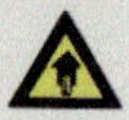	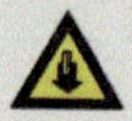	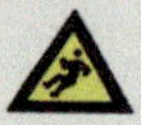
레이저광선 경고	위험장소 경고	발암성 · 변이원성 · 생식독성 · 전신독성 · 호흡기과민성물질 경고	
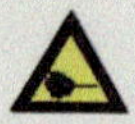	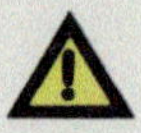	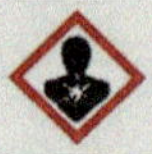	

녹십자표지	응급구호표지	들것	세안장치
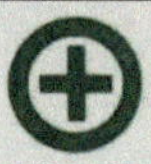	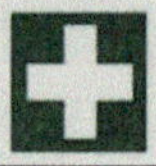	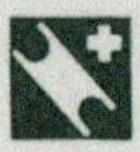	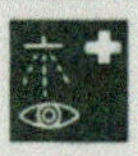
비상용기구	비상구	좌측비상구	우측비상구
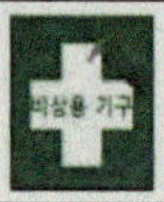	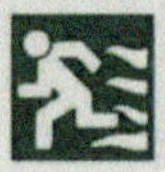	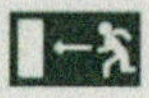	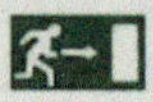

02 【3점】

「산업안전보건법」상, 유해·위험 방지를 위한 방호조치를 하지 아니하고는 양도·대여·설치 또는 사용에 제공하거나, 양도·대여의 목적으로 진열해서는 안되는 기계·기구를 3가지 쓰시오.

해설
① 예초기
② 원심기
③ 공기압축기

참고
산업안전보건법 시행령
[별표 20] 유해·위험 방지를 위한 방호조치가 필요한 기계·기구

① 예초기
② 원심기
③ 공기압축기
④ 포장기계(진공포장기, 랩핑기로 한정)
⑤ 금속절단기
⑥ 지게차

03 【3점】

「산업안전보건법」상, 사업장의 안전 및 보건을 유지하기 위하여 안전보건관리규정을 작성하고자 할 때, 포함되어야 할 사항을 3가지 쓰시오.

해설
① 안전보건교육에 관한 사항
② 작업장의 안전 및 보건 관리에 관한 사항
③ 사고 조사 및 대책 수립에 관한 사항

참고
산업안전보건법
제25조(안전보건관리규정의 작성)

① 안전 및 보건에 관한 관리조직과 그 직무에 관한 사항
② 안전보건교육에 관한 사항
③ 작업장의 안전 및 보건 관리에 관한 사항
④ 사고 조사 및 대책 수립에 관한 사항

04 【4점】

다음 보기는 「산업안전보건법」상, 서류 제출에 대한 내용일 때, 빈칸을 채우시오.

[보기]
- 고용노동부장관은 사업주가 필요한 안전조치 또는 보건조치를 이행하지 아니하여 중대재해가 발생한 사업장에 안전보건진단을 받아 (①)을 수립하여 시행할 것을 명할 수 있다.
- 사업주는 수립·시행 명령을 받은 날부터 (②)일 이내에 관할 지방고용노동관서의 장에게 해당 계획서를 제출해야 한다.

해설
① 안전보건개선계획
② 60

참고
산업안전보건법
제49조(안전보건개선계획의 수립·시행 명령)

고용노동부장관은 사업주가 필요한 안전조치 또는 보건조치를 이행하지 아니하여 중대재해가 발생한 사업장에 안전 및 보건에 관한 개선계획(이하 '안전보건개선계획'이라 한다')을 수립하여 시행할 것을 명할 수 있다.

산업안전보건법 시행규칙
제61조(안전보건개선계획의 제출 등)

사업주는 안전보건개선계획서 수립·시행 명령을 받은 날부터 60일 이내에 관할 지방고용노동관서의 장에게 해당 계획서를 제출해야 한다.

05 【4점】

다음 내용은 「방호장치 안전인증 고시」상, 손쳐내기식 방호장치에 대한 내용일 때, 다음 물음에 각각 답하시오.

(1) 손쳐내기식 방호장치를 사용하는 기계·기구의 명칭
(2) 분류기호

해설
(1) 프레스, 전단기
(2) D

참고
방호장치 안전인증 고시
[별표 1] 프레스 또는 전단기 방호장치의 성능기준
*프레스 또는 전단기 방호장치의 종류 및 기호

종류	기호	
광전자식	A-1	투광부, 수광부, 컨트롤 부분으로 구성된 것
	A-2	급정지기능이 없는 프레스
양수조작식	B-1	유공압 밸브식
	B-2	전기버튼식
가드식	C	
손쳐내기식	D	
수인식	E	

06 【4점】

다음 보기에서 공정안전보고서 내용 중 공정위험성평가서에 적용하는 위험성 평가기법에 있어 '저장탱크설비, 유틸리티설비 및 제조공정 중 고체 건조·분쇄설비 등 간단한 단위공정'에 적용하는 기법을 2가지 고르시오.

[보기]
① 방호계층 분석
② 이상위험도 분석
③ 작업자실수분석
④ 상대 위험순위결정

해설
③, ④

참고
공정안전보고서의 제출·심사·확인 및 이행상태평가 등에 관한 규정 제29조(위험성 평가기법)
*저장탱크설비, 유틸리티설비 및 제조공정 중 고체 건조·분쇄설비 등 간단한 단위공정
① 체크리스트기법
② 작업자실수분석기법
③ 사고예상질문분석기법
④ 위험과 운전분석기법
⑤ 상대 위험순위결정기법
⑥ 공정위험분석기법
⑦ 공정안전성분석기법

07 【3점】

다음 보기는 「산업안전보건법」상, 사업주가 철골공사 작업을 중지해야 하는 조건을 나타낼 때, 빈칸을 채우시오.

[보기]
- 풍속 : 초당 (①)m 이상인 경우
- 강우량 : 시간당 (②)mm 이상인 경우
- 강설량 : 시간당 (③)cm 이상인 경우

해설
① 10 ② 1 ③ 1

> [참고]
> 산업안전보건기준에 관한 규칙
> 제383조(작업의 제한)
>
> | 종류 | 기준 |
> |---|---|
> | 풍속 | 초당 10m (10m/s)이상인 경우 |
> | 강우량 | 시간당 1mm (1mm/hr)이상인 경우 |
> | 강설량 | 시간당 1cm (1cm/hr)이상인 경우 |

08 【4점】

다음 보기는 「산업안전보건법」상, 작업중지명령 해제에 관한 내용일 때, 빈칸을 채우시오.

> [보기]
> - 사업주가 작업중지의 해제를 요청할 경우에는 작업중지명령 해제신청서를 작성하여 사업장의 소재지를 관할하는 지방고용노동관서의 장에게 제출해야 한다.
> - 사업주가 작업중지명령 해제신청서를 제출하는 경우에는 미리 유해·위험요인 개선내용에 대하여 중대재해가 발생한 해당작업 (①)의 의견을 들어야 한다.
> - 지방고용노동관서의 장은 제1항에 따라 작업중지명령 해제를 요청받은 경우에는 (②)으로 하여금 안전·보건을 위하여 필요한 조치를 확인하도록 하고, 천재지변 등 불가피한 경우를 제외하고는 해제요청일 다음 날부터 (③)일 이내 (④)를 개최하여 심의한 후 해당조치가 완료되었다고 판단될 경우에는 즉시 작업중지명령을 해제해야 한다.

> [해설]
> ① 근로자
> ② 근로감독관
> ③ 4
> ④ 작업중지해제심의위원회

> [참고]
> 산업안전보건법 시행규칙
> 제69조(작업중지의 해제)
> ① 사업주가 작업중지명령 해제신청서를 제출하는 경우에는 미리 유해·위험요인 개선내용에 대하여 중대재해가 발생한 해당작업 근로자의 의견을 들어야 한다.
> ② 지방고용노동관서의 장은 작업중지명령 해제를 요청받은 경우에는 근로감독관으로 하여금 안전·보건을 위하여 필요한 조치를 확인하도록 하고, 천재지변 등 불가피한 경우를 제외하고는 해제요청일 다음 날부터 4일 이내 작업중지해제심의위원회를 개최하여 심의한 후 해당조치가 완료되었다고 판단될 경우에는 즉시 작업중지명령을 해제해야 한다.

09 【5점】

「산업안전보건법」상, 안전인증 심사 중 형식별 제품심사시간을 60일로 하는 안전인증대상 보호구를 5가지 쓰시오.

> [해설]
> ① 안전화
> ② 안전장갑
> ③ 방진마스크
> ④ 방독마스크
> ⑤ 송기마스크

> [참고]
> 산업안전보건법 시행규칙
> 제110조(안전인증 심사의 종류 및 방법)
> *형식별 제품심사기간을 60일로 하는 안전인증대상 보호구
> ① 추락 및 감전 위험방지용 안전모
> ② 안전화
> ③ 안전장갑
> ④ 방진마스크
> ⑤ 방독마스크
> ⑥ 송기마스크
> ⑦ 전동식 호흡보호구
> ⑧ 보호복

10 【4점】

「보호구 안전인증 고시」상, 추락, 비래, 감전에 의한 위험을 방지할 수 있는 안전모의 성능시험 항목을 4가지 쓰시오.

해설
① 내관통성
② 내전압성
③ 내수성
④ 난연성

참고
보호구 안전인증 고시
[별표 1] 추락 및 감전 위험방지용 안전모의 성능기준
*안전모의 시험성능기준

항목	시험성능기준
내관통성	AE, ABE종 안전모는 관통거리가 9.5mm 이하이고, AB종 안전모는 관통거리가 11.1mm 이하이어야 한다.
충격흡수성	최고전달충격력이 4450N을 초과해서는 안되며, 모체와 착장체의 기능이 상실되지 않아야 한다.
내전압성	AE, ABE종 안전모는 교류 20kV에서 1분간 절연파괴 없이 견뎌야 하고, 이 때 누설되는 충전전류는 10mA 이하이어야 한다.
내수성	AE, ABE종 안전모는 질량증가율이 1% 미만이어야 한다.
난연성	모체가 불꽃을 내며 5초 이상 연소되지 않아야 한다.
턱끈풀림	150N 이상 250N 이하에서 턱끈이 풀려야 한다.

11 【4점】

다음 보기는 「산업안전보건법」상, 누전차단기를 접속하는 경우에 사업주의 준수사항에 대한 내용일 때, 빈칸을 채우시오.

[보기]
대지전압이 150V, 정격전부하전류가 30A인 전기기계·기구에 설치되어있는 누전차단기는 정격감도전류가 (①)밀리암페어 이하이고 작동시간은 (②)초 이내일 것

해설
① 30 ② 0.03

참고
산업안전보건기준에 관한 규칙
제304조(누전차단기에 의한 감전방지)
전기기계·기구에 설치되어 있는 누전차단기는 정격감도전류가 30밀리암페어 이하이고 작동시간은 0.03초 이내일 것.

12 【4점】

「방호장치 안전인증 고시」상, 다음 보기의 안전밸브 형식 표시사항을 상세히 기술하시오.
(단, 마지막의 -B는 제외한다.)

[보기]
SF II 1-B

해설
S : 요구성능(증기의 분출압력을 요구)
F : 유량제한기구(전량식)
II : 호칭지름 구분(25초과 50이하)
1 : 호칭압력 구분(1MPa 이하)

> [참고]
> 방호장치 안전인증 고시
> [별표 3] 안전밸브의 성능기준
> *안전밸브 요구성능
>
> | 요구성능의 기호 | 요구성능 | 용도 |
> |---|---|---|
> | S | 증기의 분출압력을 요구 | 증기 |
> | G | 가스의 분출압력을 요구 | 가스 |
>
> *유량제한기구의 구분
>
> | 형식기호 | 유량제한기구 |
> |---|---|
> | L | 양정식 |
> | F | 전량식 |
>
> *호칭지름의 구분
>
> | 호칭지름의 구분 | I | II | III | IV | V |
> |---|---|---|---|---|---|
> | 범위[mm] | 25이하 | 25초과 50이하 | 50초과 80이하 | 80초과 100이하 | 100 초과 |
>
> *호칭압력의 구분
>
> | 호칭압력의 구분 | 1 | 3 | 5 | 10 | 21 | 22 |
> |---|---|---|---|---|---|---|
> | 설정압력의 범위[MPa] | 1이하 | 1초과 3이하 | 3초과 5이하 | 5초과 10이하 | 10초과 21이하 | 21 초과 |

13 【4점】

프레스기의 SPM이 300이고, 클러치의 맞물림 개소수가 4개인 경우 양수기동식 방호장치의 안전거리[mm]를 구하시오.

> [해설]
> $T_m = \left(\frac{1}{4} + \frac{1}{2}\right) \times \left(\frac{60000}{300}\right) = 150ms$
> $D_m = 1.6T_m = 1.6 \times 150 = 240mm$

> [참고]
> 프레스 방호장치의 선정 설치 및 사용 기술지침
> KOSHA GUIDE M-122-2012
> *양수기동식 방호장치의 안전거리
> $D_m = 1.6T_m$
> 여기서,
> D_m : 안전거리 [mm]
> T_m : 총 소요시간 [ms]
> $T_m = \left(\frac{1}{클러치개수} + \frac{1}{2}\right) \times \left(\frac{60000}{매분행정수}\right)$

14 【5점】

어떤 사업장에서 근로자 1,440명이 주당 40시간씩 연간 50주를 근무하고 있다. 이 사업장의 조기 출근 및 잔업시간의 합계가 100,000시간, 평균 출근율이 94%일 때, 재해건수 40건으로 인한 근로손실일수 1,200일(사망재해 제외), 사망자수가 1명이 발생하였다. 이 사업장의 강도율을 구하시오.

> [해설]
> 강도율 $= \frac{총요양근로손실일수}{연 근로 총 시간 수} \times 1000$
> $= \frac{1200 + 7500}{1440 \times 40 \times 50 \times 0.94 + 100000} = 3.1$

2024 2회차 산업안전기사 실기 필답형 기출문제

01

「산업안전보건법」상, 산업용 로봇의 작동범위 내에서 해당 로봇에 대하여 교시 등의 작업 시 예기치 못한 작동 또는 오조작에 의한 위험을 방지하기 위하여 수립해야 하는 지침사항을 4가지 쓰시오.
(단, 그 밖의 로봇의 예기치 못한 작동 또는 오조작에의한 위험을 방지하기 위하여 필요한 조치는 제외하여 쓰시오.)

해설
① 로봇의 조작방법 및 순서
② 작업 중의 매니퓰레이터의 속도
③ 2명 이상의 근로자에게 작업을 시킬 경우의 신호방법
④ 이상을 발견한 경우의 조치

참고
산업안전보건기준에 관한 규칙
제222조(교시 등)

① 로봇의 조작방법 및 순서
② 작업 중의 매니퓰레이터의 속도
③ 2명 이상의 근로자에게 작업을 시킬 경우의 신호방법
④ 이상을 발견한 경우의 조치
⑤ 이상을 발견하여 로봇의 운전을 정지시킨 후, 이를 재가동 시킬 경우의 조치

02

다음 내용은 「산업안전보건법」상, 중대산업사고에 대한 내용일 때, 다음 물음에 각각 답하시오.

(1) 중대산업사고의 정의
(2) 중대산업사고 예방을 위해 작성하고 고용노동부장관에게 제출하여 심사를 받아야 할 보고서의 명칭

해설
(1) 유해하거나 위험한 설비가 있는 경우 그 설비로부터의 위험물질 누출, 화재 및 폭발 등으로 인하여 사업장 내의 근로자에게 즉시 피해를 주거나 사업장 인근 지역에 피해를 줄 수 있는 사고
(2) 공정안전보고서

참고
산업안전보건법
제44조(공정안전보거서의 작성·제출)

사업주는 사업장에 대통령령으로 정하는 유해하거나 위험한 설비가 있는 경우 그 설비로부터의 위험물질 누출, 화재 및 폭발 등으로 인하여 사업장 내의 근로자에게 즉시 피해를 주거나 사업장 인근 지역에 피해를 줄 수 있는 사고로서 대통령령으로 정하는 사고(이하 "중대산업사고"라 한다)를 예방하기 위하여 대통령령으로 정하는 바에 따라 공정안전보고서를 작성하고 고용노동부장관에게 제출하여 심사를 받아야 한다.

03

「산업안전보건법」상, 관계자외 출입금지 표지판 중 '허가대상물질 작업장' 표지의 하단에 작성해야 하는 내용을 2가지 쓰시오.

해설
① 보호구/보호복 착용
② 흡연 및 음식물 섭취 금지

참고
산업안전보건법 시행규칙
[별표 6] 안전보건표지의 종류와 형태
*관계자외 출입금지

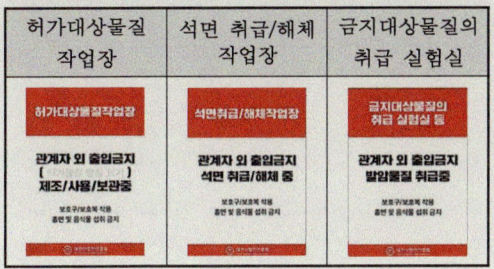

04

다음 내용은 「산업안전보건법」상, 안전보건관리규정에 대한 내용일 때, 다음 물음에 각각 답하시오.

(1) 안전보건관리규정에 포함되어야 할 사항을 3가지 쓰시오.
(2) 안전보건관리규정을 작성해야하는 자동차제조업의 상시근로자 수는 몇 명 이상인가?

해설
(1)
② 안전보건교육에 관한 사항
③ 작업장의 안전 및 보건 관리에 관한 사항
④ 사고 조사 및 대책 수립에 관한 사항

(2) 100명

참고
산업안전보건법
제25조(안전보건관리규정의 작성)
① 안전 및 보건에 관한 관리조직과 그 직무에 관한 사항
② 안전보건교육에 관한 사항
③ 작업장의 안전 및 보건 관리에 관한 사항
④ 사고 조사 및 대책 수립에 관한 사항

산업안전보건법 시행규칙
[별표 2] 안전보건관리규정을 작성해야 할 사업의 종류 및 상시 근로자수

농업, 어업, 소프트웨어 개발 및 공급업, 컴퓨터 프로그래밍, 시스템 통합 및 관리업, 정보서비스업, 금융 및 보험업, 임대업(부동산 제외), 전문, 과학 및 기술서비스업(연구개발업은 제외), 사업지원 서비스업, 사회복지 서비스업은 300명이며, 그 외는 100명이다.

05

「산업안전보건법」상, 사업주가 작업장에서 취급하는 물질안전보건자료의 내용을 근로자에게 교육해야 하는 경우를 2가지 쓰시오.

해설
① 채용 시
② 작업내용 변경 시

참고
산업안전보건법 시행규칙
제169조(물질안전보건자료에 관한 교육의 시기·내용·방법 등),
[별표 5] 안전보건교육 교육대상별 교육내용

① 물질안전보건자료대상물질을 제조·사용·운반 또는 저장하는 작업에 근로자를 배치하게 된 경우
② 새로운 물질안전보건자료대상물질이 도입된 경우
③ 유해성·위험성 정보가 변경된 경우
④ 채용 시
⑤ 작업내용 변경 시
⑥ 최초 노무제공 시

06

「산업안전보건법」상, 설치·이전하는 경우 안전인증을 받아야하는 기계를 3가지 쓰시오.

해설
① 크레인
② 리프트
③ 곤돌라

참고
산업안전보건법 시행규칙
제107조(안전인증대상기계등)
*설치·이전하는 경우 안전인증을 받아야 하는 기계

① 크레인
② 리프트
③ 곤돌라

07

「산업안전보건법」상, 건설용 리프트·곤돌라를 이용하는 작업에서, 사업자가 근로자에게 하여야 하는 특별안전보건교육 내용을 2가지 쓰시오.

해설
① 방호장치의 기능 및 사용에 관한 사항
② 신호방법 및 공동작업에 관한 사항

참고
산업안전보건법 시행규칙
[별표 5] 안전보건교육 교육대상별 교육내용
*건설용 리프트·곤돌라를 이용한 작업

① 방호장치의 기능 및 사용에 관한 사항
② 기계, 기구, 달기체인 및 와이어 등의 점검에 관한 사항
③ 화물의 권상·권하 작업방법 및 안전작업 지도에 관한 사항
④ 기계·기구에 특성 및 동작원리에 관한 사항
⑤ 신호방법 및 공동작업에 관한 사항
⑥ 그 밖에 안전·보건관리에 필요한 사항

08

BLEVE(비등액체 팽창 증기폭발)에 영향을 주는 인자를 3가지 쓰시오.

해설
① 저장용기의 재질
② 저장된 물질의 종류
③ 저장된 물질의 인화성

참고
*BLEVE(비등액체 팽창 증기폭발)에 영향을 주는 인자

① 저장용기의 재질
② 저장용기 주위의 온도와 압력
③ 저장된 물질의 종류
④ 저장된 물질의 인화성
⑤ 저장된 물질의 물리적 상태
⑥ 저장된 물질의 독성여부

09

「산업안전보건법」상, 사업주가 화물운반용 또는 고정용으로 사용할 수 없는 섬유로프의 조건을 2가지 쓰시오.

해설
① 꼬임이 끊어진 것
② 심하게 손상되거나 부식된 것

참고
산업안전보건기준에 관한 규칙
제387조(꼬임이 끊어진 섬유로프 등의 사용 금지)

① 꼬임이 끊어진 것
② 심하게 손상되거나 부식된 것

10

다음 내용은 「산업안전보건법」상, 양중기에 대한 내용일 때, 해당하는 양중기의 종류를 각각 쓰시오.

(1) 동력을 사용하여 중량물을 매달아 상하 및 좌우(수평 또는 선회)로 운반하는 것을 목적으로 하는 기계 또는 기계장치
(2) 훅이나 그 밖의 달기구 등을 사용하여 화물을 권상 및 횡행 또는 권상동작만을 하여 양중하는 것

해설
(1) 크레인
(2) 호이스트

참고
산업안전보건기준에 관한 규칙
제132조(양중기)
'크레인'이란 동력을 사용하여 중량물을 매달아 상하 및 좌우(수평 또는 선회를 말한다)로 운반하는 것을 목적으로 하는 기계 또는 기계장치를 말하며, '호이스트'란 훅이나 그 밖의 달기구 등을 사용하여 화물을 권상 및 횡행 또는 권상동작만을 하여 양중하는 것을 말한다.

11

「산업안전보건법」상, 사업주가 제품의 생산 공정과 직접적으로 관련된 건설물·기계·기구 및 설비 등 전부를 설치·이전하거나 그 주요 구조부분을 변경할 경우, 유해위험방지계획서를 제출할 때 첨부해야하는 서류를 3가지 쓰시오.
(단, 그 밖에 고용노동부장관이 정하는 도면 및 서류는 제외한다.)

해설
① 건축물 각 층의 평면도
② 기계·설비의 개요를 나타내는 서류
③ 기계·설비의 배치도면

참고
산업안전보건법 시행규칙
제42조(제출서류 등)
① 건축물 각 층의 평면도
② 기계·설비의 개요를 나타내는 서류
③ 기계·설비의 배치도면
④ 원재료 및 제품의 취급, 제조 등의 작업방법 개요
⑤ 그 밖에 고용노동부장관이 정하는 도면 및 서류

12

다음 보기는 「산업안전보건법」상, 안전검사대상 기계등의 안전검사주기에 대한 내용일 때, 빈칸을 채우시오.

[보기]
- 산업용 로봇의 검사는 사업장에 설치가 끝난 날로부터 (①) 년 이내에 최초 안전검사를 실시하되, 그 이후부터 매 (②) 년 마다 안전검사를 실시한다.
- 건설현장에서 사용하는 곤돌라는 최초로 설치한 날로부터 (③) 개월 마다 안전검사를 실시한다.

해설
① 3 ② 2 ③ 6

참고
산업안전보건법 시행규칙
제126조(안전검사의 주기와 합격표시 및 표시방법)
크레인, 리프트, 곤돌라 및 산업용 로봇은 사업장에 설치가 끝난 날부터 3년 이내에 최초 안전검사를 실시하되, 그 이후부터 2년마다, 건설현장에서 사용하는 것은 최초로 설치한 날부터 6개월마다 안전검사를 실시한다.

13

「산업안전보건법」상, 산업안전보건위원회의 회의록 작성 사항을 3가지 쓰시오.
(단, 그 밖의 토의사항은 제외한다.)

> 해설
① 개최일시 및 장소
② 출석위원
③ 심의 내용 및 의결·결정사항

> 참고
산업안전보건법 시행령
제37조(산업안전보건위원회의 회의 등)
① 개최일시 및 장소
② 출석위원
③ 심의 내용 및 의결·결정사항
④ 그 밖의 토의사항

14

다음 그림과 같이 하중이 $1500kg$인 화물을 두줄걸이 와이어로프로 들어올리고 있다. 이 때 와이어로프의 상부 각도는 $60°$, 파단하중은 $42.8kN$ 일 때, 다음 물음에 답하시오.

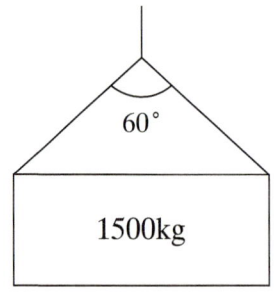

(1) 안전율을 구하시오.
(2) 안전율의 만족 또는 불만족 여부와 그 이유를 쓰시오.

> 해설
(1)
$$T = \frac{\frac{1500}{2}}{\cos\left(\frac{60}{2}\right)} = 866.02kg \times 9.8 = 8486N$$

$$≒ 8.49kN$$

$$안전율 = \frac{42.7}{8.49} = 5.03$$

(2) 안전율이 5보다 크므로 만족이다.

> 참고
산업안전보건기준에 관한 규칙
제163조(와이어로프 등 달기구의 안전계수)

상황	안전율(S)
근로자가 탑승하는 운반구를 지지하는 달기와이어로프 또는 달기체인의 경우	10 이상
화물의 하중을 직접 지지하는 달기와이어로프 또는 달기체인의 경우	5 이상
훅, 샤클, 클램프, 리프팅 빔의 경우	3 이상
그 밖의 경우	4 이상

*로프 하나에 걸리는 장력
$$T = \frac{\frac{W}{2}}{\cos\frac{\theta}{2}}$$

여기서,
W : 중량 $[kg]$
θ : 각도 $[°]$

*안전율(=안전계수)
$$S = \frac{파단하중}{사용하중}$$

2024 3회차 산업안전기사 실기 필답형 기출문제

01 【4점】

다음 표는 「보호구 안전인증 고시」상, 내전압용 절연장갑의 성능 기준인 표일 때, 빈칸을 채우시오.

등급	색상	최대사용전압	
		교류(V, 실효값)	직류(V)
00	갈색	500	①
0	빨간색	②	1500
1	흰색	7500	11250
2	노란색	17000	25500
3	녹색	26500	39750
4	등색	③	④

해설
① 750   ② 1000   ③ 36000   ④ 54000

참고
보호구 안전인증고시
[별표 3] 내전압용절연장갑의 성능기준

등급	색상	최대사용전압	
		교류(V, 실효값)	직류(V)
00	갈색	500	750
0	빨간색	1000	1500
1	흰색	7500	11250
2	노란색	17000	25500
3	녹색	26500	39750
4	등색	36000	54000

비고 : 직류=1.5×교류

02 【4점】

다음 보기 중 「산업안전보건법령」상, 사업주가 누전에 의한 감전의 위험을 방지하기 위하여 코드와 플러그를 접속하여 접지를 해야하는 전기기계·기구를 2가지 고르시오.

[보기]
- 사용전압이 대지전압 70V를 넘는 전기기계·기구
- 냉장고, 세탁기, 컴퓨터 등 고정형 전기기계·기구
- 고정식 손전등
- 물 또는 도전성이 높은 곳에서 사용하는 전기기계·기구 또는 비접지형 콘센트

해설
① 냉장고, 세탁기, 컴퓨터 등 고정형 전기기계·기구
② 물 또는 도전성이 높은 곳에서 사용하는 전기기계·기구 또는 비접지형 콘센트

참고
산업안전보건기준에 관한 규칙
제302조(전기 기계·기구의 접지)
*코드와 플러그를 접속하여 사용하는 전기기계·기구

① 사용전압이 대지전압 150볼트를 넘는 것
② 냉장고·세탁기·컴퓨터 및 주변기기 등과 같은 고정형 전기기계·기구
③ 고정형·이동형 또는 휴대형 전동기계·기구
④ 물 또는 도전성이 높은 곳에서 사용하는 전기기계·기구, 비접지형 콘센트
⑤ 휴대형 손전등

03 【4점】

「산업안전보건법」상, 근로자가 반복하여 계속적으로 중량물을 취급하는 작업할 때, 작업시작 전 점검사항을 3가지 쓰시오.

해설

① 중량물 취급의 올바른 자세 및 복장
② 위험물이 날아 흩어짐에 따른 보호구의 착용
③ 카바이드·생석회 등과 같이 온도상승이나 습기에 의하여 위험성이 존재하는 중량물의 취급방법

참고

산업안전보건기준에 관한 규칙
[별표 3] 작업시작 전 점검사항
*반복하여 중량물을 취급하는 작업을 할 때

① 중량물 취급의 올바른 자세 및 복장
② 위험물이 날아 흩어짐에 따른 보호구의 착용
③ 카바이드·생석회 등과 같이 온도상승이나 습기에 의하여 위험성이 존재하는 중량물의 취급방법

04 【3점】

「보호구 안전인증 고시」상, 1급 방진마스크를 사용해야하는 장소를 3가지 쓰시오.

해설

① 특급마스크 착용장소를 제외한 분진 등 발생장소
② 금속흄 등과 같이 열적으로 생기는 분진 등 발생장소
③ 기계적으로 생기는 분진 등 발생장소

참고

보호구 안전인증 고시
[별표 4] 방진마스크의 성능기준

등급	사용장소
특급	① 베릴륨 등과 같이 독성이 강한 물질들을 함유한 분진 등 발생장소 ② 석면 취급장소
1급	① 특급마스크 착용장소를 제외한 분진 등 발생장소 ② 금속흄 등과 같이 열적으로 생기는 분진 등 발생장소 ③ 기계적으로 생기는 분진 등 발생장소
2급	특급 및 1급 마스크 착용장소를 제외한 분진 등 발생장소

05 【3점】

「산업안전보건법령」상, 다음 보기의 괄호 안을 채우시오.

[보기]
다음 회사는 매년 회사의 안전 및 보건에 관한 계획을 수립하여 이사회에 보고하고 승인을 받아야 한다.

- 상시근로자 (①)명 이상을 사용하는 회사
- 「건설산업기본법」 제23조에 따라 평가하여 공시된 시공능력의 순위 상위 (②)위 이내의 건설회사

해설

① 500
② 1000

참고

산업안전보건법 시행령
제13조(이사회 보고·승인 대상 회사 등)

대통령령으로 정하는 회사"란 다음 각 호의 어느 하나에 해당하는 회사를 말한다.

① 상시근로자 500명 이상을 사용하는 회사
② 공시된 시공능력의 순위 상위 1천위 이내의 건설회사

06 【4점】

「산업안전보건법」상, 인체에 대전된 정전기에 의한 화재 또는 폭발 위험이 있는 경우 사업주가 하여야 할 조치를 4가지 쓰시오.

해설
① 정전기 대전방지용 안전화 착용
② 제전복 착용
③ 정전기 제전용구 사용
④ 작업장 바닥 등에 도전성을 갖추도록

참고
산업안전보건기준에 관한 규칙
제325조(정전기로 인한 화재 폭발 등 방지)

사업주는 인체에 대전된 정전기에 의한 화재 또는 폭발 위험이 있는 경우에는 <u>정전기 대전방지용 안전화 착용, 제전복 착용, 정전기 제전용구 사용</u> 등의 조치를 하거나 <u>작업장 바닥 등에 도전성을 갖추도록</u> 하는 등 필요한 조치를 하여야 한다.

07 【4점】

「산업안전보건법」상, 작업발판 일체형 거푸집 종류를 4가지 쓰시오.

해설
① 갱폼
② 슬립폼
③ 클라이밍폼
④ 터널라이닝폼

참고
산업안전보건기준에 관한 규칙
제331조의3(작업발판 일체형 거푸집의 안전조치)

① 갱폼
② 슬립폼
③ 클라이밍폼
④ 터널라이닝폼
⑤ 그 밖에 거푸집과 작업발판이 일체로 제작된 거푸집 등

08 【5점】

「산업안전보건법령」상, 다음 보기의 괄호 안을 채우시오.

[보기]
- 사업주는 사업장에 대통령령으로 정하는 유해하거나 위험한 설비가 있는 경우 중대산업사고를 예방하기 위하여 (①)를 작성하고 고용노동부장관에게 제출하여 심사를 받아야 한다.
- 사업주는 제1항에 따라 (①)를 작성할 때 (②)의 심의를 거쳐야 한다. 다만, (②)가 설치되어 있지 아니한 사업장의 경우에는 근로자대표의 의견을 들어야 한다.

해설
① 공정안전보고서
② 산업안전보건위원회

참고
산업안전보건법
제44조(공정안전보고서의 작성·제출)

사업주는 사업장에 대통령령으로 정하는 유해하거나 위험한 설비가 있는 경우 그 설비로부터의 위험물질 누출, 화재 및 폭발 등으로 인하여 사업장 내의 근로자에게 즉시 피해를 주거나 사업장 인근 지역에 피해를 줄 수 있는 사고로서 대통령령으로 정하는 사고(이하 "중대산업사고"라 한다)를 예방하기 위하여 대통령령으로 정하는 바에 따라 <u>공정안전보고서</u>를 작성하고 고용노동부장관에게 제출하여 심사를 받아야 한다.

사업주는 <u>공정안전보고서</u>를 작성할 때 <u>산업안전보건위원회</u>의 심의를 거쳐야 한다. 다만, <u>산업안전보건위원회</u>가 설치되어 있지 아니한 사업장의 경우에는 근로자대표의 의견을 들어야 한다.

09 【4점】

「보호구 안전인증 고시」상, 다음 그림에 해당하는 보호구에 대한 물음에 답하시오.

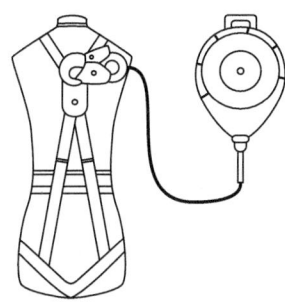

(1) 해당 보호구의 명칭을 쓰시오.
(2) 해당 보호구가 갖추어야 할 구조를 2가지 쓰시오.

[해설]
(1) 안전블록
(2)
① 자동잠김장치
② 부식방지처리

[참고]
보호구 안전인증 고시
[별표 9] 안전대의 성능기준
*부품의 구조 및 치수 (안전블록)
① 자동잠김장치를 갖출 것
② 안전블록의 부품은 부식방지처리를 할 것

10 【4점】

연삭숫돌의 파괴 원인을 4가지 쓰시오.

[해설]
① 회전력이 결합력보다 클 때
② 외부의 충격을 받았을 때
③ 숫돌에 균열이 있을 때
④ 숫돌의 측면을 사용할 때

[참고]
*연삭숫돌의 파괴원인
① 내, 외면의 플랜지 지름이 다를 때
② 플랜지 직경이 숫돌 직경의 1/3 크기 보다 작을 때
③ 회전력이 결합력보다 클 때
④ 외부의 충격을 받았을 때
⑤ 숫돌에 균열이 있을 때
⑥ 숫돌의 측면을 사용할 때
⑦ 숫돌의 치수, 특히 내경의 크기가 적당하지 않을 때
⑧ 숫돌의 회전속도가 너무 빠를 때
⑨ 숫돌의 회전중심이 제대로 잡히지 않았을 때

11 【4점】

다음 보기의 재해발생 형태를 각각 쓰시오.

[보기]
(1) 폭발과 화재 두 현상이 복합적으로 발생된 경우
(2) 재해 당시 바닥면과 신체가 떨어진 상태로 더 낮은 위치로 떨어진 경우
(3) 재해 당시 바닥면과 신체가 접해있는 상태에서 더 낮은 위치로 떨어진 경우
(4) 재해자가 넘어짐에 인하여 기계의 동력전달부위 등에 끼어서 신체부위가 절단된 경우

[해설]
(1) 폭발 (2) 떨어짐 (3) 넘어짐 (4) 끼임

[참고]
산업재해 기록 분류에 관한 지침
KOSHA GUIDE G-83-2016
① 폭발과 화재, 두 현상이 복합적으로 발생된 경우에는 발생형태를 '폭발'로 분류한다.
② 사고 당시 바닥면과 신체가 떨어진 상태로 더 낮은 위치로 떨어진 경우에는 '떨어짐'으로, 바닥면과 신체가 접해있는 상태에서 더 낮은 위치로 떨어진 경우에는 '넘어짐'으로 분류한다.
③ 재해자가 넘어짐으로 인하여 기계의 동력전달부위 등에 끼이는 사고가 발생하여 신체부위가 절단된 경우에는 '끼임'으로 분류한다.

12 【3점】

「산업안전보건법령」상, 다음 보기의 위험물질 중 아래 질문에 해당하는 위험물질을 1가지씩 고르시오.

[보기]
등유, 리튬, 과염소산, 아세틸렌, 마그네슘 분말

(1) 인화성 가스
(2) 인화성 액체
(3) 산화성 액체 및 산화성 고체

> **해설**
> (1) 아세틸렌
> (2) 등유
> (3) 과염소산

> **참고**
> 산업안전보건기준에 관한 규칙
> [별표 1] 위험물질의 종류
>
> | 인화성 가스 | ① 수소
② 아세틸렌
③ 에틸렌
④ 메탄
⑤ 에탄
⑥ 프로판
⑦ 부탄 | 인화성 액체 | ① 크실렌
② 아세트산아밀,
③ 등유
④ 경유,
⑤ 테레핀유
⑥ 이소아밀알코올
⑦ 아세트산
⑧ 하이드라진 |
> |---|---|---|---|
> | 산화성 액체 및 산화성 고체 | ① 차아염소산 및 그 염류
② 아염소산 및 그 염류
③ 염소산 및 그 염류
④ 과염소산 및 그 염류
⑤ 브로민산 및 그 염류
⑥ 아이오딘산 및 그 염류
⑦ 과산화수소 및 무기과산화물
⑧ 질산 및 그 염류
⑨ 과망가닌산 및 그 염류
⑩ 중크로뮴산 및 그 염류 | | |

13 【5점】

「산업안전보건법」상, 양중기의 종류를 5가지 쓰시오.

> **해설**
> ① 크레인(호이스트 포함)
> ② 이동식 크레인
> ③ 리프트(이삿짐 운반용 리프트는 적재하중 0.1ton 이상인 것)
> ④ 곤돌라
> ⑤ 승강기

> **참고**
> 산업안전보건기준에 관한 규칙
> 제132조(양중기)
> ① 크레인(호이스트 포함)
> ② 이동식 크레인
> ③ 리프트(이삿짐 운반용 리프트는 적재하중 0.1ton 이상인 것)
> ④ 곤돌라
> ⑤ 승강기

14 【4점】

「산업재해통계업무처리규정」상, 다음 보기에 해당하는 사업장의 사망만인율을 구하시오.
(단, 근로자수는 산업재해보상보험법이 적용되는 근로자의 수이다.)

[보기]
- 근로자수 : 21,500명
- 산재보험적용 근로자수 : 20,000명
- 사망자수 : 5명

> **해설**
> $$\text{사망만인율} = \frac{\text{사망자수}}{\text{산재보험적용 근로자수}} \times 10000$$
> $$= \frac{5}{20000} \times 10000 = 2.5$$

산업안전기사 실기
작업형

01. 2010년 ~ 2024년 작업형 기출문제 (압축)

작업형 기출문제(압축)

산업안전기사 실기

2010년 ~ 2024년

10년 1회 10년 3회 11년 2회 12년 3회 14년 1회 16년 1회 19년 1회
20년 2회 24년 2회

01 【5점】

다음 영상을 보고 위험을 방지하기 위한 조치사항을 3가지 쓰시오.

[동영상 설명]
작업자가 터널공사 중 다이너마이트를 설치하고 있다. 터널 등의 건설작업에 있어서 낙반 등에 의하여 작업자에게 위험을 미칠 우려가 있어보인다.

① 터널지보공 설치
② 록볼트 설치
③ 부석 제거

10년 1회 11년 3회 13년 1회 13년 2회 14년 2회 14년 3회 15년 1회
15년 3회 16년 2회 16년 3회 17년 1회 17년 3회 18년 3회 19년 1회
20년 1회 20년 2회 20년 3회 21년 3회 23년 1회

02 【6점】

다음 영상을 보고 각 물음에 답하시오.

[동영상 설명]
박공지붕 작업을 하는데 안전난간과 추락방호망이 설치되지 않았다. 지붕 위쪽 중간에서 커피를 마시면서 앉아 휴식을 취하는 작업자의 뒤편에 적재물들이 적치되어 있다. 휴식중인 작업자에게 갑자기 적재물들이 굴러와 작업자에게 충돌하여 작업자가 땅으로 추락하였다.

(1) 위험요인을 3가지 쓰시오.

(2) 안전대책을 3가지 쓰시오.

(1)
① 안전난간 미설치
② 추락방호망 미설치
③ 안전대 미착용

(2)
① 안전난간 설치
② 추락방호망 설치
③ 안전대 착용

10년 1회 11년 2회 13년 2회 16년 1회 17년 1회 17년 2회 19년 1회
19년 3회 20년 2회 20년 4회 21년 2회

03 【5점】

다음 영상을 보고 각 물음에 답하시오.

[동영상 설명]
20,000 V 의 전압이 흐르는 배전반에서 두명의 작업자가 작업을 하고 있다. 절연내력 시험기 앞의 작업자가 뒤에 있던 다른 작업자를 발견하지 못하고 배전반을 시험하다가 다른 작업자가 쓰러졌다.

(1) 발생한 재해의 형태를 쓰시오.

(2) (1)의 정의를 쓰시오.

(3) 해당 재해에서의 가해물을 쓰시오.

(1) 감전
(2) 외부에서 인가된 전원에 의해 전류가 인체를 통과되는 것
(3) (배전반에 접촉되었을 경우) 배전반
    (배전반에 접촉되지 않았을 경우) 전류

10년 1회 12년 1회 12년 2회 13년 3회 14년 2회 14년 3회 15년 1회
15년 3회 16년 3회 17년 1회 17년 3회 18년 2회 19년 1회 20년 1회
20년 2회 21년 3회 22년 1회

04 【5점】

다음 영상을 보고 각 물음에 답하시오.

[동영상 설명]
작업자가 단무지 공장에서 일하는 모습을 보여준다. 단무지가 담겨있는 수조 가운데에 수중펌프가 있으며 무릎까지 물이 차오른 상태에서 수중펌프가 작동하자마자 작업자가 감전을 당했다.

(1) 습윤한 장소에서 사용되는 이동전선에 대해 사용 전 점검사항을 2가지 쓰시오.

(2) 전원부 작업 시 필요한 방호장치를 1가지 쓰시오.

(3) 작업자가 감전사고를 당한 원인을 인체 피부저항과 관련하여 자세히 설명하시오.

(1)
① 이동전선이 충분한 절연효과가 있는지 점검
② 접속기구가 충분한 절연효과가 있는지 점검

(2) 누전차단기

(3)
사람이 수중에 있으므로 인체 피부저항이 1/25로 감소되어 쉽게 감전되었다.

10년 1회 20년 2회 21년 1회 24년 1회

05 【5점】

다음 영상을 보고 목재가공용 둥근톱 작업에서 불안전한 행동 및 상태와 안전대책을 각각 3가지씩 쓰시오.

[동영상 설명]
작업자가 보호구를 착용하지 않고 면장갑을 착용한 상태에서 방호장치가 설치되지 않은 목재가공용 둥근톱을 이용하여 물을 뿌리면서 대리석을 자르는 작업을 하고 있다. 작업자가 전원을 차단하지 않고 쇠파이프 막대로 수압조절밸브를 툭툭 치면서 조절한다. 그 손으로 벽면에 부착된 기계의 전원 스위치를 만지고 가동 중인 기계 레일의 상단을 왔다 갔다 한다. 그러다가 기계가 정지되자 면장갑을 착용한 손으로 톱날을 돌리다가 기계가 갑자기 작동하여 재해가 발생하였다.

(1) 불안전한 행동
① 회전기계 작업 중 장갑착용
② 보안경 미착용
③ 방진마스크 미착용
④ 톱날접촉방지장치 미설치
⑤ 반발예방장치 미설치
⑥ 정전작업 미실시
⑦ 적합한 공구 또는 손을 사용하지 않고 밸브 조절
⑧ 가동 중인 기계 위를 걸어다님

(2) 안전대책
① 회전기계 작업 중 장갑착용 금지
② 보안경 착용
③ 방진마스크 착용
④ 톱날접촉방지장치 설치
⑤ 반발예방장치 설치
⑥ 정전작업 실시
⑦ 적합한 공구 또는 손을 사용하여 밸브 조절
⑧ 가동 중인 기계 위를 걸어다니지 말 것

10년 1회 11년 1회 12년 2회 13년 3회 15년 2회 15년 3회 18년 1회
19년 2회 20년 3회 20년 4회 21년 3회 22년 1회 23년 1회

06 【6점】

다음 영상을 보고 각 물음에 답하시오.

[동영상 설명]
작업자가 자동차 부품 도금공정 중 세척하는 과정에서 고무장갑, 운동화를 착용하고 담배를 피우면서 작업을 하고 있다.

(1) 위험예지훈련을 2가지 쓰시오.

(2) 만약, 세척조에서 시너(Thinner)를 사용한다면 예상되는 재해유형을 2가지 쓰시오.

(1)
① 작업 중 흡연을 금하자.
② 세척 작업 시 불침투성 보호장갑·보호장화를 착용하자.

(2)
① 폭발
② 화재

10년 1회 11년 2회 12년 3회 14년 3회 16년 1회 17년 2회

07 【4점】

다음 영상을 보고 방진 마스크에 대한 표의 빈칸을 채우시오.

[동영상 설명]
작업자가 쓰고있는 방진 마스크를 보여주고 있다.

등급	염화나트륨($NaCl$) 및 파라핀 오일 시험
특급	(①)
1급	(②)
2급	(③)

① 99.95% 이상
② 94% 이상
③ 80% 이상

10년 2회 11년 2회 14년 1회 16년 2회

08 【4점】

다음 영상을 보고 아래의 표를 완성하시오.

[동영상 설명]
방음용 보호구(귀마개)를 확대하여 보여주고 있다.

형식	종류	기호	성능
귀마개	①	②	③
	④	⑤	⑥

① 1종
② EP-1
③ 저음부터 고음까지 차음하는 것
④ 2종
⑤ EP-2
⑥ 주로 고음을 차음하고 저음(회하음역역)은 차음하지 않는 것

10년 2회 13년 2회 16년 3회 18년 2회 20년 2회 23년 1회 23년 2회 24년 1회 24년 3회

09 【5점】

다음 영상의 공작기계에 사용할 수 있는 방호장치의 종류 3가지와 작업자가 기능을 무력화시킨 방호장치를 1가지 쓰시오.

[동영상 설명]
작업자가 급정지 기구가 부착되지 않은 프레스기로 철판에 구멍을 뚫는 작업을 하고 있다. 작업 도중에 초록색 방호장치를 젖히고 작업하다가 손을 넣어 청소를 하려는 순간 프레스기에 손이 끼이는 사고가 발생했다.

(1) 사용할 수 있는 방호장치
 ① 광전자식
 ② 양수기동식
 ③ 손쳐내기식
(2) 무력화시킨 방호장치 : 광전자식

10년 2회 11년 3회 16년 3회 20년 1회 24년 1회

10 【6점】

다음 영상을 보고 이동식 크레인에 대한 각 물음에 답하시오.

[동영상 설명]
철판집게로 철판을 "ㄷ"자로 물고 있는 이동식 크레인은 철판을 화물차 위로 이동시키고 있으며, 화물차 위에서 작업자가 이동해온 철판을 내리려는 찰나에 철판이 낙하하여 작업자가 깔리는 재해가 발생하였다.

(1) 이동식 크레인의 방호장치를 4가지 쓰시오.

(2) 영상을 보고 다음 보기의 빈칸을 채우시오.

[보기]
크레인은 사업장에 설치가 끝난 날부터 (①) 이내에 최초 안전검사를 실시하되, 그 이후부터 (②)마다, 건설현장에서 사용하는 것은 최초로 설치한 날부터 (③)마다 안전검사를 실시한다.

(1) 방호장치
  ① 권과방지장치
  ② 과부하방지장치
  ③ 제동장치
  ④ 비상정지장치

(2)
  ① 3년
  ② 2년
  ③ 6개월

10년 2회 11년 2회 12년 3회 13년 1회 14년 2회 14년 3회 17년 1회
17년 3회 18년 1회 19년 1회 19년 2회 21년 1회 21년 2회 22년 1회

11 【5점】

다음 영상을 보고 고압전선로 옆 항타기·항발기 작업에 대한 각 물음에 답하시오.

[동영상 설명]
작업자는 $30kV$의 전압이 흐르는 고압선 옆에서 항타기·항발기로 굴착 및 전주 세우기 작업을 하다가 감전 사고가 발생하였다. 별다른 방호장치는 설치돼있지 않고 신호수도 없다.

(1) 사고원인을 3가지 쓰시오.

(2) 안전대책을 3가지 쓰시오.

(1)
  ① 절연용 방호구 미설치
  ② 접지점 미관리
  ③ 접근 한계거리 미준수
  ④ 신호수 미배치

(2)
  ① 절연용 방호구 설치
  ② 접지점 관리
  ③ 접근 한계거리 준수
  ④ 신호수 배치

10년 2회 10년 3회 12년 3회 14년 3회 15년 1회 16년 2회 16년 3회
19년 3회 20년 2회 20년 3회 21년 1회 21년 2회 22년 1회 22년 2회
22년 3회 23년 3회

12 【3점】

다음 영상을 보고 각 물음에 답하시오.

[동영상 설명]
작업자가 맨손으로 전동 권선기에 동선을 감는 작업 중 기계가 정지하여 점검하던 도중 몸이 굳은 채 갑자기 쓰러졌다.

(1) 발생한 재해의 형태를 쓰시오.

(2) 재해의 원인을 2가지 쓰시오.

(1) 감전

(2)
① 정전작업 미실시
② 절연보호구 미착용

10년 2회 10년 3회 11년 3회 12년 1회 13년 2회 14년 3회 15년 3회
17년 1회 17년 2회 18년 1회 18년 2회 20년 2회

13 【6점】

다음 영상을 보고 승강기 컨트롤 패널 작업에 대한 각 물음에 답하시오.

[동영상 설명]
절연보호구를 착용하지 않은 작업자가 MCC 패널을 점검하고 있다. 작업자는 개폐기 문을 열어 전원을 차단하고 나서 문을 닫은 후에 다른 곳 패널에서 작업하던 도중 전선을 만지더니 쓰러졌다.

(1) 발생한 재해의 형태를 쓰시오.

(2) 해당 재해에서의 가해물을 쓰시오.

(3) 발생한 재해 형태의 원인을 1가지 쓰시오.

(4) 감전 방지대책을 3가지 쓰시오.

(1) 감전

(2)
(MCC 패널과 접촉하면) MCC 패널
(MCC 패널과 거리가 떨어지면) 전류

(3) 잔류전하에 의한 감전

(4)
① 절연용 보호구 착용
② 감시인 배치
③ 잔류전하를 완전히 제거

10년 2회 17년 1회
14 【3점】
다음 영상을 보고 각 물음에 답하시오.

[동영상 설명]
해당 LPG저장소에서 대기 중에 LPG가 유출되어 폭발사고가 발생하였다.

(1) 발생한 재해의 형태를 쓰시오.
(2) 해당 재해에서의 기인물을 쓰시오.

(1) 폭발
(2) LPG

10년 2회 10년 3회 11년 1회 11년 2회 12년 3회 14년 2회 15년 1회
17년 2회 19년 1회 20년 2회 20년 3회 22년 3회 24년 2회
15 【6점】
다음 영상을 보고 유해화학물질이 흡수되는 경로와 특별관리물질 게시사항을 각각 3가지씩 쓰고 화학물질의 유해, 위험요인을 표시하기 위해 참고하는 자료의 명칭을 쓰시오.

[동영상 설명]
보호구를 아무것도 착용하지 않은 작업자가 유해한 화학물질을 맨손으로 취급하고 있으며 유해화학물질의 냄새를 맡고있는 장면을 보여준다.

(1) 흡수경로
 ① 호흡기
 ② 소화기
 ③ 피부

(2) 게시사항
 ① 발암성 물질
 ② 생식세포 변이원성 물질
 ③ 생식독성 물질

(3) 자료의 명칭 : 물질안전보건자료(MSDS)

10년 2회 13년 2회 14년 3회 16년 1회 17년 2회 19년 2회 20년 2회
16 【5점】
다음 영상을 보고 터널 굴착공사 중에 사용되는 계측 방법의 종류를 3가지 쓰시오.

[동영상 설명]
화면에서 터널굴착공사 중인 모습을 보여주고 있다.

① 내공변위 측정
② 지중변위 측정
③ 천단침하 측정

10년 2회 12년 3회 14년 2회 16년 2회 17년 3회 20년 4회 23년 1회

17 【5점】

다음 영상을 보고 탁상용 연삭기 작업에 대한 각 물음에 답하시오.

[동영상 설명]
보안경, 방진마스크, 귀마개를 착용하지 않은 작업자가 탁상용 연삭기로 봉강 연마 작업을 하고 있다. 연삭기에는 덮개가 설치돼 있지만 다른 방호장치는 없다. 작업 도중 갑자기 파편이 튀어 사고가 발생하였다.

(1) 해당 재해에서의 기인물을 쓰시오.

(2) 필요한 방호장치를 1가지 쓰시오.

(3) 작업 시 숫돌과 가공면과의 각도의 적절한 범위를 쓰시오.

(1) 탁상용 연삭기
(2) 칩비산방지투명판
(3) 15° ~ 30°

10년 2회 10년 3회 16년 1회 17년 2회 18년 2회 20년 2회 20년 4회 22년 2회

18 【5점】

다음 영상을 보고 프레스 작업에서 사고를 방지하기 위한 조치사항을 2가지 쓰시오.

[동영상 설명]
작업자가 프레스 작업을 하던 도중 이물질에 의해 갑자기 프레스기가 정지되었다. 작업자는 몸을 기울인 채 이물질을 손으로 제거하는 작업을 하다가 실수로 페달을 밟아 손이 다치는 재해가 발생하였다.

① 이물질 제거 시 수공구 사용
② 이물질 제거 시 U자형 덮개 사용

10년 2회 12년 2회 16년 1회 17년 3회 18년 2회 19년 1회 20년 1회
22년 1회 23년 3회

19 【3점】

다음 영상을 보고 「산업안전보건법령」상, 누전에 의한 감전위험을 방지하기 위해 감전방지용 누전차단기를 설치하는 조건을 3가지 쓰시오.

[동영상 설명]
작업자가 철물을 연삭기로 작업하고 있다. 주변 전선에 물이 흥건한 모습을 보여준다.

① 대지전압이 150V를 초과하는 이동형 또는 휴대형 전기기계·기구
② 철판·철골 위 등 도전성이 높은 장소에서 사용하는 이동형 또는 휴대형 전기기계·기구
③ 임시배선의 전로가 설치되는 장소에서 사용하는 이동형 또는 휴대형 전기기계·기구

10년 2회 10년 3회 11년 3회 12년 2회 14년 1회 14년 2회 15년 1회
16년 3회 18년 1회 20년 2회

20 【3점】

다음 영상을 보고 작업자의 신체에 각각 필요한 보호구를 쓰시오.

[동영상 설명]
보호구를 아무것도 착용하지 않은 작업자가 변압기의 양쪽에 나와있는 선을 두 손으로 들고 유기화합물 드럼통에 넣었다 빼서 앞 선반에 올리는 반복 작업을 하고 있다.

(1) 눈을 보호하기 위한 보호구
(2) 손을 보호하기 위한 보호구
(3) 신체를 보호하기 위한 보호구

(1) 보안경
(2) 불침투성 보호장갑
(3) 불침투성 보호복

10년 2회 12년 3회 14년 1회 16년 1회 19년 1회 20년 2회 21년 1회 24년 1회

21 【5점】

다음 영상을 보고 각 물음에 답하시오.

[동영상 설명]
한 작업자가 지게차에 주유를 하면서 시동을 건 채 내려 다른 작업자와 흡연을 하며 이야기를 나누고 있다.

(1) 불안전한 상태 및 행동을 2가지 쓰시오.
(2) 발생 가능한 재해 발생 형태를 2가지 쓰시오.
(3) 지게차 작업자의 담뱃불에 해당하는 발화원 형태의 명칭을 쓰시오.

(1)
① 인화성 가스의 분위기에서 점화원을 만듦
② 시동을 걸어놓아 오작동으로 인한 사고위험
(2)
① 화재
② 폭발
(3) 나화

10년 2회 12년 1회 13년 1회 15년 3회 17년 3회 18년 3회 20년 3회 22년 1회

22 【6점】

다음 영상을 보고 보기의 항타기에 대한 보기의 빈칸을 채우시오.

[동영상 설명]
화면에서 항타기를 확대하여 보여주고 있다.

[보기]
- 항타기 권상장치의 드럼축과 권상장치로부터 첫 번째 도르래의 축 간의 거리를 권상장치 드럼폭의 (①)배 이상으로 하여야 한다.
- 도르래는 권상장치 드럼의 축과 (②)을 지나야 하며 (③)상에 있어야 한다.

① 15
② 중심
③ 수직면

10년 2회 11년 2회 12년 3회 14년 1회 15년 1회 16년 2회 16년 3회
17년 3회 19년 3회 20년 1회 20년 3회 22년 1회 23년 2회 23년 3회

23 【6점】

다음 영상을 보고 높이가 $2m$ 이상인 작업장소에 적합한 작업발판의 설치기준을 3가지 쓰시오.

[동영상 설명]
작업자가 조립식 비계발판을 설치하고 있다. 이 때 나무발판을 안전난간에 걸치고 자재를 전달받다가 추락한다.

① 발판재료는 작업할 때의 하중을 견딜 수 있도록 견고한 것으로 할 것
② 추락의 위험이 있는 장소에는 안전난간을 설치할 것
③ 작업발판의 지지물은 하중에 의하여 파괴될 우려가 없는 것을 사용할 것

10년 2회 13년 3회

24

다음 영상을 보고 방진마스크의 일반적인 구조 조건을 3가지 쓰시오.

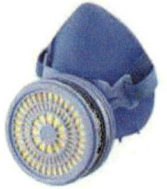

[동영상 설명]
화면에서 작업자가 착용한 방진마스크를 확대하고 있다.

① 착용 시 압박감이나 고통을 주지 않을 것
② 전면형은 호흡 시 투시부가 흐려지지 않을 것
③ 안면부 여과식 마스크는 여과재를 안면에 밀착시킬 수 있을 것
④ 안면부 여과식 마스크는 여과재로 된 안면부가 사용기간 중 심하게 변형되지 않을 것

10년 3회 11년 3회 13년 1회 13년 2회 14년 3회 15년 2회 16년 1회
16년 3회 17년 1회 17년 3회 19년 2회 19년 2회 20년 2회 22년 2회

25 【4점】

다음 영상을 보고 밀폐공간에서 작업 중 착용하여야 할 보호구를 2가지 쓰시오.

[동영상 설명]
작업자가 지하에 설치된 폐수처리조에서 슬러지 처리 작업 중 갑자기 의식을 잃고 쓰러졌다.

① 공기호흡기
② 송기마스크

10년 3회 12년 2회 14년 1회 16년 2회 17년 1회 19년 1회

26 【5점】

다음 영상을 보고 석면을 취급하는 작업 시 안전한 작업 방법을 3가지 쓰시오.

[동영상 설명]
일반작업복, 일반장갑, 일반마스크를 착용하는 작업자들이 브레이크 패드를 제작하는 작업장에서 작업을 하고 있다. 사방에 석면이 흩날리고 있으며 한 작업자는 알루미늄용기를 사용하여 석면을 배합기에 넣고 다른 작업자는 철로 된 용기에 주변 바닥으로 떨어진 석면을 빗자루로 쓸어서 담고 있다. 주변에는 국소배기장치가 없다.

① 호흡용 보호구 착용
② 국소배기장치 설치
③ 습기 유지
④ 다른 작업장소와의 격리

10년 3회 12년 1회 14년 1회 16년 3회 17년 2회 20년 2회 23년 3회

27 【3점】

다음 영상을 보고 항타기·항발기 조립 작업 시 점검사항을 3가지 쓰시오.

[동영상 설명]
작업자들이 콘크리트 전주를 세우기 위해 항타기·항발기를 조립하려는 장면이다.

① 본체 연결부의 풀림 또는 손상의 유무
② 권상장치의 브레이크 및 쐐기장치 기능의 이상 유무
③ 권상기의 설치상태의 이상 유무

10년 3회 11년 1회 11년 2회 12년 1회 15년 2회 16년 1회 18년 2회
18년 3회 20년 2회 20년 3회

28 【4점】

다음 영상을 보고 핵심위험요인을 3가지 쓰시오.

[동영상 설명]
절연용 보호구를 착용하지 않은 작업자 2명이 사다리차를 타고 전주의 고압 선로에 절연방호구를 설치하는 활선작업을 하고 있다. 작업자 1명은 밑에서 절연방호구를 와이어로프와 도르래를 이용해서 올리고 다른 작업자 1명은 사다리차 위에서 물건을 받고 있다. 이 때 사다리차가 흔들리며 활선에 닿아 감전사고가 발생하였다.

① 절연용 보호구를 착용하지 않음
② 활선작업용 기구 및 장치를 사용하지 않음
③ 충전전로에서 접근한계거리 이내로 접근

10년 3회 14년 3회 15년 3회 17년 3회 18년 3회 20년 2회 22년 1회

29 【4점】

다음 영상을 보고 각 물음에 답하시오.

[동영상 설명]
작업자가 승강기 모터 벨트 부분에 묻어있는 기름과 먼지를 청소하던 도중 모터 상부 고정 부분에 손이 끼이는 재해가 발생하였다.

(1) 해당 재해에서의 위험점을 쓰시오.
(2) 해당 재해의 형태를 쓰시오.
(3) 해당 재해 형태의 정의를 쓰시오.

(1) 끼임점
(2) 끼임
(3) 기계설비에 끼이거나 감김

10년 3회 17년 3회

30 【4점】

다음 영상을 보고 보호구 중 안전화의 종류를 4가지 쓰시오.

[동영상 설명]
화면에 작업자가 착용하는 보호구들을 보여주다가 마지막에 안전화를 확대하여 보여주었다.

① 가죽제 안전화
② 고무제 안전화
③ 발등 안전화
④ 절연화

10년 3회 11년 1회 11년 2회 12년 3회 13년 2회 14년 1회 15년 2회
16년 2회 18년 3회 19년 1회 20년 4회 21년 2회 22년 1회 23년 2회
24년 1회 24년 3회

31 【5점】

다음 영상을 보고 각 물음에 답하시오.

[동영상 설명]
지게차를 운전하던 작업자는 지게차에 불안정하고 높게 적재된 화물에 의하여 시야 확보가 어려운 도중 통로에 있던 작업자와 충돌하여 화물이 무너지는 사고가 발생하였다. 지게차 경광등은 작동하지 않았다.

(1) 재해 발생원인을 3가지 쓰시오.

(2) 운전자의 조치를 3가지 쓰시오.

(1)
① 화물을 높게 적재하여 운전자의 시야 불충분
② 작업지휘자 및 유도자가 미배치
③ 경광등이 작동하지 않음
④ 지게차 접촉 우려 장소에 다른 작업자 출입

(2)
① 화물을 적정량으로 적재하여 시야 확보
② 작업지휘자 및 유도자 배치
③ 경광등이 작동하도록함
④ 지게차 접촉 우려 장소에 출입금지 표시

10년 3회 11년 1회 12년 2회 14년 2회 15년 1회 16년 2회 16년 3회
17년 3회 18년 1회 20년 1회 20년 3회

32 【6점】

다음 영상을 보고 각 물음에 답하시오.

[동영상 설명]
화면에는 위의 보호구를 확대하여 보여주고 있다.

(1) 해당 보호구의 명칭을 쓰시오.

(2) 해당 보호구의 정의를 쓰시오.

(3) 해당 보호구가 갖추어야 하는 구조를 2가지 쓰시오.

(4) 해당 보호구의 일반적인 구조조건을 2가지 쓰시오.

(1) 안전블록

(2) 안전그네와 연결하여 추락발생시 추락을 억제할 수 있는 자동잠김장치가 갖추어져 있고 죔줄이 자동적으로 수축되는 장치

(3)
① 자동잠김장치를 갖출 것
② 부품은 부식방지처리를 할 것

(4)
① 안전블록은 정격 사용길이가 명시될 것
② 안전블록의 줄은 합성섬유로프, 웨빙, 와이어로프이어야 하며, 와이어로프인 경우 최소 공칭지름이 4mm 이상인 것

10년 3회 11년 1회 12년 1회 12년 2회 14년 1회 14년 3회 15년 2회
16년 1회 17년 1회 17년 2회 18년 1회 20년 1회 20년 4회 21년 1회
21년 2회 22년 2회

33 【5점】

다음 영상을 보고 추락사고에 대한 각 물음에 답하시오.

[동영상 설명]
작업자가 아파트 난간 창틀에서 창호설치 작업을 하던 도중에 추락사고가 발생하였다.

(1) 해당 사고의 위험요인을 3가지 쓰시오.

(2) 해당 사고의 가해물을 쓰시오.

(1)
① 추락방호망 미설치
② 안전대 미착용
③ 안전대 부착설비 미설치
④ 안전난간 미설치

(2) 바닥

10년 3회 13년 3회 14년 1회 14년 2회 14년 3회 15년 2회 15년 3회
16년 3회 18년 1회 19년 1회 20년 2회 22년 2회

34 【5점】

다음 영상을 보고 크레인을 이용한 전주 세우기 작업에 대한 각 물음에 답하시오.

[동영상 설명]
작업자는 $30kV$의 전압이 흐르는 고압선에서 크레인을 이용하여 활선전로에 인접하여 전주 세우기 작업을 하고 있다. 작업을 하던 도중 크레인이 활선전로에 접촉하여 운전하던 작업자가 감전을 당했다.

(1) 이 사고의 직접적인 원인을 1가지 쓰시오.

(2) 이 사고의 동종 재해 방지를 위한 안전대책을 3가지 쓰시오.

(1) 활선전로와 접촉
(2)
① 충전전로의 충전부로부터 차량 등에 대한 이격거리를 확보한다.
② 작업자는 절연용 보호구를 착용한다.
③ 차량 주변에 울타리를 설치한다.

10년 3회 11년 1회 11년 2회 12년 1회 12년 2회 12년 3회 15년 1회

35 【5점】

다음 영상을 보고 고압선 주변에서 작업 시 안전수칙을 3가지 쓰시오.

[동영상 설명]
$30kV$의 전압이 흐르는 고압선 아래에서 이동용 크레인을 이용하여 맨홀 내부에 화물을 인양하던 도중 감전사고가 발생하였다.

① 충전전로의 충전부로부터 차량 등에 대한 이격거리를 확보한다.
② 작업자는 절연용 보호구를 착용한다.
③ 차량 주변에 울타리를 설치한다.

10년 3회 12년 3회

36 【5점】

다음 영상을 보고 핵심위험요인을 3가지 쓰시오.

[동영상 설명]
보안경을 착용하지 않고 목장갑을 착용한 작업자가 덮개가 설치되지 않은 원심기를 작동 중에 점검하고 있다.

① 보안경 미착용
② 회전기계 점검시 목장갑 착용
③ 덮개 미설치
④ 정전작업 미실시

11년 1회 11년 3회 12년 2회

37 【4점】

다음 영상을 보고 회전하는 브레이크 라이닝에 대한 각 물음에 답하시오.

[동영상 설명]
장갑을 착용한 작업자가 방호장치가 설치되지 않은 채로 브레이크 라이닝 연마 작업 중에 손이 말려들어가는 재해를 당했다.

(1) 해당 재해의 핵심위험요인을 2가지 쓰시오.

(2) 해당 재해의 안전대책을 2가지 쓰시오.

(1)
① 회전기계 작업시 장갑을 착용
② 비상정지장치·덮개 등 방호장치 미설치
(2)
① 회전기계에 장갑을 착용하지 않는다.
② 비상정지장치·덮개 등 방호장치 설치한다.

11년 1회 13년 3회 15년 2회 16년 3회 18년 1회 19년 3회 21년 3회

38 【3점】

다음 영상을 보고 핵심위험요인을 2가지 쓰시오.

[동영상 설명]
작업자가 맨몸으로 전주에 올라가다 표지판에 부딪혀 추락하는 재해가 발생하였다.

① 작업발판 미설치
② 안전대 미착용

11년 1회 12년 1회

39 【3점】

다음 영상을 보고 전주 설치 시 사고예방에 대한 관리적 대책을 3가지 쓰시오.

[동영상 설명]
작업자들이 전주를 설치하는 작업을 하고 있다.

① 작업 내용에 대한 위험성 주의 및 교육
② 작업지휘자에 의한 작업지휘 또는 감시인 배치
③ 개인보호구 착용 및 취급사항 교육·감독

11년 1회 12년 2회 13년 3회 14년 3회 20년 4회

40 【4점】

다음 영상을 보고 핵심위험요인을 3가지 쓰시오.

[동영상 설명]
보안경을 착용하지 않은 작업자가 고개를 숙이며 띠톱작업 중 자재를 꺼내려다 톱날에 장갑이 걸려 들어가는 사고가 발생하였다.

① 정전작업 미실시
② 자재를 꺼낼 때 수송구를 사용하지 않음
③ 회전기계 작업 중 장갑 착용

11년 1회 12년 2회 16년 1회 18년 2회 19년 3회 20년 4회 21년 1회
23년 1회 24년 3회

41 【6점】

다음 영상을 보고 각 물음에 답하시오.

[동영상 설명]
불침투성 보호장갑을 끼지 않은 상태에서 황산으로 유리 용기를 세척하던 도중 작업자의 손에 황산이 묻어 사고가 발생하였다.

(1) 해당 재해의 형태를 쓰시오.
(2) 해당 재해 형태의 정의를 쓰시오.
(3) 해당 재해의 원인을 쓰시오.

(1) 유해위험물질 노출 · 접촉
(2) 유해위험물질 노출 · 접촉 또는 흡입하였거나 독성동물에 쏘이거나 물린 경우
(3) 불침투성 보호장갑을 사용하지 않고 황산을 취급

11년 1회 12년 1회 15년 2회 16년 3회 20년 2회

42 【4점】

다음 영상을 보고 안전수칙을 2가지 쓰시오.

[동영상 설명]
작업자 2명이 승강기 개구부에서 작업하고 있다. 작업자 1명은 위에서 안전난간에 밧줄을 걸쳐 물건을 끌어 올리고 다른 작업자 1명은 이를 밑에서 올려주는 작업을 하던 도중, 인양하던 물건이 떨어져 밑에 있던 작업자 1명이 다치는 사고가 발생하였다.

① 낙하물방지망 설치
② 물건 인양 시 도르래 등의 기구를 사용
③ 작업자는 안전모 등 보호구를 착용

11년 1회 14년 2회 15년 2회

43 【4점】

다음 영상을 보고 가죽제 안전화의 성능기준 항목을 4가지 쓰시오.

[동영상 설명]
작업자가 여러 보호구를 착용하는 모습을 보여주며, 마지막에는 가죽제 안전화를 집중적으로 보여주었다.

① 내부식성
② 내압박성
③ 내충격성
④ 내답발성

11년 1회 12년 2회 18년 1회 19년 1회 19년 2회 20년 3회 20년 4회

44 【5점】

다음 영상을 보고 밀폐장소에서의 안전 수칙을 3가지 쓰시오.

[동영상 설명]
여러 작업자들이 지하피트의 밀폐된 공간에서 작업을 하고 있는 모습을 보여주고 있다.

① 작업시작 전 밀폐공간의 산소 및 유해가스의 농도를 측정
② 작업 중 작업장을 적정공기 상태가 유지되도록 환기
③ 환기가 곤란할 경우 근로자에게 공기호흡기 또는 송기마스크 지급

11년 1회 13년 2회 13년 3회 14년 3회 15년 1회 16년 3회 17년 2회
19년 2회 20년 1회 21년 1회 23년 3회

45 【6점】

다음 영상을 보고 밀폐장소 작업 시 각 물음에 답하시오.

[동영상 설명]
탱크 내부 밀폐된 공간에서 작업자가 그라인더 작업을 하고 있다. 다른 작업자가 외부에 설치된 국소배기장치를 실수로 발로 차서 전원공급이 차단되어 내부 작업자가 의식을 잃고 쓰러지는 사고가 발생하였다.

(1) 해당 사고의 핵심위험요인을 3가지 쓰시오.

(2) 관리감독자의 직무(안전조치 사항)를 3가지 쓰시오.

(1)
① 국소배기장치 전원 차단
② 환기 미실시
③ 근로자 송기마스크 미착용

(2)
① 작업을 하는 장소의 산소 농도와 적절성을 작업시작 전에 점검
② 환기장치·측정장비 등을 작업시작 전에 점검
③ 근로자에게 송기마스크 등의 착용을 지도하고 착용상황을 점검

11년 1회 13년 2회 22년 3회 24년 3회

46 【4점】

다음 영상을 보고 핵심위험요인을 3가지 쓰시오.

[동영상 설명]
크레인으로 배관을 로프에 걸어 인양하고 있다. 작업자가 배관 아래에서 수신호 작업을 하다가 배관에 부딪히는 재해가 발생하였다. 클로즈업 된 화면에는 로프가 반쯤 잘리고 보조로프가 설치되지 않은 것을 보여주었다.

① 위험반경 내에서의 신호작업
② 로프의 상태 불량
③ 유도로프 미설치

11년 1회 11년 3회 12년 2회 13년 1회 13년 2회 14년 1회 14년 2회
15년 2회 16년 3회 18년 2회 18년 3회 20년 2회 20년 3회 20년 4회
21년 1회 21년 3회 22년 3회 23년 1회 23년 3회

47 【6점】

다음 영상을 보고 각 물음에 답하시오.

[동영상 설명]
작업자가 승강기를 설치하기 이전에 피트 내에서 판자로 엉성하게 이어붙인 발판 위에서 벽면에 돌출되어 있는 못을 망치로 제거하는 작업을 하다 추락하여 사망하였다.

(1) 해당 재해요인을 3가지 쓰시오.

(2) 해당 재해의 안전대책을 3가지 쓰시오.

(1)
① 추락방호망 미설치
② 안전난간 미설치
③ 안전대 미착용
④ 안전대 부착설비 미설치
⑤ 작업발판 미고정

(2)
① 추락방호망 설치
② 안전난간 설치
③ 안전대 착용
④ 안전대 부착설비 설치
⑤ 작업발판 고정

11년 1회 18년 2회 20년 1회 21년 2회 21년 3회

48
【6점】

다음 영상을 보고 작업 시 착용하여야 하는 보호구의 종류를 3가지 쓰시오.

[동영상 설명]
안전모·보안경을 착용하지 않고 일반 작업복만 입은 작업자가 작은 변압기의 양쪽에 나와 있는 선을 맨손으로 들고 유기화합물통에 넣었다 빼서 작업자 앞에 있는 선반에 올리는 작업을 하였다.

① 보안경
② 불침투성 보호장갑
③ 불침투성 보호복
④ 불침투성 보호장화

11년 1회 12년 2회

49

다음 영상을 보고 핵심위험요인을 2가지 쓰시오.

[동영상 설명]
보호구를 착용하지 않은 작업자가 전원이 꺼지지 않은 카렌더기를 청소하던 도중 감전사고를 당했다.

① 절연보호구 미착용
② 정전작업 미실시

11년 1회 13년 3회 16년 1회 17년 2회 20년 3회 22년 2회

50

다음 영상을 보고 핵심위험요인을 3가지 쓰시오.

[동영상 설명]
장갑을 착용한 작업자 2명이 작동하는 양수기를 수리를 하면서 서로 잡담을 하며 수공구를 던져주고 받다가 손이 벨트에 물리는 재해가 발생하였다.

① 회전기계 작업 중 장갑을 착용
② 정전작업 미실시
③ 작업자가 작업에 집중하지 않음

11년 1회 12년 2회 13년 3회 16년 1회 18년 1회 20년 3회 22년 1회

51 【4점】

다음 영상을 보고 해당 기구를 이용하여 작업을 시작 하기 전 점검사항을 2가지 쓰시오.

[동영상 설명]
건설현장에서 리프트가 움직이는 것을 보여주고 있다.

① 방호장치·브레이크 및 클러치의 기능
② 와이어로프가 통하고 있는 곳의 상태

11년 1회 20년 4회 23년 3회 24년 3회

52 【6점】

다음 영상을 보고 각 물음에 답하시오.

[동영상 설명]
작업자가 작업발판용 나무토막을 가공대 위에 올려놓고 작업을 하고 있다. 한 발은 지면에 있고 다른 한 발로 나무를 고정 후 톱질을 하던 도중 작업발판이 흔들려 작업자가 균형을 잃고 바닥에 넘어지는 사고가 발생하였다.

(1) 해당 재해의 형태를 쓰시오.
(2) 해당 재해의 기인물을 쓰시오.
(3) 해당 재해의 가해물을 쓰시오.

(1) 넘어짐
(2) 작업발판
(3) 바닥

11년 1회 11년 3회 12년 2회 15년 1회 15년 2회 16년 2회 17년 2회
18년 2회 18년 3회 19년 2회 19년 3회 21년 3회 22년 1회

53 【6점】

다음 영상을 보고 「산업안전보건법령」상, 해체작업의 해체계획서 작성 시 포함사항 4가지를 쓰시오.

[동영상 설명]
작업자가 집게가위 포크레인을 이용하여 건물을 해체하는 모습을 보여주고 있다.

① 해체의 방법 및 해체 순서도면
② 사업장 내 연락방법
③ 해체물의 처분계획
④ 해체작업용 화약류 등의 사용계획서

11년 1회 12년 2회 12년 3회 13년 3회 14년 1회 14년 3회 15년 1회
15년 2회 15년 3회 16년 3회 17년 1회 17년 2회 18년 1회 18년 3회

54 【6점】

다음 영상을 보고 방독마스크에 대한 각 물음에 답하시오.
(단, 영상의 색상은 무시한다.)

[동영상 설명]
작업자가 H라고 쓰여진 녹색인 정화통을 끼운 방독마스크를 착용하고 있다.

(1) 방독마스크의 종류를 쓰시오.
(2) 방독마스크의 형식을 쓰시오.
(3) 방독마스크의 시험가스 종류를 쓰시오.
(4) 방독마스크의 정화통 흡수제를 쓰시오.
(5) 직결식 전면형일 경우의 누설률을 쓰시오.
(6) 중농도 방독마스크의 파과시간을 쓰시오.

(1) 암모니아용 방독마스크
(2) 격리식 전면형
(3) 암모니아 가스
(4) 큐프라마이트
(5) 0.05% 이하
(6) 40분 이상

11년 1회 12년 3회 14년 1회 16년 3회 18년 3회 21년 3회

55 【3점】

다음 영상을 보고 아크용접에 대한 각 물음에 답하시오.

[동영상 설명]
캡모자와 목장갑을 착용한 작업자가 교류 아크 용접작업을 하고 있다. 용접을 한 번 하고 슬러지를 털어낸 뒤 육안으로 확인 후 다시 용접 작업을 하기 위해 아크불꽃을 내는 순간 감전되어 쓰러졌다.

(1) 해당 사고의 기인물을 쓰시오.
(2) 착용해야 할 보호구를 2가지 쓰시오.

(1) 교류아크용접기
(2)
① 용접용 보안면
② 절연장갑

11년 2회 13년 1회 14년 3회 15년 3회 18년 1회 18년 3회 19년 2회
20년 2회 20년 3회 23년 2회 24년 1회

56 【3점】

다음 영상을 보고 「산업안전보건법령」상, 특수화학설비 내부의 이상상태를 조기에 파악하기 위하여 설치해야 할 계측장치를 3가지 쓰시오.

[동영상 설명]
화면에서 특수화학설비 시설을 보여주고 있다.

① 온도계
② 유량계
③ 압력계

11년 2회 11년 3회

57 【5점】

다음 영상을 보고 방독마스크에 대한 각 물음에 답하시오.
(단, 영상의 색상은 무시한다.)

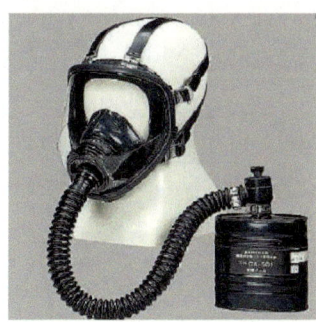

[동영상 설명]
작업자가 C라고 쓰여진 갈색인 정화통을 끼운 방독마스크를 착용하고 있다.

(1) 방독마스크의 종류를 쓰시오.
(2) 방독마스크의 정화통 흡수제를 쓰시오.
(3) 방독마스크의 시험가스 종류를 3가지 쓰시오.

(1) 유기화합물용 방독마스크
(2) 활성탄
(3) 시험가스의 종류
  ① 시클로헥산
  ② 디메틸에테르
  ③ 이소부탄

11년 2회 14년 3회 15년 1회 17년 1회 17년 2회 19년 2회 22년 2회

58 【4점】

다음 영상을 보고 컨베이어 벨트 작업 시 안전조치사항을 2가지 쓰시오.

[동영상 설명]
작업자가 야간에 손전등을 들고 컨베이어 벨트를 점검하다가 한눈을 판 사이에 컨베이어 위에 둔 손이 롤러 사이에 끼어 말려 들어갔다.

① 정전작업 실시
② 회전기계 작업 시 장갑 착용 금지
③ 비상정지장치 설치

11년 2회 13년 2회 14년 2회 14년 3회 15년 3회 17년 1회 17년 2회
17년 3회 19년 2회 19년 3회 20년 2회 20년 4회 21년 1회 21년 2회

59 【5점】

다음 영상을 보고 인쇄용 롤러에 대한 각 물음에 답하시오.

[동영상 설명]
작업자가 방호장치가 설치되지 않은 인쇄용 롤러의 전원을 끄지 않고, 윗 부분을 걸레로 체중을 실어서 힘 있게 청소 작업 중 장갑을 착용한 손이 말려 들어가는 사고가 발생하였다.

(1) 해당 사고의 위험요인을 3가지 쓰시오.
(2) 해당 사고의 안전대책을 3가지 쓰시오.

(1)
① 울 또는 가이드롤러 등의 방호장치 미설치
② 정전작업 미실시
③ 회전기계 작업시 장갑 착용

(2)
① 울 또는 가이드롤러 등의 방호장치를 설치
② 정전작업 실시
③ 회전기계 작업시 장갑 착용 금지

11년 2회 12년 3회 14년 2회 15년 3회 17년 3회 18년 1회 18년 3회
20년 2회 20년 3회

60 【6점】

다음 영상을 보고 차량계 하역운반기계 등의 수리 또는 부속장치의 장착 및 해체 작업을 할 때 작업 시작 전 조치사항 2가지를 쓰시오.

[동영상 설명]
덤프트럭의 적재함을 올리고 실린더 유압장치 밸브를 수리하던 도중에 적재함 사이에 손이 끼는 사고가 발생하였다.

① 작업 순서를 결정하고 작업을 지휘할 것
② 안전지지대 또는 안전블록 등을 사용할 것

11년 2회 16년 1회 17년 1회 17년 2회 18년 1회 19년 2회 19년 3회
20년 2회 21년 3회 22년 2회

61 【4점】

다음 영상을 보고 작업발판에 대한 각 물음에 답하시오.

[동영상 설명]
작업발판에서 작업하는 작업자를 보여주고 있다.

(1) 작업발판 폭의 기준을 쓰시오.
(2) 발판 틈새의 기준을 쓰시오.

(1) 40cm 이상
(2) 3cm 이하

11년 2회 17년 3회 18년 2회 19년 3회 20년 4회 23년 3회

62 【4점】

다음 영상을 보고 각 물음에 답하시오.

[동영상 설명]
인화성 물질 취급 및 저장소에서 작업자가 옷을 벗는 도중 폭발 사고가 발생하였다.

(1) 폭발의 종류
(2) 정의

(1) 증기운 폭발(UVCE)
(2) 대기 중 확산되어 있는 증기운이 어떤 점화원에 의해 급격히 폭발하는 현상

11년 2회 13년 2회 19년 3회 22년 1회

63 【5점】

다음 영상을 보고 화물의 떨어짐·넘어짐 위험을 방지하기 위한 사전점검 또는 조치사항을 3가지 쓰시오.

[동영상 설명]
작업자는 신호수의 수신호와 유도로프 없이 이동식 크레인을 이용하여 배관을 위로 올리는 작업을 하고 있다.

① 작업시작 전 일정한 신호방법을 정하고 신호수의 신호에 따라 작업
② 유도로프를 사용
③ 와이어로프의 안전상태를 점검
④ 훅의 해지장치 점검

11년 2회 12년 3회 14년 1회 15년 1회 16년 3회 17년 1회 18년 1회
20년 3회 20년 4회 24년 1회 24년 3회

64 【4점】

다음 영상을 보고 스팀배관에 대한 각 물음에 답하시오.

[동영상 설명]
배관에 설치된 보온재 커버가 벗겨져 보온재가 흘러내리고 있다. 보안경과 장갑을 착용하지 않은 작업자가 수공구로 배관을 두드리자 증기가 새어 나온다.

(1) 해당 재해의 발생형태를 쓰시오.
(2) 해당 재해의 원인을 2가지 쓰시오.

(1) 이상온도 노출·접촉
(2)
① 보안경 미착용
② 방열장갑 미착용
③ 배관 내 잔류압력을 제거하지 않고 점검

11년 2회 12년 3회 14년 2회 15년 1회 16년 3회 20년 3회 23년 1회 24년 3회

65 【4점】

다음 영상을 보고 각 물음에 답하시오.

[동영상 설명]
한 작업자가 버스 정비를 위해 샤프트 계통 점검 도중에 다른 작업자가 점검하는지 모르고 버스에 탑승하여 시동을 걸자마자 작업자의 소매가 회전하는 샤프트에 말려 들어가는 사고가 발생하였다.

(1) 해당 사고의 위험점을 쓰시오.
(2) 해당 사고의 핵심위험요인을 3가지 쓰시오.
(3) 사전 안전 조치사항을 3가지 쓰시오.

(1) 회전말림점
(2)
① 정비중 임을 나타내는 표지판 미설치
② 기동장치에 잠금장치를 하지 않고 열쇠를 별도로 관리하지 않음
③ 관계자외 출입을 금지하지 않음
(3)
① 정비중 임을 나타내는 표지판 설치
② 기동장치에 잠금장치를 하고 열쇠를 별도로 관리
③ 관계자외 출입을 금지

11년 2회 11년 3회 12년 1회 13년 1회 13년 3회 14년 2회 15년 1회
15년 2회 16년 1회 17년 1회 17년 3회 19년 1회 23년 1회

66 【3점】

다음 영상을 보고 발생할 수 있는 직업병의 종류를 3가지 쓰시오.

[동영상 설명]
작업자가 일반적인 덴탈 마스크를 착용하고 석면을 포대에서 플라스틱 용기로 옮기는 작업을 하고 있다. 주변에는 국소배기장치가 없다.

① 폐암
② 석면폐증
③ 악성중피종

11년 2회 14년 2회 15년 3회 17년 1회 17년 2회 17년 3회 18년 1회
18년 1회 20년 2회

67 【4점】

다음 영상을 보고 피부자극성 및 부식성 관리대상 유해 물질 취급시 비치하여야 할 보호구를 3가지 쓰시오.

[동영상 설명]
작업자가 DMF(디메틸포름아미드) 작업장에서 각종 보호구를 착용하지 않은 채 드럼(DMF라고 쓰여있음)을 통해 유해물질 DMF 작업을 하고 있다.

① 불침투성 보호복
② 불침투성 보호장갑
③ 불침투성 보호장화

11년 2회 11년 3회 14년 1회 15년 2회 17년 2회 19년 1회 20년 3회 21년 2회

68 【6점】

다음 영상을 보고 영상표시단말기(VDT) 작업에 대한 각 물음에 답하시오.

[동영상 설명]
작업자가 사무실에서 의자에 앉아 컴퓨터로 문서 작업 중이다. 작업자의 의자 높이가 맞지 않아 다리를 구부리고 앉아있고, 모니터를 근접하여 보고 있다. 또한 키보드를 높은 곳에 놔두고 작업하는 모습을 보여주고 있다.

(1) 해당 상황에서의 개선사항을 3가지 쓰시오.
(2) 해당 상황에서의 핵심위험요인을 3가지 쓰시오.
(3) 발생할 수 있는 직업병 3가지를 쓰시오.

(1)
① 허리를 등받이 깊숙이 지지하여 앉는다.
② 모니터를 보기 편한 위치에 놓는다.
③ 키보드를 조작하기 편한 위치에 놓는다.
(2)
① 반복작업에 의한 어깨 및 손목 통증
② 장시간 앉아 있는 작업자세에 의한 요통 위험
③ 장시간 화면 집중에 의한 시력저하 위험
(3)
① 어깨결림
② 손목통증
③ 요통
④ 시력저하

11년 2회 12년 1회 13년 1회 15년 2회 19년 2회 20년 2회 22년 1회 22년 2회

69 【6점】

다음 영상을 보고 각 물음에 답하시오.

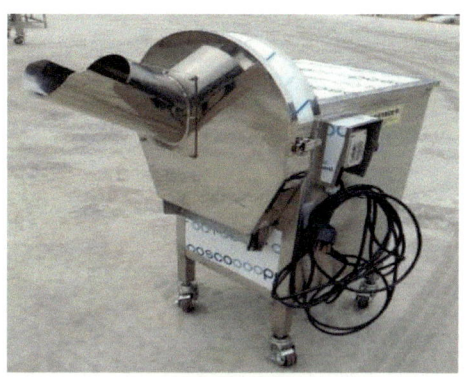

[동영상 설명]
작업자가 김치제조 공장에서 무채를 썰어내는 슬라이스 기계를 작업하던 도중 기계가 갑자기 멈추자 작업자가 이를 점검하던 중에 갑자기 슬라이스 기계가 작동하여 손가락이 절단되었다.

(1) 해당 사고의 위험점을 쓰시오.
(2) (1)의 정의를 쓰시오.
(3) 해당 사고의 핵심위험요인을 2가지 쓰시오.
(4) 필요한 방호장치를 3가지 쓰시오.

(1) 절단점
(2) 회전하는 운동 부분 자체의 위험에서 초래되는 위험점
(3)
① 전원을 차단하지 않고 점검
② 인터록 등 방호장치 미설치
(4)
① 인터록
② 덮개
③ 울

11년 3회 14년 3회 15년 2회 20년 1회 21년 2회

70 【5점】

다음 영상을 보고 마그네틱 크레인을 사용 중 발생한 사고의 핵심위험요인을 3가지 쓰시오.

[동영상 설명]
목장갑을 착용하고 안전모를 미착용한 작업자가 마그네틱 크레인으로 금형을 옮기려 한다. 마그네틱을 금형 위에 올린 후 오른손으로는 금형을 잡고 왼손으로는 전기배선 외관에 피복이 벗겨져 있는 크레인 조정장치를 누르면서 이동하다가 넘어지면서 마그네틱 ON/OFF봉을 건드려 금형이 발등 위로 떨어져 사고가 발생하였다.

① 안전모 미착용
② 유도로프 미사용
③ 작동스위치의 전선이 벗겨져 감전 위험
④ 작업지휘자 및 신호수를 배치하지 않음
⑤ 작업자가 위험구역에서 크레인을 조정

11년 3회 14년 1회

71 【5점】

다음 영상을 보고 잔류전하에 의한 감전사고 재해 예방조치를 3가지 쓰시오.

[동영상 설명]
작업자가 배전반 작업을 하기 전 정전작업을 실시하고 작업을 하던 도중에 감전사고가 발생하였다.

① 잔류전하를 완전히 제거
② 절연보호구 착용
③ 작업에 대한 안전교육 시행

11년 3회 12년 1회 14년 3회 15년 2회 18년 3회 20년 4회 21년 2회

72 【5점】

다음 영상을 보고 각 물음에 답하시오.

[동영상 설명]
한 작업자가 포대를 컨베이어 벨트에 올리는 작업을 하고 있다. 컨베이어 포대가 비대칭으로 놓여서 올라가던 도중 위쪽에서 작업하던 다른 작업자의 발에 걸려 작업자가 무게중심을 잃고 쓰러지면서 오른쪽 팔이 동력전달부로 들어가는 재해가 발생하였다.

(1) 해당 재해의 핵심위험요인을 2가지 쓰시오.
(2) 해당 재해발생 시 조치사항을 2가지 쓰시오.

(1)
① 불안정한 적재
② 덮개, 울 등 방호장치 미설치

(2)
① 안정적인 적재
② 덮개, 울 등 방호장치 설치

11년 3회 13년 1회 14년 3회 16년 2회 19년 3회 20년 1회 22년 3회 24년 2회

73 【5점】

다음 영상을 보고 교류아크 용접작업에 대한 각 물음에 답하시오.

[동영상 설명]
작업자가 인화성 물질이 주위에 산재되어 있는 장소에서 양손으로(오른손은 용접봉, 왼손은 스위치 조작) 배관 교류아크 용접작업을 하고 있다. 이때, 불티가 비산하고 있으며 주변에 소화설비는 보이지 않는다.

(1) 불안전한 행동 및 상태를 3가지 쓰시오.
(2) 교류아크 용접작업을 하다보면 유해광선에 의한 안구 장해가 우려될 수 있다. 해당 작업에서의 유해광선 종류를 적으시오.

(1)
① 용접 시 불꽃이 흩날림
② 화재 위험이 있는 곳에 인화성 물질 방치
③ 화재 위험이 있는 곳에 소화설비 미배치
(2) 자외선

11년 3회 13년 1회 15년 1회 19년 1회 19년 2회

74 【4점】

다음 영상을 보고 고무제 안전화에 대한 각 물음에 답하시오.

[동영상 설명]
작업자가 신고있는 고무제 안전화를 확대하여 보여준다.

(1) 해당 보호구가 사용되는 작업장의 종류를 2가지 쓰시오.
(2) 사용장소에 따른 고무제 안전화의 분류를 2가지 쓰시오.

(1)
① 일반작업장
② 윤활유 등을 취급하는 작업장
(2)
① 일반용
② 내유용

11년 3회 13년 1회 16년 2회 19년 2회 20년 3회

75 【5점】

다음 영상을 보고 화약장전 시 위험요인과 준수사항을 각각 1가지씩 쓰시오.

[동영상 설명]
폭파 스위치 장비가 보이는 터널 내부에서 작업자가 철근으로 장전구 안에 화약을 4~5개 정도 밀어 넣고 접속한 전선을 꼬아서 주변 선들 위에 올려놓는 장면이다.

(1) 위험요인
 철근으로 화약 장전 시 충격·마찰 등에 의하여 폭발의 위험 존재
(2) 준수사항
 규정된 장전봉으로 장전을 실시

[동영상 설명]
작업자가 착용한 방진마스크를 확대하여 보여주고 있다.

① 여과효율이 좋을 것
② 흡·배기 저항이 낮을 것
③ 사용적이 적을 것
④ 중량이 가벼울 것
⑤ 시야가 넓을 것
⑥ 안면 밀착성이 좋을 것

11년 3회 12년 2회

76 【3점】

다음 영상을 보고 방진마스크의 구비조건을 3가지 쓰시오.

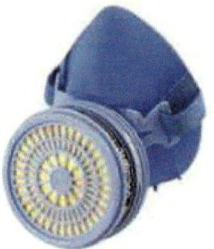

11년 3회 14년 1회 16년 1회 21년 1회 21년 3회 22년 2회 23년 3회 24년 2회

77 【5점】

다음 영상을 보고 휴대용 연삭기에 대한 각 물음에 답하시오.

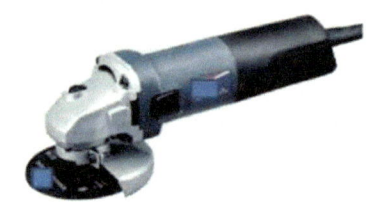

[동영상 설명]
작업자가 휴대용 연삭기로 작업을 하고 있다.

(1) 해당 작업에서의 방호장치를 쓰시오.
(2) 해당 방호장치의 노출각도를 쓰시오.
(3) 해당 방호장치의 설치각도를 쓰시오.

(1) 덮개
(2) 180° 이내
(3) 180° 이상

11년 3회 18년 3회 19년 2회 20년 1회 21년 3회 22년 2회 23년 2회
24년 1회 24년 2회

78 【5점】

다음 영상을 보고 화물자동차 및 지게차 작업시작 전 점검사항을 3가지 쓰시오.

[동영상 설명]
작업자가 지게차를 운전하는 모습을 보여주고 있다.

① 제동장치 및 조종장치 기능의 이상유무
② 하역장치 및 유압장치 기능의 이상유무
③ 바퀴의 이상유무

11년 3회 14년 2회 15년 1회 16년 2회 16년 3회 19년 3회

79 【5점】

다음 영상을 보고 불안전한 행동 및 상태를 2가지 쓰시오.

[동영상 설명]
작업자가 작동되는 컨베이어 벨트 끝 부분에 발을 딛고 올라서서 불안정한 자세로 형광등을 교체하다 추락하였다.

① 정전작업 미실시
② 안전모 등 보호구 미착용
③ 작업 자세의 불안정

11년 3회 12년 3회 14년 2회 16년 1회 16년 3회 17년 2회 19년 3회
23년 2회

80 【6점】

다음 영상을 보고 페인트 작업에 대한 각 물음에 답하시오.

[동영상 설명]
작업자가 강재 파이프에 스프레이건으로 페인트 칠을 하는 작업을 하고 있다.

(1) 해당 작업에서 사용된 마스크를 쓰시오.
(2) 해당 마스크의 흡수제를 3가지 쓰시오.

(1) 방독마스크
(2)
① 활성탄
② 소다라임
③ 큐프라마이트

12년 1회 14년 3회 16년 1회 17년 2회 18년 3회 20년 1회 21년 2회 21년 3회

81 【4점】

다음 영상을 보고 핵심위험요인을 2가지 쓰시오.

[동영상 설명]
작업자가 안전대를 착용했으나 체결하지 않고 전주에 올라서서 흔들리는 작업발판을 딛고 변압기 볼트를 조이는 작업을 하다가 추락하였다.

① 안전대 부착설비 미설치
② 작업발판 설치 불량

12년 1회 12년 3회

82 【6점】

다음 영상을 보고 이동식크레인 운전 중 일어난 사고가 어떠한 안전 작업방법을 준수하지 않았는지 3가지 쓰시오.

[동영상 설명]
크레인 작업 중 배관을 로프에 걸어 작업자가 배관 아래에서 수신호 작업을 하다가 신호가 맞지 않아 배관이 작업자 위로 떨어지는 재해가 발생하였다. 클로즈업 된 화면에서 유도로프가 설치되지 않은 것을 보여주었다.

① 수신호를 확실하게 정하지 않음
② 훅해지장치를 점검하지 않음
③ 유도로프 미설치

12년 1회 14년 2회 15년 3회 17년 2회 20년 3회 21년 1회 21년 2회 22년 1회 24년 1회

83 【4점】

다음 영상을 보고 위험점과 정의를 쓰시오.

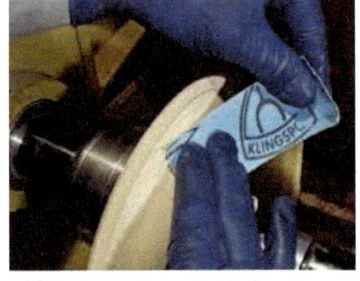

[동영상 설명]
작업자가 선반에 사포(샌드페이퍼)를 갈아 손으로 지지하고 있다가 작업복이 말려 들어가는 사고가 발생하였다.

(1) 위험점 : 회전말림점

(2) 정의
회전하는 물체에 작업복 등이 말려드는 위험점

12년 1회 13년 1회 16년 1회 16년 2회 20년 4회 22년 3회 23년 1회

84 【6점】

다음 영상을 보고 지게차의 안정도에 대한 빈칸을 채우시오.

[동영상 설명]
화면에서 지게차를 보여주고 있다.

지게차의 형식	안정도
하역작업 시 전후 안정도	①
하역작업 시 좌우 안정도	②
하역작업 시 전후 안정도 (단, 5ton 이상)	③
주행 시 전후 안정도	④
주행 시 좌우 안정도 (단, 최대속도 5km/h로 주행한다.)	⑤

① 4% 이내
② 6% 이내
③ 3.5% 이내
④ 18% 이내
⑤ $15+1.1V = 15+1.1 \times 5 = 20.5\%$ 이내

12년 1회 13년 2회 14년 3회 15년 2회 16년 3회 18년 3회 20년 2회 22년 2회 24년 2회

85 【4점】

다음 영상을 보고 각 물음에 답하시오.

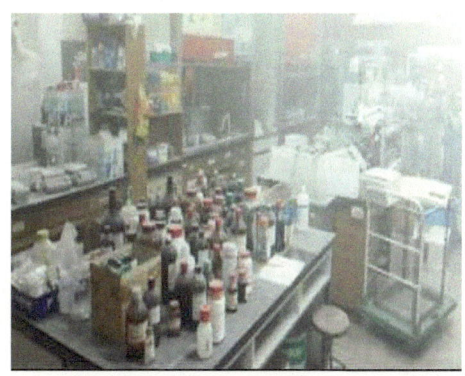

[동영상 설명]
작업자가 폭발성 화학물질을 취급하는 실험실 안에 들어가기 전 신발에 물을 묻히고 들어가서 작업한다.

(1) 신발에 물을 묻히는 이유를 쓰시오.
(2) 화재 시 적합한 소화방법을 쓰시오.

(1) 바닥면과 신발의 마찰로 정전기가 발생하여 일어날 수 있는 폭발을 방지하기 위해
(2) 다량의 주수에 의한 냉각소화

12년 1회 13년 3회 15년 2회 20년 3회 20년 4회 21년 1회 21년 3회 22년 1회

86 【3점】

다음 영상을 보고 브레이크 라이닝 세척 작업 시 착용하여야 하는 보호구를 3가지 쓰시오.

[동영상 설명]
작업자가 자동차부품인 브레이크 라이닝을 화학약품을 사용하여 세척하는 작업을 하고 있다.

① 보안경
② 방독마스크
③ 불침투성 보호복
④ 불침투성 보호장갑
⑤ 불침투성 보호장화

12년 1회 15년 2회 18년 2회

87 【4점】

다음 영상을 보고 방독마스크의 안전인증표시 외 추가 표시사항을 4가지 쓰시오.

[동영상 설명]
화면에서는 작업자가 방독마스크를 쓰고있는 모습을 확대하여 보여주고 있다.

① 파과곡선도
② 사용시간 기록카드
③ 정화통의 외부측면의 표시 색
④ 사용상의 주의사항

12년 1회 13년 3회 22년 3회

88 【6점】

다음 영상을 보고 안전대에 대한 각 물음에 답하시오.

[동영상 설명]
화면에서는 안전대를 확대하여 보여준다.

(1) 안전대의 명칭을 쓰시오.
(2) 안전대 각 부분의 명칭을 쓰시오.
(3) 벨트의 구조기준과 치수기준을 각각 1가지씩 쓰시오.
(4) 위 안전대와 별개로 안전그네식 정하중 성능시험에 대한 다음 보기의 빈칸을 채우시오.

[보기]
안전그네식 정하중 성능시험은 안전그네를 시험몸통에 착용상태로 설치하고 추락 시 하중을 받는 D링 등의 연결부와 시험몸통의 가랑이링간 인장시험기로 ( )kN 의 인장하중을 1분간 유지하여 시험몸통으로부터 안전그네가 풀리는 지의 여부를 확인한다.

같은 방법으로 안전그네를 시험몸통에 설치한 후 D링 연결부와 목링간의 인장시험기로 ( )kN 의 인장하중을 1분간 유지하여 시험몸통으로부터 안전그네가 풀리는지의 여부를 확인한다.

(1) 벨트식
(2)
① 카라비너
② 훅
(3)
① 구조 기준
강인한 실로 짠 직물로 비틀어짐, 홈, 기타 결함이 없을 것
② 치수 기준
벨트의 너비는 $50mm$ 이상, 길이는 버클 포함 $1100mm$ 이상, 두께는 $2mm$ 이상일 것
(4) 15

12년 1회 15년 3회 17년 3회 19년 2회

89 【4점】

다음 영상을 보고 작업자들이 착용하고 있는 안전대의 종류와 용도를 각각 쓰시오.

[동영상 설명]
두 작업자가 안전대를 착용하고 전주에서 형강 작업하는 것을 보여주고 있다.

(1) 종류 : 벨트식
(2) 용도 : U자 걸이용

12년 1회 14년 2회 15년 2회 15년 3회 17년 1회 18년 2회 20년 2회 20년 4회

90 【4점】

다음 영상을 보고 밀폐작업 중 퍼지작업의 종류를 4가지 쓰시오.

[동영상 설명]
작업자들이 밀폐공간에서 퍼지작업을 하고 있다.

① 진공퍼지
② 압력퍼지
③ 스위프퍼지
④ 사이펀퍼지

12년 1회 14년 3회 15년 3회 19년 2회

91 【6점】

다음 영상을 보고 각 물음에 답하시오.

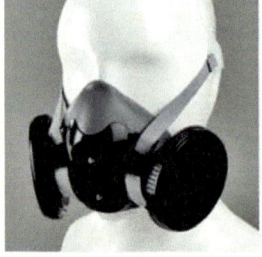

[동영상 설명]
작업자가 사용하는 마스크를 확대하여 보여주고 있다.

(1) 해당 마스크의 명칭을 쓰시오.
(2) 해당 마스크의 등급 종류를 3가지 쓰시오.
(3) 해당 마스크는 산소농도 몇 % 이상인 장소에서 사용해야 하는가?

(1) 직결식 반면형 방진마스크
(2) 특급, 1급, 2급
(3) 18%

12년 1회 14년 1회 17년 2회 18년 3회 20년 2회 21년 3회 23년 2회

92 【5점】

다음 영상을 보고 누출감지경보기에 대한 각 물음에 답하시오.

[동영상 설명]
해당 LPG저장소에는 가스누출감지경보기가 설치되지 않아 작업자들이 가스 폭발사고를 당했다.

(1) 가스누출감지경보기의 적절한 설치위치를 쓰시오.
(2) 가스누출감지경보기의 경보설정값을 쓰시오.

(1) 바닥 근처의 낮은 곳
(2) 폭발하한계의 25% 이하

12년 1회 13년 3회 16년 1회 19년 3회 24년 2회

93 【4점】

다음 영상을 보고 재해형태와 정의를 각각 쓰시오.

[동영상 설명]
위에서 작업하던 작업자가 물체를 인양하던 도중 물체가 밑으로 떨어져 아래 작업자에게 재해가 발생하였다.

(1) 맞음
(2) 날아오거나 떨어진 물체에 맞음

12년 1회 13년 2회 14년 3회 15년 3회 16년 2회 17년 1회 18년 2회 20년 3회 20년 4회

94 【6점】

다음 영상을 보고 유해물질 취급 시 일반적인 주의사항 4가지를 쓰시오.

[동영상 설명]
작업자가 유해물 취급 작업을 하고 있다.

① 유해물질은 소정의 장소, 용기에 격납하여야 한다.
② 유해물질은 지정된 표시를 하여야 한다.
③ 취급관계자 이외에는 작업장 출입을 금한다.
④ 작업장 내에서는 담배, 음식을 금한다.

12년 2회 15년 1회 16년 1회 17년 3회 20년 4회 21년 1회 21년 3회 23년 3회

95 【4점】

다음 영상을 보고 핵심위험요인을 2가지 쓰시오.

[동영상 설명]
보안경은 착용하지 않고 장갑을 착용한 작업자가 드릴작업을 하면서 칩과 같은 이물질을 입으로 불어서 제거하고 이후에 손으로 칩을 제거하려 하다 드릴에 장갑이 말려드는 재해가 발생하였다.

① 덮개, 울 등 방호장치를 설치하지 않음
② 정전작업 미실시
③ 칩 제거시 수공구를 사용하지 않음
④ 회전기계 작업 중 장갑 사용

12년 2회 14년 2회
96 【4점】
다음 영상을 보고 핵심위험요인을 2가지 쓰시오.

[동영상 설명]
작업자가 탱크 내부의 밀폐 공간에서 작업을 하던 도중에 다른 작업자가 국소배기장치 콘센트에 발이 걸려 환기장치가 꺼지고 밀폐 공간의 작업자가 쓰러졌다.

① 국소배기장치 전원 차단
② 환기 미실시
③ 근로자 송기마스크 미착용

12년 2회 13년 3회 14년 3회 15년 2회 16년 3회 18년 1회 18년 2회
21년 1회 21년 2회 22년 2회
97 【5점】
다음 영상을 보고 타워크레인 운전과 관련한 안전작업방법 미준수 사항을 3가지 쓰시오.

[동영상 설명]
작업자가 혼자서 타워크레인을 이용하여 강관비계를 운반하던 도중 와이어로프가 풀리며 강관비계가 낙하하여 아래에 있던 관계없는 다른 작업자에게 재해가 발생하였다.

① 훅해지장치 미점검
② 작업지휘자 및 신호수 미배치
③ 관계자외 출입금지를 하지 않음

12년 2회 12년 3회
98 【5점】
다음 영상을 보고 중량물 인양 작업 시 준수하여야 할 안전수칙을 2가지 쓰시오.

[동영상 설명]
작업자가 중량물을 인양하던 도중 와이어로프가 끊어지며 아래에 있는 작업자에게 중량물을 떨어뜨리는 재해가 발생하였다. 작업자는 안전모를 착용하지 않았다.

① 와이어로프의 상태 미점검
② 안전모 등의 보호구 착용
② 작업지휘자 및 신호수 미배치

12년 2회 15년 3회 17년 3회 18년 3회

99 【4점】

다음 영상을 보고 가죽제 안전화의 뒷굽 높이를 제외한 몸통 높이에 따른 분류를 3가지 쓰시오.

[동영상 설명]
작업자가 착용한 보호구들을 보여주며 마지막에 가죽제 안전화를 확대하며 화면이 정지하였다.

① 단화 : 113mm 미만
② 중단화 : 113mm 이상
③ 장화 : 178mm 이상

12년 2회 14년 2회 15년 3회 17년 1회 17년 2회 18년 2회 18년 3회
20년 1회 20년 4회 21년 1회 22년 3회 24년 1회 24년 3회

100 【6점】

다음 영상을 보고 이동식 크레인 작업시작 전 점검사항 3가지를 쓰시오.

[동영상 설명]
건설공사 현장에서 작업중인 이동식 크레인을 보여주고 있다.

① 권과방지장치나 그 밖의 경보장치의 기능
② 브레이크·클러치 및 조정장치의 기능
③ 와이어로프가 통하고 있는 곳 및 작업장소의 지반 상태

12년 2회 13년 3회 16년 1회 17년 1회 18년 3회 21년 3회 22년 2회
23년 2회

101 【3점】

다음 영상을 보고 해당 위험점의 각 물음에 답하시오.

[동영상 설명]
화면은 작업자가 롤러기를 닦다가 손이 물려 들어가는 것을 보여준다.

(1) 해당 사고의 위험점을 쓰시오.
(2) 해당 위험점의 정의를 쓰시오.
(3) 해당 위험점의 발생조건을 쓰시오.

(1) 물림점
(2) 2개의 회전체에 물려 들어가는 위험점
(3) 회전체가 서로 반대방향으로 맞물려 회전할 것

12년 3회 13년 2회 14년 1회

102 【6점】

다음 영상을 보고 방독마스크에 대한 각 물음에 답하시오.
(단, 영상의 색상은 무시한다.)

[동영상 설명]
작업자가 A라고 쓰여진 회색인 정화통을 끼운 방독마스크를 착용하고 있다.

(1) 해당 방독마스크의 종류를 쓰시오.
(2) 해당 방독마스크의 형식을 쓰시오.
(3) 해당 방독마스크의 시험가스 종류를 쓰시오.
(4) 해당 방독마스크의 정화통 흡수제를 2가지 쓰시오.

(1) 할로겐용 방독마스크
(2) 격리식 전면형
(3) 염소가스
(4)
① 소다라임
② 활성탄

12년 3회 14년 1회 15년 3회 17년 2회 19년 2회 20년 3회 21년 1회
21년 2회 22년 1회 23년 2회

103 【5점】

다음 영상을 보고 물음에 답하시오.

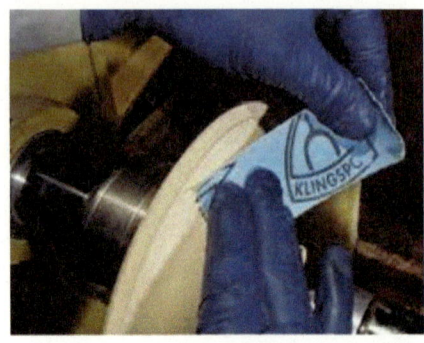

[동영상 설명]
다른 작업자와 대화하면서 작업하고 있는 작업자가 회전하는 물체에 사포(샌드페이퍼)를 갈아 손으로 지지하다 손이 미끄러져 말려 들어간 재해가 발생하였다.

(1) 해당 재해의 핵심위험요인 2가지를 쓰시오.
(2) 해당 재해의 위험점을 쓰시오.

(1)
① 사포를 손으로 지지함
② 작업에 집중하지 않음

(2) 회전말림점

12년 3회 13년 1회 14년 1회 15년 1회 17년 3회 20년 1회 23년 3회
23년 3회 24년 1회 24년 2회

104 【5점】

다음 영상을 보고 「산업안전보건법령」상, 선박 밸러스트 탱크 내부 작업시 필요한 비상시 피난 용구를 3가지 쓰시오.

[동영상 설명]
작업자가 선박 밸러스트 탱크 내부의 용접 작업 중에 가스질식으로 인해 갑자기 쓰러져 의식을 잃은 것을 보여주고 있다.

① 공기호흡기 또는 송기마스크
② 사다리
③ 섬유로프

12년 3회 17년 1회

105 【5점】

다음 영상을 보고 프레스기의 금형 설치작업 중 안전을 위한 점검사항을 4가지 쓰시오.

[동영상 설명]
작업자가 프레스기에서 금형을 설치하고 있는 모습을 보여준다.

① 펀치와 볼스터면의 평행도
② 펀치와 다이의 평행도
③ 다이와 볼스터의 평행도
④ 다이홀더와 펀치의 직각도
⑤ 생크홀과 펀치의 직각도

12년 3회 13년 1회 14년 1회 15년 1회 15년 3회 16년 1회 20년 3회

106 【4점】

다음 영상을 보고 핵심위험요인을 2가지 쓰시오.

[동영상 설명]
섬유공장에서 실을 감는 섬유기계가 돌아가고 있고 장갑을 착용한 작업자가 그 아래에서 작업을 하고 있는데 갑자기 실이 끊어지며 기계가 멈추었다. 이후 작업자는 회전하는 대형 회전체의 문을 열고 허리 안까지 집어넣고 점검하던 도중 기계가 갑자기 돌아가며 작업자의 손과 몸이 회전체에 끼이는 재해가 발생하였다.

① 정전작업 미실시
② 덮개 및 울 등이 방호장치 미설치

11년 2회 12년 3회 13년 1회 14년 2회 16년 1회 16년 2회 17년 3회
18년 1회 20년 1회 20년 3회 23년 1회

107 【6점】

다음 영상을 보고 전기형강작업에 대한 각 물음에 답하시오.

[동영상 설명]
보호구를 차지 않은 작업자 2명이 전주 위에서 흡연하며 전기형강작업을 하고 있다. 한 작업자가 변압기 위에 올라가서 흔들리는 불안정한 발판용 볼트에 C.O.S(Cut Out Switch)가 임시로 걸쳐 있는 것을 클로즈업 하여 보여준다. 다른 작업자는 근처에서 이동식크레인에 작업대를 매달고 다른 작업을 하고있는 모습을 보여주고 있다.

(1) 해당 작업의 위험요인을 3가지 쓰시오.
(2) 정전작업 전 조치사항을 3가지 쓰시오.
(3) 정전작업 중 또는 후의 조치사항을 3가지 쓰시오.

(1)
① 절연용 보호구 미착용
② 작업 중 흡연
③ 작업발판 불안정
④ C.O.S 고정상태 불안정

(2)
① 전기기기등에 공급되는 모든 전원을 관련 도면, 배선도 등으로 확인할 것
② 전원을 차단한 후 각 단로기 등을 개방하고 확인할 것
③ 차단장치나 단로기 등에 잠금장치 및 꼬리표를 부착할 것

(3)
① 작업기구, 단락 접지기구 등을 제거하고 전기기기 등이 안전하게 통전될 수 있는지를 확인할 것
② 모든 작업자가 작업이 완료 된 전기기기 등에서 떨어져 있는지를 확인할 것
③ 잠금장치와 꼬리표는 설치한 근로자가 직접 철거할 것

12년 3회 14년 1회 15년 2회 16년 3회 20년 2회 23년 2회 24년 2회

108 【4점】

다음 영상을 보고 각 물음에 답하시오.

[동영상 설명]
한 작업자가 이동식크레인으로 전주를 옮기는 과정에서 다른 작업자가 떨어진 전주에 맞아 사고가 발생하였다.

(1) 해당 재해의 명칭을 쓰시오.
(2) 해당 재해의 가해물을 쓰시오.
(3) 착용해야 하는 전기용 안전모의 종류를 2가지 쓰시오.

(1) 맞음
(2) 전주
(3) AE, ABE

12년 3회 16년 1회 17년 2회 19년 1회

109 【5점】

다음 영상을 보고 각 항목들에 대한 퍼지작업(환기작업)에 대한 목적을 쓰시오.

[동영상 설명]
화면에서는 밀폐된 공간(산소가 결핍된 장소)에서 작업하는 작업자들을 보여주며 마지막에는 환기작업 하는 모습을 보여준다.

(1) 가연성가스 및 지연성가스의 경우
(2) 독성가스의 경우
(3) 불활성가스의 경우

(1) 화재·폭발 방지 및 질식사고 방지
(2) 중독사고 방지
(3) 질식사고 방지

13년 1회 14년 2회 15년 1회 17년 2회 20년 4회 21년 1회 21년 3회 22년 1회 24년 1회

110 【4점】

다음 영상을 보고 컨베이어 작업시작 전 점검사항을 4가지 쓰시오.

[동영상 설명]
화면에서 컨베이어에서 작업하는 작업자들을 보여주고 있다.

① 원동기 및 풀리 기능의 이상 유무
② 이탈 등의 방지장치 기능의 이상 유무
③ 비상정지장치 기능의 이상 유무

13년 1회 14년 2회 16년 1회 18년 1회 19년 2회

111 【3점】

다음 영상을 보고 방열복 내열 원단의 시험성능 기준을 3가지 쓰시오.

[동영상 설명]
화면에서 작업자가 착용한 방열복을 확대하여 보여주고 있다.

① 난연성
② 내열성
③ 내한성

13년 2회 15년 1회
112 【5점】
다음 영상을 보고 안전모의 안전인증 기준에 대한 다음 보기의 빈칸을 채우시오.

[동영상 설명]
화면에서 작업자가 착용하고 있는 안전모를 확대하여 보여주고 있다.

[보기]
- 안전모의 모체, 착장체 및 충격흡수재를 포함한 질량은 (①)을 초과하지 않을 것
- 물체의 낙하 또는 비래에 의한 위험을 방지 또는 경감하고, 머리부위 감전에 의한 위험을 방지하기 위한 안전모의 기호는 (②)이다.
- 내전압성이란 (③) 이하의 전압에 견디는 것을 말한다.

① 440g   ② AE형   ③ 7000V

13년 3회 17년 1회 19년 1회 20년 2회 20년 3회 21년 1회
113 【3점】
다음 영상을 보고 위험요인 2가지를 쓰시오.

[동영상 설명]
작업자가 임시배전반에서 드라이버를 이용하여 맨손으로 점검하던 중 옆 작업자가 배전반 문을 닫는 과정에서 감전 사고가 발생하였다.

① 절연장갑 미착용
② 정전작업 미실시

13년 3회 15년 1회
114 【3점】
다음 영상을 보고 기계의 각 작동 부분이 정상 조건이 아닌 경우 자동으로 전원을 차단하여 사고를 방지하는 방호장치의 이름을 쓰시오.

[동영상 설명]
작업자가 선반 작업 중 가동이 멈추는 현상이 발생하였다. 작업자는 회전부의 덮개를 열어 점검하던 중 선반이 갑자기 가동하여 작업자의 손가락이 선반에 끼었다.

인터록

13년 3회 15년 1회 18년 2회 19년 3회 21년 1회 24년 1회 24년 3회

115 【6점】

다음 영상을 보고 추락사고에 대한 각 물음에 답하시오.

[동영상 설명]
안전대를 착용하지 않은 작업자가 부실한 작업발판을 밟고 교량 점검 작업을 하던 도중, 로프두 줄로 된 난간에 기대다가 추락방호망이 없는 곳으로 추락하였다.

(1) 안전한 작업발판의 폭의 기준을 쓰시오.
(2) 해당 재해의 원인을 2가지 쓰시오.

(1) 40cm 이상
(2)
① 작업발판 설치 불량
② 추락방호망 미설치
③ 안전대 미착용
④ 안전대 부착설비 미설치
⑤ 안전난간 미설치

14년 1회

116 【4점】

다음 영상을 보고 전주 작업에서 착용하여야 하는 안전대의 종류를 2가지 쓰시오.

[동영상 설명]
작업자가 안전대를 착용하여 전주 작업을 하고 있다.

① 벨트식
② 안전그네식

14년 1회

117 【4점】

다음 영상을 보고 제일 높은 해체물의 높이가 $7m$일 때 해체장비와 해체물 사이의 안전거리는 몇 m 이상이어야 하는가?

[동영상 설명]
작업자가 해체장비로 해체물을 무너뜨리고 있다.

안전거리 = 0.5 × 해체물 높이 = 0.5 × 7 = 3.5m 이상

14년 1회 14년 2회 15년 1회 15년 3회 17년 2회 21년 2회 21년 3회

118 【5점】

다음 영상을 보고 감전사고에 대한 각 물음에 답하시오.

[동영상 설명]
한 작업자가 맨손으로 변압기의 2차 전압을 측정하기 위하여 건너편에 있는 다른 작업자에게 전원을 투입하라는 신호를 보낸다. 전압 측정이 끝난 후 다시 차단하라고 신호를 보냈으나 제대로 전달되지 않았고 이어서 측정기기를 철거하다 감전사고가 발생하였다.

(1) 해당 재해의 원인을 2가지 쓰시오.
(2) 안전대책을 2가지 쓰시오.

(1)
① 절연장갑 미착용
② 작업자간 신호전달 미흡
(2)
① 절연장갑 착용
② 작업자간 신호를 확실히 한다.

14년 1회 19년 3회 22년 1회 22년 2회 23년 2회

119 【6점】

다음 영상을 보고 크레인으로 배관을 인양하던 도중에 발생한 재해에 대한 화물 인양 시 준수 사항을 4가지 쓰시오.

[동영상 설명]
크레인 작업자가 크고 두꺼운 배관을 와이어 로프로 단 한번 빙 둘러서 인양하고 있다. 도중에 끈을 클로즈업 하여 보여주는데 끈의 일부분이 손상돼 찢겨져 있는 것을 보여주었다. 배관을 다시 인양하던 도중에 아래에서 작업하던 작업자들의 머리 부근까지 내려오다가 배관이 순간 흔들리면서 훅해지장치가 풀리며 배관이 작업자를 그대로 가격하는 모습을 보여주고 있다. 유도로프는 사용하지 않았다.

① 2줄걸이 실시
② 와이어로프의 상태 점검
③ 훅해지장치 점검
④ 유도로프 사용
⑤ 작업지휘자 및 신호수 배치

14년 2회

120 【3점】

다음 영상을 보고 각 물음에 답하시오.

[동영상 설명]
작업자가 철골 위에서 발판을 설치하는 작업을 하고 있다. 작업자가 발판 상단을 지나가다 걸려 땅으로 떨어지는 재해가 발생하였다.

(1) 해당 재해의 형태를 쓰시오.
(2) 해당 재해의 기인물을 쓰시오.

(1) 떨어짐
(2) 발판

14년 3회 15년 1회 15년 2회 16년 2회 17년 3회 18년 1회 19년 2회 20년 3회

121 【6점】

다음 영상을 보고 사출성형기의 이물질 제거 시 재해발생 방지대책을 3가지 쓰시오.

[동영상 설명]
보호구를 착용하지 않은 작업자가 사출성형기를 작업하던 중 기계가 멈추자 안을 들여다보며 사출성형기에 끼인 이물질을 손으로 제거하려다 감전 사고를 당해 뒤로 쓰러졌다.

① 절연용 보호구 착용
② 정전작업 실시
③ 이물질 제거 시 수공구 사용
④ 충전부에 방호덮개 설치
⑤ 접지

14년 3회 15년 1회 18년 2회 20년 2회 22년 1회

122 【5점】

다음 영상을 보고 이동식크레인 운전자가 준수하여야 할 사항 3가지를 쓰시오.

[동영상 설명]
이동식 크레인 작업 중 비계를 로프에 걸어 작업하고 있다. 운전자가 시동을 킨 채 크레인에서 내려 수신호 작업을 하던 중 신호가 맞지 않아 비계가 크레인과 충돌하며 훅해지장치가 망가져 작업자 위로 낙하하는 재해가 발생하였다.

① 동력을 차단하고 운전석을 이탈할 것
② 신호수와의 수신호를 확실히 할 것
③ 훅해지장치를 확실히 점검 할 것

15년 1회 15년 2회 16년 3회 17년 3회 20년 1회 20년 2회 20년 3회
21년 2회 22년 2회

123 【5점】

다음 영상을 보고 이동식크레인 작업의 핵심위험요인을 3가지 쓰시오.

[동영상 설명]
작업자가 이동식크레인으로 배관을 1줄걸이 상태로 불안정하게 운반하고 있으며 와이어로프가 어느 정도 손상된 모습과 훅의 해지장치가 설치되지 않은 모습을 보여준다. 모든 작업자들이 배관을 손으로 지지하다 배관이 흔들리며 작업자들이 배관에 맞는 재해가 발생하였다.

① 배관을 1줄걸이로 운반
② 와이어로프의 상태 미점검
③ 훅해지장치 미설치
④ 슬링와이어의 체결상태 미점검
⑤ 작업지휘자 및 신호수 미배치
⑥ 유도로프 미사용

15년 2회

124 【5점】

다음 영상을 보고 프레스로 철판에 구멍을 뚫는 작업에서 위험예지포인트를 3가지 쓰시오.

[동영상 설명]
주변이 지저분한 작업장에서 보안경을 착용하지 않은 작업자가 프레스 작업을 하던 도중 이물질에 의해 갑자기 프레스기가 정지되었다. 작업자는 몸을 기울인 채 이물질을 손으로 제거하는 작업을 하였다.

① 정리정돈 불량으로 사고에 영향을 끼칠 수 있다.
② 보안경 미착용으로 인해 이물질이 눈에 들어갈 수 있다.
③ 이물질을 손으로 제거하다가 손을 다칠 수 있다.

15년 3회 19년 1회

125 【3점】

다음 영상에서 작업자와 해체장비 사이의 이격거리는 몇 m 이상으로 이격하여야 하는가?

[동영상 설명]
건물해체공사를 하는 작업자가 해체장비와 충돌하였다.

$4m$ 이상

15년 3회 22년 3회

126 【5점】

다음 영상을 보고 인화성물질의 증기·가연성 가스 또는 분진이 존재하여 폭발 또는 화재가 발생할 우려가 있을 경우의 예방대책을 3가지 쓰시오.

[동영상 설명]
인화성 물질 취급 및 저장소에서 작업자가 옷을 벗는 도중 폭발 사고가 발생하였다.

① 환기작업 실시
② 가스누출감지경보기 설치
③ 신발 바닥에 물을 묻혀 정전기 발생 방지

16년 1회 20년 1회 22년 3회

127 【4점】

다음 영상을 보고 핵심위험요인을 2가지 쓰시오.

[동영상 설명]
안전모와 보안경을 착용하지 않은 작업자가 목장갑을 끼고 공작물을 손으로 잡고 있다. 이 상태에서 방호장치가 설치되지 않은 드릴을 이용하여 구멍을 넓히는 작업을 하고 있다.

① 안전모, 보안경등 보호구 미착용
② 회전기계 작업 중 장갑 착용
③ 공작물을 손으로 고정
④ 드릴날에 방호덮개 미설치

16년 1회 17년 1회 18년 2회

128 【5점】

다음 영상을 보고 안전모의 세부명칭을 각각 쓰시오.

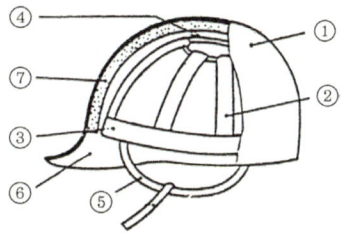

[동영상 설명]
화면에서 안전모의 그림을 보여준다.

번호	명칭	
①		(㉠)
②	착	머리받침끈
③	장	(㉡)
④	체	머리받침고리
⑤		(㉢)
⑥		(㉣)
⑦		(㉤)

㉠ 모체
㉡ 머리고정대
㉢ 턱끈
㉣ 모자챙(=차양)
㉤ 충격흡수재

16년 2회 17년 3회 18년 1회 19년 2회 19년 3회 21년 1회 22년 3회 24년 3회

129 【6점】

다음 영상을 보고 아래의 보기의 밀폐공간의 적정 공기수준에 관한 내용의 빈칸을 채우시오.

[동영상 설명]
화면에서 밀폐공간을 보여주고 있다.

[보기]
"적정공기"란 산소농도의 범위가 (①)% 이상 (②)% 미만, 탄산가스의 농도가 (③)% 미만, 일산화탄소의 농도가 (④)ppm 미만, 황화수소의 농도가 (⑤)ppm 미만인 수준의 공기를 말한다.

① 18
② 23.5
③ 1.5
④ 30
⑤ 10

16년 2회 16년 3회 17년 3회 19년 1회 20년 1회 20년 3회 22년 1회 23년 2회 24년 2회

130 【5점】

다음 영상을 보고 방호장치가 없는 둥근톱 기계에 고정식 톱날접촉예방장치를 설치하려 할 때 다음 보기의 빈칸을 채우시오.
(단, 단위와 범위를 확실히 명시할 것)

[동영상 설명]
작업자가 보안경 및 방진마스크를 착용하지 않은 채로 톱날 접촉 예방장치가 없는 둥근톱을 이용하여 나무판자를 절단하고 있다.

[보기]
- 톱날 등 분할날에 대면하고 있는 부분 및 가공재의 상면에서 덮개 하단까지의 틈새가 (①)가 되도록 위치를 조절할 것
- 덮개의 하단부와 테이블면 사이가 (②)의 간격을 유지할 수 있는 스토퍼를 설치할 것

① 8mm 이내
② 25mm 이내

16년 3회 18년 3회

131 【5점】

다음 영상을 보고 방열복의 질량에 대한 빈칸을 채우시오.

[동영상 설명]
화면에서 방열복을 전체적으로 보여주고 있다.

방열복 종류	질량[kg]
방열상의	(①)
방열하의	(②)
방열일체복	(③)
방열장갑	(④)
방열두건	(⑤)

① 3.0 이하
② 2.0 이하
③ 4.3 이하
④ 0.5 이하
⑤ 2.0 이하

17년 1회

132 【4점】

다음 영상을 보고 변전실에 대한 안전대책을 3가지 쓰시오.

[동영상 설명]
작업자들이 옥상 변전실 근처에서 축구공으로 공놀이를 하다가 축구공이 변전실에 들어가는 바람에 작업자 한 명이 단독으로 축구공을 꺼내오려다가 변전실 안에서 감전당하여 쓰러진다.

① 관계자외 출입금지 표지판 설치
② 변전실 잠금장치를 설치
③ 정전작업 실시 후 변전실 출입

17년 1회 19년 1회
133 【4점】
다음 영상을 보고 용접용 보안면에 대한 각 물음에 답하시오.

[동영상 설명]
화면에서 용접용 보안면을 보여준다.

(1) 용접용 보안면의 등급을 나누는 기준을 쓰시오.
(2) 투과율의 종류를 3가지 쓰시오.

(1) 차광도 번호
(2)
① 자외선 최대 분광 투과율
② 시감 투과율
③ 적외선 투과율

17년 1회
134 【5점】
다음 영상을 보고 철골공사 작업의 중지 기준을 3가지 쓰시오.

[동영상 설명]
화면에서 철골공사 작업을 보여주고 있다.

① 풍속 : $10m/s$ 이상인 경우
② 강우량 : $1mm/hr$ 이상인 경우
③ 강설량 : $1cm/hr$ 이상인 경우

17년 1회
135 【5점】
다음 영상을 보고 충전전로에서 전기작업을 하거나 그 부근에서 작업을 하는 경우의 안전대책을 3가지 쓰시오.

[동영상 설명]
작업자들이 충전전로에서 전기작업을 준비하고 있다. 별다른 보호구나 방호구는 없으며 안전대만 착용하고 체결은 하지 않았다. 활선 상태에서 작업해야하는 상황에서 일반 공구를 들고 있다.

① 절연용 보호구 착용
② 절연용 방호구 설치
③ 안전대 부속설비 체결
④ 활선작업용 기구 사용

17년 1회 19년 2회 21년 1회 22년 1회 23년 3회

136　　　　　　　　　　　　　【4점】

다음 영상을 보고 롤러기 방호장치인 급정지장치에 대한 표의 빈칸을 채우시오.

[동영상 설명]
화면에서 롤러기에 붙어있는 급정지장치를 클로즈업 하여 보여주고 있다.

종류	위치
손조작식	밑면에서 (①)
복부조작식	밑면에서 (②)
무릎조작식	밑면에서 (③)

① 1.8m 이내
② 0.8m 이상 1.1m 이내
③ 0.6m 이내

17년 2회 19년 1회

137　　　　　　　　　　　　　【3점】

다음 영상을 보고 안전대에 대한 각 물음에 답하시오.

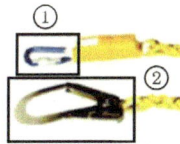

[동영상 설명]
화면에서 안전대를 클로즈업 하여 보여주며 위와 같은 부품에 번호가 표시돼있다.

(1) 해당 안전대 부속품의 명칭을 쓰시오.
(2) 표시된 각 부분의 명칭을 쓰시오.

(1) 죔줄
(2)
① 카라비너
② 훅

18년 1회 18년 3회 20년 2회 21년 2회

138　　　　　　　　　　　　　【4점】

다음 영상을 보고 착용하여야 할 적절한 보호구를 3가지 쓰시오.

[동영상 설명]
섬유공장에서 캡모자와 목장갑을 착용한 작업자가 돌아가는 회전체의 전기기구를 만지며 작업한다. 얼굴을 찡그린 채 코에 묻은 먼지를 손으로 닦는 작업자의 눈과 귀를 확대하여 보여주고 있다.

① 안전모
② 보안경
③ 방진마스크
④ 귀마개

18년 1회 19년 3회 22년 1회 24년 1회

139 【6점】

다음 영상을 보고 고소작업대에 대한 각 물음에 답하시오.

[동영상 설명]
건설현장에서 고소작업대로 이동하여 철구조물을 산소절단기로 절단하고 있다.

(1) 고소작업대 이동 시 준수사항을 3가지 쓰시오.
(2) 고소작업대 사용 시 준수사항을 3가지 쓰시오.

(1)
① 작업대를 가장 낮게 내릴 것
② 작업자를 태우고 이동하지 말 것
③ 이동통로의 요철상태 또는 장애물의 유무 등을 확인 할 것

(2)
① 작업자가 안전모·안전대 등의 보호구를 착용하도록 할 것
② 안전한 작업을 위하여 적정수준의 조도를 유지 할 것
③ 전환스위치는 다른 물체를 이용하여 고정하지 말 것

18년 1회 20년 1회 24년 1회

140 【4점】

다음 영상을 보고 이 장치의 명칭과 구조를 쓰시오.

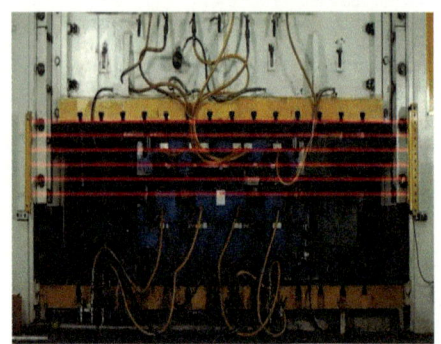

[동영상 설명]
화면에서 "A-1"이라고 쓰여있는 기계 장치를 보여주고 있다.

① 명칭 : 광전자식 방호장치
② 구조
투광부, 수광부, 컨트롤 부분으로 구성된 것으로서 신체의 일부가 광선을 차단하면 기계를 급정지시키는 방호장치

18년 1회 21년 1회

141 【6점】

다음 영상을 보고 「산업안전보건법령」상, 중량물을 취급하는 작업에서 작성하는 작업계획서 포함사항을 3가지 쓰시오.

[동영상 설명]
작업자 두 명이 회전하는 기계를 분해하여 닦고 다시 조립하고 있다. 작업자 한 명이 중량물이 무거워서 허리를 삐끗하는 순간 중량물을 놓쳐 다른 작업자 발등에 중량물이 떨어지는 재해가 발생하였다.

① 추락위험을 예방할 수 있는 안전대책
② 낙하위험을 예방할 수 있는 안전대책
③ 전도위험을 예방할 수 있는 안전대책

18년 2회

142 【4점】

다음 영상을 보고 「보호구 안전인증 고시」상, 차광보안경의 사용 구분에 따른 종류를 4가지 쓰시오.

[동영상 설명]
화면에서 차광보안경을 확대하여 보여주고 있다.

① 적외선용   ② 자외선용
③ 복합용   ④ 용접용

18년 2회 18년 3회 20년 1회 20년 4회 21년 1회 21년 2회 21년 3회
22년 1회 22년 2회 23년 2회 23년 3회

143 【6점】

다음 영상을 보고 이동식 비계에 대한 각 물음에 답하시오.

[동영상 설명]
건설현장에서 마스크를 착용하지 않은 작업자가 안전난간 양 옆으로만(앞, 뒤에는 미설치) 설치된 이동식 비계의 3층에서 천정 작업을 하며 포장 박스를 칼로 뜯고 있을 때, 바퀴가 고정되지 않아 이동식 비계가 조금씩 움직이는 모습을 보여주고 있다. 작업발판이 삐딱하게 걸쳐져 있으며 작업자가 움직일 때 마다 작업발판이 흔들리는 모습을 보여주고 있다.

(1) 이동식 비계 설치 시 준수사항을 3가지 쓰시오.

(2) 해당 상황의 핵심위험요인을 2가지 쓰시오.

(1)
① 승강용사다리는 견고하게 설치할 것
② 비계의 최상부에서 작업을 하는 경우에는 안전난간을 설치할 것
③ 작업발판의 최대적재하중은 250kg을 초과하지 않도록 할 것

(2)
① 안전난간 미설치
② 이동식 비계 바퀴 고정 불량
③ 작업발판 고정 불량

18년 2회

144 【4점】

다음 영상을 보고 터널 굴착공사에서 사용되는 터널 지보공 점검사항을 3가지 쓰시오.

[동영상 설명]
화면에서 터널 굴착공사에서 사용되는 터널 지보공을 확대하여 보여주고 있다.

① 부재의 긴압 정도
② 부재의 접속부 및 교차부의 상태
③ 기둥침하의 유무 및 상태

18년 2회

145 【6점】

다음 영상을 보고 「산업안전보건법령」상, 콘크리트 타설작업 시 안전 수칙을 3가지 쓰시오.

[동영상 설명]
화면에서 작업자들이 콘크리트 타설작업을 하고 있는 모습을 보여주고 있다.

① 콘크리트 타설작업 시 거푸집 붕괴의 위험이 발생할 우려가 있으면 충분한 보강조치를 할 것
② 설계도서상의 콘크리트 양생기간을 준수하여 거푸집 및 동바리를 해체할 것
③ 콘크리트를 타설하는 경우에는 편심이 발생하지 않도록 골고루 분산하여 타설할 것

18년 2회

146 【3점】

다음 영상을 보고 보안면의 채색 투시부의 차광도를 구분하여 그 투과율[%]을 쓰시오.

[동영상 설명]
화면에서 보안면을 확대하여 보여주고 있다.

① 밝음 : 50±7%
② 중간밝기 : 23±4%
③ 어두움 : 14±4%

18년 2회 19년 1회 19년 3회 20년 2회 20년 3회 20년 4회 22년 2회
23년 1회 24년 2회

147 【4점】

다음 영상을 보고 핵심위험요인을 2가지 쓰시오.

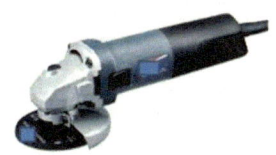

[동영상 설명]
작업자가 별도의 표지판이 없는 배전반에서 맨손으로 휴대용 연삭기를 사용하여 연삭 작업을 하던 도중에 감전사고가 발생하였다.

① "통전중" 표지판 미설치
② 절연용 보호구 미착용
③ 누전차단기 미설치

18년 2회 20년 2회

148 【4점】

다음 영상을 보고 거푸집 해체작업 시 준수사항을 3가지 쓰시오.

[동영상 설명]
작업자가 거푸집 해체 작업을 하던 도중에 재해가 발생한 모습을 보여주고 있다.

① 해당 작업을 하는 구역에는 관계 근로자가 아닌 사람의 출입을 금지할 것
② 비, 눈, 그 밖의 기상상태의 불안정으로 날씨가 몹시 나쁜 경우에는 그 작업을 중지할 것
③ 재료, 기구 또는 공구 등을 올리거나 내리는 경우에는 근로자로 하여금 달줄·달포대 등을 사용하도록 할 것

18년 3회

149 【4점】

다음 영상을 보고 통풍이 불충분한 장소에서 가스를 공급하는 배관을 해체하거나 부착하는 작업을 하는 경우, 사업주의 조치사항을 2가지 쓰시오.

[동영상 설명]
작업자가 맨홀의 내부와 같은 통풍이 불충분한 장소에서 가스를 공급하는 배관을 부착하는 작업을 하고 있다.

① 배관을 해체하거나 부착하는 작업장소에 해당 가스가 들어오지 않도록 차단할 것
② 해당 작업을 하는 장소는 적정공기 상태가 유지되도록 환기를 하거나 근로자에게 공기호흡기 또는 송기마스크를 지급하여 착용하도록 할 것

18년 3회 20년 1회 23년 1회 24년 1회

150 【6점】

다음 영상을 보고 그림에 맞는 장치의 명칭을 각각 쓰시오.

[동영상 설명]
건설용 리프트 방호장치를 ①부터 ⑥까지 하나하나 천천히 보여주고 있다.

방호장치 그림	명칭
	①
	②
	③
	④
	⑤
	⑥

① 과부하방지장치
② 완충스프링
③ 비상정지장치
④ 출입문 연동장치
⑤ 방호울 출입문 연동장치
⑥ 3상 전원차단장치

18년 3회 21년 1회 21년 2회 22년 3회

151 【4점】

다음 영상을 보고 보기의 가설통로 설치기준에 대한 빈칸을 채우시오.

[동영상 설명]
화면에서 가설통로를 쭉 보여주고 있다.

[보기]
- 경사는 (①)도 이하일 것
- 경사가 (②)도를 초과하는 경우에는 미끄러지지 아니하는 구조로 할 것

① 30
② 15

18년 3회 21년 3회 23년 2회

152　　　　　　　　　　　　　【4점】

다음 영상을 보고 보기의 타워크레인의 작업 중지에 대한 내용의 빈칸을 채우시오.

[동영상 설명]
타워크레인을 이용하여 철제 비계를 운반하는 작업을 보여주고 있다.

[보기]
- 설치·수리·점검 또는 해체 작업을 중지 하여야 하는 순간풍속 : (①)m/s
- 운전작업을 중지하여야 하는 순간풍속 : (②)m/s

① 10
② 15

18년 3회 23년 1회

153　　　　　　　　　　　　　【5점】

다음 영상을 보고 핵심위험요소 3가지를 쓰시오.

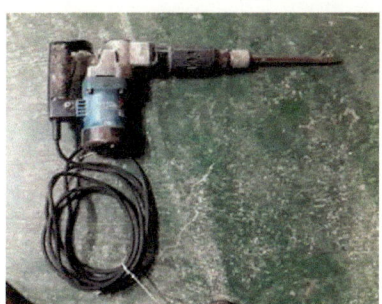

[동영상 설명]
안전모, 안전화, 목장갑을 착용하고 있는 작업자가 파괴해머를 이용하여 보도블럭 옆 인도에서 작업을 하고 있다. 주변에 방책과 같은 방호구는 쳐지지 않으며, 별도의 감시자도 따로 없다. 전원은 리드선에서 따왔고, 전기줄이 파괴해머를 휘감고 있는 장면을 보여주고 있다. 마지막 영상에서는 작업하는 작업자의 얼굴을 강조하는데 귀마개, 보안경, 방진마스크는 착용하지 않았다.

① 울타리 등의 방호구 미설치
② 전선과 수공구의 정리 미흡
③ 귀마개, 보안경 등 보호구 미착용
④ 방진마스크 미착용

19년 1회 23년 3회

154　　　　　　　　　　　　　【4점】

다음 영상을 보고 교류아크용접기 자동전격방지기 종류를 4가지 쓰시오.

[동영상 설명]
화면은 작업자들이 교류아크용접기로 용접작업을 하는 모습을 보여주고 있다.

① 외장형
② 내장형
③ 저저항 시동형(L형)
④ 고저항 시동형(H형)

19년 1회

155 【3점】

다음 영상을 보고 보기는 안전모의 시험성능기준에 대한 설명일 때 빈칸을 채우시오.

[보기]
- AE형 및 ABE형의 관통거리 (①)mm 이하
- AB형의 관통거리 (②)mm 이하
- 충격흡수성 : 최고전달충격력이 (③)N을 초과해서는 안된다.

① 9.5
② 11.1
③ 4450

19년 1회

156 【3점】

다음 영상을 보고 보기의 안전인증대상 방음용 귀덮개(EM)의 차음성능 기준에 대한 빈칸을 채우시오.

[동영상 설명]
작업자가 착용하는 방음용 귀덮개를 확대하여 보여주고 있다.

중심 주파수 [Hz]	차음치 [dB]
1,000	(①) 이상
2,000	(②) 이상
4,000	(③) 이상

① 25
② 30
③ 35

19년 2회 20년 2회 22년 1회 23년 1회

157 【5점】

다음 영상을 보고 터널 굴착공사에서 사용되는 흙막이 지보공의 점검사항을 3가지 쓰시오.

[동영상 설명]
화면에서 터널 굴착공사에서 사용되는 흙막이 지보공을 확대하여 보여주고 있다.

① 버팀대의 긴압의 정도
② 부재의 접속부·부착부 및 교차부의 상태
③ 침하의 정도

19년 2회

158 【3점】

다음 영상을 보고 변압기가 활선인지 아닌지 확인하는 방법을 3가지 쓰시오.

[동영상 설명]
작업자가 변압기가 활선인지 아닌지 확인하는 작업을 하려고 한다.

① 검전기로 확인
② 활선경보기로 확인
③ 테스터기로 확인

19년 2회 20년 1회 22년 3회

159 【5점】

다음 영상을 보고 핵심위험요인을 3가지 쓰시오.

[동영상 설명]
목장갑을 착용한 작업자가 이동식 사다리 위에서 고온 배관의 플랜지 볼트를 조이는 작업을 하던 도중 갑자기 증기가 새어나오자 중심을 못잡고 이동식 사다리와 함께 넘어졌다. 작업자는 안전대 및 보안경을 착용하지 않았다.

① 안전대 미착용
② 보안경 미착용
③ 이동식 사다리의 넘어짐을 방지하기 위한 조치를 하지 않음

19년 3회 24년 3회

160 【4점】

다음 영상을 보고 방독마스크의 성능시험 종류를 4가지 쓰시오.

[동영상 설명]
작업자가 착용한 방독마스크를 확대하여 보여주고 있다.

① 시야
② 불연성
③ 음성전달판
④ 정화통 질량

19년 3회 23년 3회

161 【3점】

다음 영상을 보고 동력식 수동대패기에 대한 각 물음에 답하시오.

[동영상 설명]
화면에서 작업자가 동력식 수동대패기로 작업을 하고 있다.

(1) 동력식 수동대패기의 방호장치명을 쓰시오.
(2) 동력식 수동대패기의 방호장치 종류를 2가지 쓰시오.

(1) 날접촉예방장치(=덮개)
(2)
 ① 고정식
 ② 가동식

19년 3회

162 【5점】

다음 영상을 보고 안전대책을 3가지 쓰시오.

[동영상 설명]
철길 가운데 기름통 등이 놓여있고 안전모를 쓰지 않은 작업자들이 철길에서 서로 잡담하느라 기차가 접근하는지 모르다가 재해가 발생하였다.

① 감시인 배치
② 안전한 대피를 위해 열차통행의 시간간격을 충분히 함
③ 안전한 대피를 위한 공간을 확보

19년 3회

163 【4점】

다음 영상을 보고 각 물음에 답하시오.

[동영상 설명]
인화성 물질 취급 및 저장소에서 작업자가 옷을 벗는 도중 폭발 사고가 발생하였다.

(1) 점화원의 유형을 쓰시오.
(2) (1)의 종류를 2가지 쓰시오.

(1) 정전기
(2)
 ① 마찰대전
 ② 박리대전

19년 3회 21년 2회 23년 2회

164 【3점】

다음 영상을 보고 각 장치의 방호장치를 1가지씩 쓰시오.

[동영상 설명]
화면에서 컨베이어, 선반, 휴대용 연삭기를 확대하여 한 번씩 보여주었다.

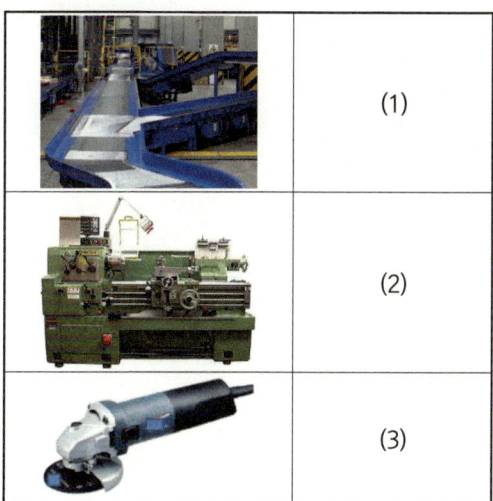

	(1)
	(2)
	(3)

(1) 컨베이어 방호장치
① 비상정지장치
② 역전방지장치
③ 이탈방지장치
④ 덮개
⑤ 울
⑥ 건널다리

(2) 선반 방호장치
① 덮개
② 울
③ 가드
④ 칩 비산방지판

(3) 휴대용 연삭기 방호장치
① 덮개

19년 3회 21년 2회 22년 1회 23년 1회

165 【4점】

다음 영상을 보고 사업주가 근로자의 위험을 방지하기 위하여 차량계 하역운반기계 등을 사용하는 작업 시 작성하고 그에 따라 작업을 하도록 하여야 하는 작업계획서의 내용을 2가지 쓰시오.

[동영상 설명]
작업자가 지게차를 운행하면서 포크 위에 기다란 철봉 3개를 백레스트에 상차하여 지게차 폭보다 더 튀어나온 상태로 운행하는 과정에서 옆에 다른 작업자를 치는 재해가 발생하였다.

① 해당 작업에 따른 추락·낙하·전도·협착 및 붕괴 등의 위험 예방대책
② 차량계 하역운반기계 등의 운행경로 및 작업방법

20년 2회 20년 3회 21년 2회 23년 1회 24년 2회
166
【5점】

다음 영상을 보고 프레스 작업시작 전 점검사항을 3가지 쓰시오.

[동영상 설명]
작업자가 프레스 작업을 하던 도중 이물질에 의해 갑자기 프레스기가 정지되었다. 작업자는 몸을 기울인 채 이물질을 손으로 제거하는 작업을 하다가 실수로 페달을 밟아 손이 다치는 재해가 발생하였다.

① 클러치 및 브레이크의 기능
② 프레스의 금형 및 고정볼트 상태
③ 방호장치의 기능

20년 2회 22년 3회 24년 1회 24년 3회
167
【5점】

다음 영상을 보고 불안전한 행동 및 상태를 2가지 쓰시오.

[동영상 설명]
작업자가 보호구를 착용하지 않은 채로 산소절단 작업을 하는 중이다. 바닥엔 철판, 목재, 페인트통 등이 놓여있고 산소 용기가 눕혀져 있다. 작업자가 산소통 줄을 당기는 순간 호스가 뽑혀 나오며 사방으로 불꽃이 튄다.

① 적절한 용접용 보호구 미착용
② 화기작업에 따른 가연성물질에 대한 방호조치 미흡
③ 산소 용기를 눕혀서 보관

20년 2회

168 【4점】

다음 영상을 보고 각 물음에 답하시오.

[동영상 설명]
교량 위에서 작업자들이 작업하는 모습을 비춰주다가 화면 아래에 있는 그물을 비추더니 작업자가 추락하는 모습을 보여준다.

(1) 해당 상황에서 필요한 방호장치의 명칭을 쓰시오.
(2) (1)의 설치 높이 기준을 쓰시오.

(1) 추락방호망
(2) 10m 이내

20년 3회 23년 1회

169 【6점】

다음 영상을 보고 각 물음에 답하시오.

[동영상 설명]
작업자가 건설장비를 이용하여 해체 작업을 하는 모습을 보여주고 있다.

(1) 영상에서 보여주는 해체 장비 명칭을 쓰시오.
(2) 해당 작업에서의 재해예방대책을 2가지 쓰시오.

(1) 압쇄기(=크러셔)
(2)
① 압쇄기 연결구조부는 보수점검을 수시로 하여야 한다.
② 배관 접속부의 핀, 볼트 등 연결구조의 안전 여부를 점검하여야 한다.

20년 3회

170 【5점】

다음 영상을 보고 핵심위험요인을 3가지 쓰시오.

[동영상 설명]
파지를 압축하는 작업장에서 안전모를 착용하지 않은 작업자 두 명 만이 작동되는 컨베이어 위에서 작업하고 있다. 집게암으로 파지를 들어서 작업자들의 머리 위를 통과한 후 흔들어서 파지를 떨어뜨리는 작업을 하고 있다.

① 안전모 미착용
② 컨베이어 위 등과 같은 위험지역에서 작업
③ 감시인 미배치

20년 3회 22년 2회 23년 3회

171　　　　　　　　　　　【4점】

다음 영상을 보고 습윤장소에서 교류아크용접기에 부착하여야 하는 안전장치를 2가지 쓰시오.

[동영상 설명]
다음 습윤한 작업장에서 사용하는 교류아크용접기를 보여주고 있다.

① 자동전격방지기
② 누전차단기

20년 3회

172　　　　　　　　　　　【6점】

다음 영상을 보고 이동식 사다리의 설치 사용 기준을 3가지 쓰시오.

[동영상 설명]
작업자가 이동식 사다리를 올라가던 도중에 추락하였다.

① 평탄하고 견고하며 미끄럽지 않은 바닥에 이동식 사다리를 설치할 것
② 이동식 사다리를 설치한 바닥면에서 높이 3.5미터 이하의 장소에서만 작업할 것
③ 안전모를 착용하되, 작업 높이가 2미터 이상인 경우에는 안전모와 안전대를 함께 착용할 것

20년 3회

173　　　　　　　　　　　【4점】

다음 영상을 보고 수소의 특성을 2가지 쓰시오.

[동영상 설명]
작업자가 주황색 수소통이 있는 저장창고로 들어가는 모습을 보여주고 있다. 창고 꼭대기층에서 담뱃불을 키는 순간 폭발한다.

① 가연성 기체
② 공기보다 가벼움

20년 3회 23년 2회

174 【5점】

다음 영상을 보고 가스집합용접장치의 배관 작업을 하는 경우 사업주가 준수하여야 할 사항을 2가지 쓰시오.

[동영상 설명]
작업자가 액화탄산가스 용기와 가스집합용접장치를 가지고 배관 작업을 하고 있다.

① 플랜지·밸브·콕 등의 접합부에는 개스킷을 사용하고 접합면을 상호 밀착시키는 등의 조치를 할 것
② 주관 및 분기관에는 안전기를 설치할 것. 이 경우 하나의 취관에 2개 이상의 안전기를 설치하여야 한다.

20년 3회 21년 3회 23년 2회 23년 3회 24년 1회

175 【5점】

다음 영상을 보고 보기는 낙하물 방지망 또는 방호선반 설치 시의 준수사항에 대한 설명일 때 빈칸을 채우시오.

[동영상 설명]
작업자가 아파트 창틀에서 작업하던 도중 공구를 놓쳐 낙하물 방지망 위에 공구가 떨어졌다.

[보기]
- 설치 높이 (①)m 이내마다 설치하고, 내민 길이는 벽면으로부터 (②)m 이상으로 할 것
- 수평면과의 각도는 (③) 이상 (④) 이하를 유지할 것

① 10   ② 2   ③ 20°   ④ 30°

20년 4회 21년 1회 21년 2회 21년 3회 24년 3회

176 【4점】

다음 영상을 보고 보기의 충전전로에서의 전기작업 중 조치사항에 대한 빈칸을 채우시오.

[동영상 설명]
작업자가 보호구를 착용하지 않은 모습과 크레인이 전선에 근접하는 모습을 보여준다.

[보기]
- 충전전로를 취급하는 근로자에게 그 작업에 적합한 (①)를 착용시킬 것
- 충전전로에 근접한 장소에서 전기작업을 하는 경우에 해당 전압에 적합한 (②)를 설치할 것

① 절연용 보호구
② 절연용 방호구

20년 4회
177 【5점】
다음 영상을 보고 터널 굴착 장약 발파작업 시 준수 사항을 3가지 쓰시오.

[동영상 설명]
화면에서 작업자들이 터널 굴착 공사 중에 장약 작업을 하고 있다.

① 화약이나 폭약을 장전하는 경우에는 그 부근에서 화기를 사용하거나 흡연을 하지 않도록 할 것
② 장전구는 마찰·충격·정전기 등에 의한 폭발의 위험이 없는 안전한 것을 사용할 것
③ 발파공의 충진재료는 점토·모래 등 발화성 또는 인화성의 위험이 없는 재료를 사용할 것

20년 4회 23년 1회
178 【5점】
다음 영상을 보고 작업자를 보호할 수 있는 신체 부위별 보호복 3가지를 쓰시오.

[동영상 설명]
안전모, 면장갑을 착용한 작업자가 용광로 쇳물 탕도 내에 출렁이는 쇳물 표면을 젓고 당기면서 일부 굳은 찌꺼기를 긁어내어 작업자 바로 앞에 고무용기에 충격을 주며 덜어내는 작업을 하고 있다.

① 방열장갑
② 방열장화
③ 방열상의
④ 방열하의
⑤ 방열두건

21년 1회
179 【5점】
다음 영상을 보고 용융고열물을 취급하는 설비를 내부에 설치한 건축물에 대하여 수증기 폭발을 방지하기 위한 사업주의 조치사항을 2가지 쓰시오.

[동영상 설명]
화면에서 작업자가 건축물 내에서 용융고열물을 취급하는 작업을 하고 있다.

① 바닥은 물이 고이지 아니하는 구조로 할 것
② 지붕·벽·창 등은 빗물이 새어들지 아니하는 구조로 할 것

21년 1회
180 【3점】
다음 영상을 보고 크레인의 작업시작 전 점검사항을 3가지 쓰시오.

[동영상 설명]
크레인을 이용하여 철제 비계를 운반하는 작업을 보여주고 있다.

① 권과방지장치·브레이크·클러치 및 운전장치의 기능
② 주행로의 상측 및 트롤리가 횡행하는 레일의 상태
③ 와이어로프가 통하고 있는 곳의 상태

21년 2회 21년 3회 22년 1회
181 【5점】
다음 영상을 보고 감전사고 예방을 위한 안전대책을 3가지 쓰시오.

[동영상 설명]
방진마스크를 착용하지 않고 고무장갑을 착용한 작업자가 강재에 물을 뿌리면서 열을 식히며 연마 작업을 하고 있다. 전선의 접속부를 고무장갑 안 쪽에 넣어 물에 젖은 바닥에 두는 순간 푸른색 전류가 작업자 손 주변을 타고 나가는 장면과 물기가 많은 바닥에 방치된 접속부를 보여주었다.

① 절연장갑 착용
② 누전차단기 설치
③ 전선을 물기와 접촉하지 않을 것

21년 2회
182 【3점】
다음 영상을 보고 안전을 위해 착용하여야 하는 보호구를 3가지 쓰시오.

[동영상 설명]
캡모자를 착용한 작업자가 개폐기함에 전원을 올리고 기계장비 및 주변을 에어건으로 청소하고 있는 모습을 보여준다. 바닥에 엎드려서 기계 하단의 공장 바닥에 있는 먼지까지 청소하다가 눈을 감싸고 아파하는 장면을 보여준다.

① 방진마스크
② 보안경
③ 귀마개

21년 2회 21년 3회 23년 1회
183
【5점】

다음 영상을 보고 용접 작업 시 위험요인을 3가지 쓰시오.

[동영상 설명]
정돈되지 않은 작업장에서 용접용 보안면, 흰면 장갑, 앞치마를 착용한 작업자 한 명이 모재를 집게에 물려놓고 한 손으로 용접기, 다른 한 손으로 작업봉을 받친 채 피복아크용접작업을 하고 있다. 모재 옆의 작업대 위 정돈되지 않은 물건들에 불티가 튀는 모습을 보여주고 있다. 마지막엔 전체적인 공간에 소화설비가 없는 것을 보여준다.

① 용접용 장갑 미착용
② 불티 비산방지 미흡
③ 소화기구 미배치

21년 3회
184
【4점】

다음 영상을 보고 터널 작업 시 근로자에 대한 위험요인을 2가지 쓰시오.

[동영상 설명]
6명 가량의 작업자들이 일반 마스크와 썬글라스를 착용하고 터널 내부 굴착 작업을 하며 컨베이어로 굴착토를 운반하던 중에 분진이 날리는 모습을 보여주고 있다. 배기 및 살수장치가 설치되지 않은 모습을 확대하여 보여준다.

① 방진마스크 미착용
② 보안경 미착용
③ 배기장치 미설치
④ 살수장치 미설치

21년 3회 22년 1회 24년 1회
185
【5점】

다음 영상을 보고 보기의 방열복 내열원단의 시험 성능 기준에 대한 빈칸을 채우시오.

[동영상 설명]
화면에서 작업자가 착용하고 있는 방열복을 보여주고 있다.

[보기]
- 난연성 : 잔염 및 잔진시간이 (①)초 미만이고 녹거나 떨어지지 않아야 하며, 탄화길이가 (②)mm 이내일 것
- 절연저항 : 표면과 이면의 절연저항이 (③) $M\Omega$ 이상일 것
- 인장강도 : 인장강도는 가로, 세로방향으로 각각 $25kg_f$ 이상일 것

① 2
② 102
③ 1

21년 3회 23년 3회

186 【6점】

다음 영상을 보고 밀폐공간에서 작업 시 특별 교육 내용을 4가지 쓰시오.

[동영상 설명]
작업자들이 밀폐공간에서 용접작업하는 모습을 보여주고 있다.

① 산소농도 측정 및 작업환경에 관한 사항
② 사고 시의 응급처치 및 비상 시 구출에 관한 사항
③ 보호구 착용 및 보호 장비 사용에 관한 사항
④ 작업내용·안전작업방법 및 절차에 관한 사항

22년 1회 23년 1회

187 【4점】

다음 영상을 보고 추락재해 방지시설과 낙하재해 방지시설을 각각 1가지씩 쓰시오.

[동영상 설명]
교량 위에서 작업자들이 작업하는 모습을 비춰주다가 작업자 한명이 추락하는 모습을 보여준다.

① 추락방호망
② 낙하물방지망

22년 2회 23년 2회

188 【4점】

다음 영상을 보고 작업시작 전 공기압축실 점검사항을 2가지 쓰시오.

[동영상 설명]
작업자가 공기압축실로 들어가 공기압축기를 점검하고 있다.

① 압력방출장치의 기능
② 언로드밸브의 기능

22년 2회

189 【4점】

다음 영상을 보고 와이어로프의 사용금지 기준을 4가지 쓰시오.

[동영상 설명]
화면에서 권상용 와이어로프를 확대하여 보여준다.

① 이음매가 있는 것
② 꼬인 것
③ 지름의 감소가 공칭지름의 7%를 초과한 것
④ 와이어로프의 한 꼬임에서 끊어진 소선의 수가 10% 이상인 것

22년 2회

190 【5점】

다음 영상을 보고 고소작업대 위에서 용접작업을 하는 근로자의 준수사항을 2가지 쓰시오.

[동영상 설명]
정리정돈이 되지 않은 현장에서 고소작업대에 작업자를 태우고 붐을 내린 채 이동시킨 후 다시 붐을 올린 후에 작업자가 용접을 하는 장면을 보여준다. 작업자는 안전모를 착용한 모습을 보여주고 있고 주변에 소화기가 보인다.

② 안전한 작업을 위하여 적정수준의 조도를 유지할 것
③ 전환스위치는 다른 물체를 이용하여 고정하지 말 것

22년 2회 23년 3회

191 【5점】

다음 영상을 보고 다음 보기의 추락방호망 설치 기준에 대한 내용의 빈칸을 채우시오.

[동영상 설명]
교량 위에서 작업자들이 작업하는 모습을 비춰주다가 화면 아래에 있는 그물을 비추더니 작업자가 추락하는 모습을 보여준다.

[보기]
- 추락방호망의 설치위치는 가능하면 작업면으로부터 가까운 지점에 설치하여야 하며 작업면으로부터 망의 설치지점까지의 수직거리가 (①)m 를 초과하지 아니할 것.
- 추락방호망은 (②)으로 설치하고, 망의 처짐은 짧은 변 길이의 (③)% 이상이 되도록 할 것

① 10
② 수평
③ 12

22년 2회

192 【5점】

다음 영상을 보고 둥근톱 기계 작업의 위험요인과 방호장치를 각각 2가지 쓰시오.

[동영상 설명]
작업자가 작업 중 잠시 한눈 판 사이에 둥근톱의 톱날에 손을 다치는 장면을 보여준다.

(1) 위험요인
① 작업에 집중하지 않음
② 방호장치 미설치

(2) 방호장치
① 톱날접촉방지장치
② 반발예방장치

22년 2회 23년 3회

193 【5점】

다음 영상을 보고 특수화학설비를 설치하는 경우 특수화학설비에 설치해야 할 장치를 3가지 쓰시오. (단, 계측장치는 제외한다.)

[동영상 설명]
화면에서는 특수화학설비 시설을 보여주고 있다.

① 자동경보장치
② 긴급차단장치
③ 예비동력원

22년 2회 24년 3회

194 【4점】

다음 영상을 보고 보기의 보일러의 압력방출장치에 대한 내용에 빈칸을 채우시오.

[동영상 설명]
화면에서는 보일러의 방호장치인 압력방출장치를 확대하여 보여주고 있다.

[보기]
사업주는 보일러의 안전한 가동을 위하여 보일러 규격에 맞는 압력방출장치를 1개 또는 2개 이상 설치하고 (①)이하에서 작동되도록 하여야 한다. 다만, 압력방출장치가 2개 이상 설치된 경우에는 (①) 이하에서 1개가 작동되고, 다른 압력방출장치는 (①)의 (②) 이하에서 작동되도록 부착하여야 한다.

① 최고사용압력
② 1.05배

22년 3회

195 【4점】

다음 영상을 보고 아크용접작업 시 착용하여야 하는 보호구를 4가지 쓰시오.

[동영상 설명]
보호구를 착용하지 않은 작업자가 용접작업을 하는 도중에 감전당한 모습을 보여준다.

① 용접용 보안면
② 용접용 장갑
③ 용접용 두건
④ 용접용 앞치마
⑤ 용접용 자켓

22년 3회 23년 1회 24년 2회

196 【6점】

다음 영상을 보고 이동식크레인 방호장치에 대한 각각의 명칭을 쓰시오.

[동영상 설명]
화면에서 이동식크레인을 보여주고 있다.

(1) 권과를 방지하기 위하여 인양용 와이어로프가 일정한계 이상 감기게 되면 자동적으로 동력을 차단하고 작동을 정지시키는 장치
(2) 훅에서 와이어로프가 이탈하는 것을 방지하는 장치
(3) 전도 사고를 방지하기 위하여 장비의 측면에 부착하여 전도 모멘트에 대하여 효과적으로 지탱할 수 있도록 한 장치

(1) 권과방지장치
(2) 훅해지장치
(3) 아웃트리거

22년 3회

197 【4점】

다음 영상을 보고 지게차 운전시 일반 작업 이외의 작업계획서를 제출하여야 하는 경우를 2가지 쓰시오.

[동영상 설명]
지게차가 운행하던 도중 옆에 매달려 있는 작업자가 운전자에게 신호를 하다 추락하는 장면을 보여준다.

① 작업장소 또는 화물의 상태가 변경되었을 때 작성한다.
② 지게차 운전자가 변경되었을 때 작성한다.

22년 3회 24년 1회

198 【6점】

다음 영상을 보고 밀폐공간작업 프로그램의 내용을 3가지 쓰시오.

[동영상 설명]
작업자가 지하에 설치된 폐수처리조에서 슬러지 처리 작업 중 의식을 잃고 갑자기 쓰러졌다.

① 사업장 내 밀폐공간의 위치 파악 및 관리 방안
② 밀폐공간 작업 시 사전 확인이 필요한 사항에 대한 확인 절차
③ 안전보건교육 및 훈련

22년 3회

199 【6점】

다음 영상을 보고 콘크리트 양생 시 열풍기 작업 전 안전수칙을 3가지 쓰시오.

[동영상 설명]
화면에서 작업자들이 추운 날씨로 인해 열풍기를 이용하여 콘크리트 양생작업을 하는 모습을 보여주고 있다.

① 전원연결 전 스위치 상태 확인
② 적정 온도 세팅 후 작동 여부 확인
③ 화기 주변에 인화물질 제거
④ 화기 주변을 불티방지포로 방호

22년 3회 24년 2회

200 【3점】

다음 영상을 보고 전주 활선 작업 중 감전방지를 위해 착용하여야 할 절연보호구를 3가지 쓰시오.

[동영상 설명]
작업자 2명이 사다리차를 타고 전주의 고압선로에 절연방호구를 설치하는 활선작업을 하고 있다. 작업자 1명은 밑에서 절연방호구를 올리고 다른 작업자 1명은 사다리차 위에서 물건을 받아서 활선에 절연방호구 설치 작업을 하다가 감전사고가 발생하였다.

① 절연장갑
② 절연화
③ 절연용 안전모

22년 3회

201 【4점】

다음 영상을 보고 중량물 취급 작업 시 ○○등을 고려하여 작업자의 작업시간과 휴식시간 제공하여야 할 때 ○○에 들어가는 내용을 4가지 쓰시오.

[동영상 설명]
작업자들이 중량물을 나르는 작업을 하고 있다. 작업자 한 명이 중량물이 무거워서 허리를 삐끗하는 순간 중량물을 놓치고 다른 작업자의 발등에 중량물이 떨어지는 재해가 발생하였다.

① 물품의 중량
② 취급빈도
③ 운반거리
④ 운반속도

22년 3회

202 【4점】

다음 영상을 보고 적재함을 들어올릴 때 받쳐주는 방호장치 2가지를 쓰시오.

[동영상 설명]
덤프트럭의 적재함을 올리고 실린더 유압장치 밸브를 수리하던 도중에 적재함 사이에 손이 끼이는 사고가 발생하였다.

① 안전지지대
② 안전블록

22년 3회 23년 2회 24년 2회

203 【4점】

다음 영상을 보고 보기의 내용인 말비계 조립 시 사업주의 준수사항에 대한 빈칸을 채우시오.

[동영상 설명]
화면에서 작업자가 말비계를 조립하는 모습을 보여준다.

[보기]
- 지주부재의 하단에는 미끄럼 방지장치를 하고, 근로자가 양측 끝 부분에 올라서서 작업하지 않도록 할 것

- 지주부재와 수평면의 기울기를 (①)도 이하로 하고, 지주부재와 지주부재 사이를 고정시키는 (②)를 설치할 것

- 말비계의 높이가 $2m$를 초과하는 경우에는 작업발판의 폭을 $40cm$ 이상으로 할 것

① 75
② 보조부재

22년 3회

204 【5점】

다음 영상을 보고 브레이크 라이닝 세척 작업 시 위험요인을 3가지 쓰시오.

[동영상 설명]
작업자가 흡연하며 자동차부품인 브레이크 라이닝을 화학약품을 사용하여 세척하는 작업을 하고 있다. 작업자는 아무런 보호구도 착용하지 않았으며 브레이크 라이닝을 메달아 작업하는데 훅 부분을 확대해보니 훅의 해지장치가 없었다.

① 작업 중 흡연
② 보안경 미착용
③ 방독마스크 미착용
④ 훅해지장치 미설치

22년 3회 24년 3회

205 【5점】

다음 영상을 보고 보기의 충전작업 시 작업기준에 대한 빈칸을 채우시오.

[동영상 설명]
작업자가 $30kV$의 전압이 흐르는 고압선 옆에서 항타기·항발기로 굴착 및 전주 세우기 작업을 하고 있다가 감전 사고가 발생하였다.

[보기]
근로자에게 해당 충전작업에 적절한 (①) 착용시키고, 충전전로의 전압에 적합한 (②)를 설치하고 충전부로부터 접근한계거리(이격거리)를 (③)cm로 한다.

① 절연용 보호구
② 절연용 방호구
③ 300

22년 3회

206 【6점】

다음 영상을 보고 건설용리프트 방호장치를 3가지 쓰시오.

[동영상 설명]
건설현장에서 리프트가 움직이는 것을 보여주고 있다.

① 과부하방지장치
② 완충스프링
③ 비상정지장치
④ 출입문 연동장치
⑤ 방호울 출입문 연동장치
⑥ 3상 전원차단장치

23년 1회

207 【5점】

다음 영상을 보고 사업주가 분진등을 배출하기 위하여 설치하는 국소배기장치(이동식은 제외)의 덕트를 설치할 때 준수사항을 3가지 쓰시오.

[동영상 설명]
화면에서 브레이크 라이닝 제조 공정을 전체적으로 보여주고 있다.

① 가능하면 길이는 짧게하고 굴곡부의 수는 적게 할 것
② 접속부의 안쪽은 돌출된 부분이 없도록 할 것
③ 청소구를 설치하는 등 청소하기 쉬운 구조로 할 것

23년 1회 24년 2회

208 【4점】

다음 영상을 보고 사업주는 가솔린이 남아 있는 화학설비(위험물을 저장하는 것으로 한정), 탱크로리, 드럼 등에 등유나 경유를 주입하는 작업을 하는 경우에는 미리 그 내부를 깨끗하게 씻어내고 가솔린의 증기를 불활성가스로 바꾸는 등 안전한 상태로 되어 있는지 확인한 후에 그 작업을 하여야 한다. 다만 다음 보기의 각 호의 조치를 하는 경우에는 그러하지 아니할 때, 빈칸을 채우시오.

[동영상 설명]
가솔린이 남아있는 설비에 등유를 주입하는 모습을 확대하여 보여주고 있다.

[보기]
- 등유나 경유를 주입하기 전에 탱크·드럼 등과 주입설비 사이에 접속선이나 접지선을 연결하여 (①)를 줄이도록 할 것
- 등유나 경유를 주입하는 경우에는 그 액표면의 높이가 주입관의 선단의 높이를 넘을 때 까지 주입속도를 초당 (②)m 이하로 할 것

① 전위차
② 1

23년 1회

209 【5점】

다음 영상을 보고 밀폐공간의 산소 및 유해가스 농도를 측정 및 평가하는 자에게 작업시작 전에 실시하여야 하는 교육내용을 3가지 쓰시오.

[동영상 설명]
화면에서는 밀폐된 공간을 보여주고 있다.

① 밀폐공간의 위험성
② 측정장비의 이상 유무 확인 및 조작 방법
③ 적정공기의 기준과 평가 방법

23년 1회

210 【5점】

다음 영상을 보고 선반 작업 시 근로자에게 발생할 수 있는 핵심위험요인을 3가지 쓰시오.

[동영상 설명]
장갑을 착용한 작업자가 선반 작업을 하는 모습을 보여준다. 선반에는 "비산 주의"라는 표지판이 부착되어 있고, 덮개 또는 울이 없는 길이가 긴 원통형 공작물이 흔들리고 있다. 칩 브레이커가 설치되어 있지 않아 칩이 끊어지지 않고 길게 나오는 모습도 보여주고 있으며, 근로자는 장비 조작부에 손을 올려 놓은 채 선반에서 칩이 나오는 모습을 보고 있다.

① 회전기계 작업 중 장갑착용
② 공작물이 제대로 고정되지 않음
③ 칩 브레이커 미설치

23년 1회 24년 3회

211 【4점】

다음 영상을 보고 화학설비 및 그 부속설비 중 안전밸브 등으로부터 방출된 기체 및 액체를 안전하게 처리하는 플레어 시스템은 플레어헤드, 녹아웃드럼, 액체 밀봉드럼 및 "이 설비"를 포함하고, "이 설비"는 스택지지대, 플레어팁, 파이롯 버너 및 점화장치 등으로 구성된 설비 일체를 말할 때 다음을 구하시오.

[동영상 설명]
화면에서 플레어 시스템의 전체적인 설비 전경을 보여주고 있다.

(1) 플레어 시스템의 설치 목적을 쓰시오.
(2) "이 설비"의 명칭을 쓰시오.

(1) 안전 밸브 등에서 배출되는 위험물질을 안전하게 연소 처리하는 것이 목적이다.
(2) 플레어 스택

23년 1회

212 【5점】

다음 영상을 보고 보기의 아세틸렌 용접장치에 대한 보기의 빈칸을 채우시오.

[동영상 설명]
화면에서 아세틸렌 용접장치를 보여주고 있다.

[보기]
- 사업주는 아세틸렌 용접장치를 사용하여 금속의 용접·용단 또는 가열작업을 하는 경우에는 게이지 압력이 (①)kPa 을 초과하는 압력의 아세틸렌을 발생시켜 사용해서는 아니 된다.

- 주관 및 분기관에는 (②)를 설치할 것. 이 경우 하나의 취관에 2개 이상의 (②)를 설치하여야 한다.

- 사업주는 아세틸렌 용접장치의 아세틸렌 발생기를 설치하는 경우에는 전용의 발생기실에 설치하여야 한다. 발생기실은 건물의 최상층에 위치하여야 하며, 화기를 사용하는 설비로부터 (③)m를 초과하는 장소에 설치하여야 한다. 발생기실을 옥외에 설치한 경우에는 그 개구부를 다른 건축물로부터 $1.5m$ 이상 떨어지도록 하여야 한다.

- 사업주는 용해아세틸렌의 가스집합용접장치의 배관 및 부속기구는 구리나 구리 함유량이 (④)% 이상인 합금을 사용해서는 아니 된다.

① 127
② 안전기
③ 3
④ 70

23년 1회

213 【4점】

다음 영상을 보고 입구 측의 압력이 설정압력에 도달하면 판이 파열하면서 유체가 분출하도록 용기 등에 설치된 얇은 판으로 다시 닫히지 않는 압력방출 안전장치를 "이 장치"라고 할 때, 다음 물음에 답하시오.

[동영상 설명]
화면에서 화학설비를 전체적으로 보여주고 있다.

(1) "이 장치"의 이름을 쓰시오.
(2) "이 장치"를 설치하여야 하는 경우를 2가지 쓰시오.

(1) 파열판
(2)
① 반응 폭주 등 급격한 압력 상승 우려가 있는 경우
② 급성 독성물질의 누출로 인하여 주위의 작업환경을 오염시킬 우려가 있는 경우

23년 1회
214　　　　　　　　　　　　　　【6점】
다음 영상을 보고 보기의 계단 설치 기준에 대한 내용의 빈칸을 채우시오.

[동영상 설명]
화면에서 건설공사장에 설치된 계단을 보여주고 있다.

[보기]
- 사업주는 계단 및 계단참을 설치하는 경우 매 제곱미터당 (①)kg 이상의 하중에 견딜 수 있는 강도를 가진 구조로 설치하여야 하며, 안전율은 (②) 이상으로 하여야 한다.
- 사업주는 계단을 설치하는 경우 그 폭을 (③)m 이상으로 하여야 한다. (다만, 급유용·보수용·비상용 계단 및 나선형 계단이거나 높이 (④)m 미만의 이동식 계단인 경우 그러하지 아니하다.)
- 사업주는 높이가 (⑤)m를 초과하는 계단에 높이 $3m$ 이내마다 너비 (⑥)m 이상의 계단참을 설치하여야 한다.

① 500
② 4
③ 1
④ 1
⑤ 3
⑥ 1.2

23년 1회
215　　　　　　　　　　　　　　【4점】
다음 영상을 보고 보기의 강관비계의 구조에 대한 내용의 빈칸을 채우시오.

[동영상 설명]
화면에서 강관비계를 보여주고 있다.

[보기]
비계기둥의 간격은 띠장 방향에서 (①)m 이하, 장선 방향에서는 (②)m 이하로 할 것.

① 1.85
② 1.5

23년 1회 24년 2회
216 【4점】
다음 영상을 보고 거푸집 동바리에 대한 각 물음에 답하시오.

[동영상 설명]
화면에서 거푸집 동바리를 보여주고 있다.

(1) 규격화·부품화된 수직재, 수평재 및 가새재 등의 부재를 현장에서 조립하여 거푸집으로 지지하는 동바리 형식의 명칭을 쓰시오.

(2) 다음 보기의 거푸집 동바리에 대한 빈칸을 채우시오.

[보기]
동바리 최상단과 최하단의 수직재와 받침철물은 서로 밀착되도록 설치하고 수직재와 받침철물의 연결부의 겹침길이는 받침철물 전체길이의 ( ) 이상 되도록 할 것

(1) 시스템 동바리
(2) 3분의 1

23년 1회 24년 3회
217 【6점】
다음 영상을 보고 사업주는 근로자가 노출된 충전부 또는 그 부근에서 작업함으로써 감전될 우려가 있는 경우에는 작업에 들어가기 전에 해당 전로를 차단하여야 하지만, 전로를 차단하지 않아도 되는 경우를 3가지 쓰시오.

[동영상 설명]
절연 고소작업차에 탑승한 작업자가 충전전로에 절연용 방호구를 설치하고 있다. 작업자는 절연장갑 및 절연용 안전모 등 절연용 보호구를 착용하였으나, 안전대는 착용하지 않았다. 차량 밑에서 다른 작업자가 절연용 방호구를 달줄로 메달고, 형강 쪽의 봉에 와이어로프를 걸 수 있는 도르래로 와이어로프를 연결 후 잡아 당기면서 올려 보낸다. 해당 장면에서 와이어로프 훅을 확대하였더니 훅이 전주 전선에 방호조치 없이 걸쳐 있고, 작업자 2명이 신호 없이 작업을 행하고 있다.

① 생명유지장치, 비상경보설비, 폭발위험장소의 환기설비, 비상조명설비 등의 장치·설비의 가동이 중지되어 사고의 위험이 증가되는 경우
② 기기의 설계상 또는 작동상 제한으로 전로차단이 불가능한 경우
③ 감전, 아크 등으로 인한 화상, 화재·폭발의 위험이 없는 것으로 확인된 경우

23년 1회 24년 3회

218 【5점】

다음 영상을 보고 용융고열물을 취급하는 피트에 대하여 수증기 폭발을 방지하기 위하여 사업주가 해야하는 조치를 2가지 쓰시오.

[동영상 설명]
작업자가 쇳물이 흐르는 좁은 통로를 도구로 긁다가 쇳물이 발에 튀어 아래를 보며 깜짝 놀라는 장면을 보여준다.

① 지하수가 내부로 새어드는 것을 방지할 수 있는 구조로 할 것. 다만, 내부에 고인 지하수를 배출할 수 있는 설비를 설치한 경우에는 그러하지 아니하다.
② 작업용수 또는 빗물 등이 내부로 새어드는 것을 방지할 수 있는 격벽 등의 설비를 주위에 설치 할 것

23년 2회

219 【5점】

다음 영상을 보고 각 물음에 답하시오.

[동영상 설명]
화면에서 전주와 작업자를 보여준다. 작업자를 보여주다가 영상에서 전주의 방호장치를 확대하여 해당 방호장치를 동그라미로 보여주고 있다.

(1) 해당 방호장치의 명칭을 쓰시오.
(2) (1)의 장치가 갖추어야 할 구비조건을 3가지 쓰시오.

(1) 피뢰기
(2)
① 상용주파 방전개시전압이 높을 것
② 속류차단 기능이 있을 것
③ 내구성 및 경제성이 클 것
④ 방전 내량이 클 것
⑤ 제한 전압이 낮을 것
⑥ 충격 방전개시전압이 낮을 것

23년 2회

220 【5점】

다음 영상을 보고 산업용로봇 안전매트에 관하여 각 물음에 답하시오.

[동영상 설명]
화면에서 산업용 로봇을 처음에 보여주다가 작업자가 울타리 문을 열어 산업용 로봇 아래에 있는 검정색 매트를 밟는 모습을 확대하여 보여주고 있다.

(1) 산업용로봇 안전매트의 작동원리를 쓰시오.
(2) 안전인증표시 외 추가로 표시하여야 할 사항을 2가지 쓰시오.

(1)
유효감지영역 내의 임의의 위치에 일정한 정도 이상의 압력이 주어졌을 때 이를 감지하여 신호를 발생시킨다.

(2)
① 작동하중
② 감응시간
③ 복귀신호의 자동 또는 수동여부
④ 대소인공용 여부

23년 2회

221 【4점】

다음 영상을 보고 컨베이어 작업시 안전장치를 4가지 쓰시오.

[동영상 설명]
한 작업자가 포대를 컨베이어 벨트에 올리는 작업을 하고 있고 컨베이어 포대가 비대칭으로 놓여서 올라가던 도중 위쪽에서 작업하던 다른 작업자의 발에 부딪쳐 작업자가 무게중심을 잃고 쓰러지면서 오른쪽 팔이 기계 하단으로 들어가는 재해가 발생하였다.

① 비상정지장치
② 역전방지장치
③ 이탈방지장치
④ 덮개
⑤ 울
⑥ 건널다리

23년 2회
222 【3점】
다음 영상을 보고 컨베이어 시스템 설치 등으로 높이 $1.8m$ 이상의 울타리를 설치할 수 없는 일부 구간에 대해서 설치하여야 하는 방호장치를 2가지 쓰시오.

[동영상 설명]
화면에서 산업용 로봇을 확대하여 보여주고 있다.

① 안전매트
② 광전자식 방호장치

23년 2회
223 【3점】
다음 영상을 보고 각 물음에 답하시오.

[동영상 설명]
화면에서 프레스를 보여주고 있다.

(1) 금형 프레스기를 발로 작동하는 조작장치에 설치하여야 하는 방호장치의 명칭을 쓰시오.

(2) 프레스의 상사점에 있어서 상형과 하형과의 간격, 가이드 포스트와 부쉬의 간격 틈새는 얼마 이하로 금형을 설치하여야 하는가?

(1) U자형 덮개
(2) 8mm

23년 2회 24년 1회

224 【6점】

다음 영상을 보고 각 물음에 답하시오.

[동영상 설명]
작업자가 부적절한 자세(등이 굽은 상태)로 타이핑 작업하는 모습을 보여주고 있다.

(1) 반복적인 동작, 부적절한 작업자세, 무리한 힘의 사용, 날카로운 면과 신체접촉, 진동 및 온도 등의 요인에 의하여 발생하는 건강장해로서 목, 어깨 등에 나타나는 질환의 명칭을 쓰시오.

(2) 근로자가 컴퓨터 단말기의 조작업무를 하는 경우에 사업주의 조치사항을 4가지 쓰시오.

(1) 근골격계질환
(2)
① 실내는 명암의 차이가 심하지 않도록 하고 직사광선이 들어오지 않는 구조로 할 것
② 저휘도형의 조명기구를 사용하고 창·벽면 등은 반사되지 않는 재질을 사용할 것
③ 컴퓨터 단말기와 키보드를 설치하는 책상과 의자는 작업에 종사하는 근로자에 따라 그 높낮이를 조절할 수 있는 구조로 할 것
④ 연속적으로 컴퓨터 단말기 작업에 종사하는 근로자에 대하여 작업시간 중에 적절한 휴식시간을 부여할 것

23년 2회

225 【3점】

다음 영상을 보고 연마 작업 시 착용하여야 하는 보호구를 3가지 쓰시오.

[동영상 설명]
작업자가 연마 작업을 하는 모습을 보여주고 있다.

① 보안경
② 방진마스크
③ 귀마개

23년 2회
226 【4점】

다음 영상을 보고 각 물음에 답하시오.

[동영상 설명]
동영상에서 크레인을 보여주고 있다.

(1) 아래의 보기를 보고 해당 크레인의 명칭을 골라서 쓰시오.

[보기]
호이스트, 갠트리 크레인,
지브 크레인, 서스펜션 크레인

(2) 작업장 바닥에 고정된 레일을 따라 주행하는 크레인의 새들 돌출부와 주변 구조물 사이의 안전공간은 최소 얼마 이상으로 하여야 하는가?

(1) 갠트리 크레인
(2) 40cm

23년 2회
227 【4점】

다음 영상을 보고 각 물음에 답하시오.

[동영상 설명]
작업자가 부적절한 자세(등이 굽은 상태)로 타이핑 작업하는 모습을 보여주고 있다.

(1) 영상과 같은 근골격계부담작업 시 유해요인 조사 항목을 2가지 쓰시오.

(2) 신설되는 사업장인 경우, 신설일부터 얼마 기간 이내에 최초의 유해요인 조사를 하여야 하는가?

(1)
① 설비·작업공정·작업량·작업속도 등 작업장 상황
② 작업시간·작업자세·작업방법 등 작업조건

(2) 1년 이내

23년 3회

228 【5점】

다음 영상을 보고 각 물음에 답하시오.

[동영상 설명]
작업자가 해당 장비를 운전하는 모습을 보여주고 있다.

(1) 해당 장비의 명칭
(2) 해당 장비에 필요한 방호장치 4가지

(1) 지게차
(2)
① 헤드가드
② 백레스트
③ 전조등
④ 후미등
⑤ 안전벨트
⑥ 경광등
⑦ 후진경보기
⑧ 후진감지기

23년 3회 24년 2회

229 【3점】

다음 영상을 보고 보기의 「산업안전보건법」상 안전난간 설치 기준에 대한 설명에 대한 빈칸을 채우시오.

[동영상 설명]
작업자가 계단을 올라가고 있고 안전난간이 클로즈업 되어 보여진다.

[보기]
- 상부난간대 : 바닥면·발판 또는 경사로의 표면으로부터 (①)
- 발끝막이판 : 바닥면 등으로부터 (②)
- 난간대 : 지름 (③) 금속제 파이프

① 90cm 이상
② 10cm 이상
③ 2.7cm 이상

23년 3회

230 【5점】

다음 영상을 보고 핵심위험요인을 3가지 쓰시오.

[동영상 설명]
작업자가 지게차 포크 위에서 전등 교체작업을 하고 있다가 다른 작업자가 지게차를 움직여 작업자가 바닥에 떨어지는 사고가 발생하였다.

① 위험지역에서 작업
② 기동장치에 잠금장치를 하지 않고 열쇠를 별도로 관리하지 않음
③ 유도자 미배치

23년 3회

231 【4점】

다음 영상을 보고 사출성형기에 대한 각 물음에 답하시오.

[동영상 설명]
작업자가 사출성형기로 작업을 하던 중 기계가 멈추자 안을 들여다보며 사출성형기에 끼인 이물질을 제거하려다 손이 눌리는 사고가 발생한다.

(1) 해당 재해의 발생형태를 쓰시오.
(2) 해당 재해의 기인물을 쓰시오.

(1) 끼임
(2) 사출성형기

23년 3회

232 【5점】

다음 영상을 보고 「산업안전보건법령」상, 고정식 사다리식 통로를 설치하는 경우 준수 사항을 3가지 쓰시오.
(단, 견고한 구조 관련 내용은 제외하고, 범위나 치수를 포함한 내용만 쓰시오.)

[동영상 설명]
고정식 사다리식 통로를 클로즈업 하여 보여주고 있다.

① 발판과 벽과의 사이는 15cm 이상의 간격을 유지할 것
② 폭은 30cm 이상으로 할 것
③ 사다리의 상단은 걸쳐놓은 지점으로부터 60cm 이상 올라가도록 할 것

24년 1회
233　【4점】
다음 영상을 보고 가스장치실의 구조적 설치요건을 3가지 쓰시오.

[동영상 설명]
가스장치실의 문을 열고 들어가자 가스통이 정리된 상태로 가스 장치들이 작동하고 있다.

① 가스 누출 시 가스가 정체되지 않도록 한다.
② 지붕과 천장은 가벼운 불연성 재료로 제작한다.
③ 벽은 불연성 재료로 제작한다.

24년 1회
234　【5점】
다음 영상을 보고 전주 이설 작업 중에 감전재해를 예방하기 위한 방법을 3가지 쓰시오.

[동영상 설명]
이동식 크레인이 1줄 걸이로 전주를 감아서 이동한다. 이동식 크레인과 충전전로 사이의 거리가 매우 가까운 상태에서 작업자 3명이 면장갑을 착용하고 안전모를 쓰지 않은 채로 전주가 흔들리지 않도록 잡고 있다. 이 중 한명이 미리 파놓은 구멍으로 파일을 넣다가 접지된 차량에 닿아 감전되어 쓰러진다.

① 충전전로의 충전부로부터 차량 등에 대한 이격거리를 확보한다.
② 작업자는 절연용 보호구를 착용한다.
③ 차량 주변에 울타리를 설치한다.

24년 1회
235　【4점】
다음 영상을 보고 다음 지게차에 대한 각 물음에 답하시오.

[동영상 설명]
지게차로 물건을 두 번 들어올린다.

(1) 지게차 마스트를 뒤로 기울일 경우, 마스트 후방으로 물건이 떨어지는 것을 막아주는 장치를 쓰시오.

(2) 지게차 헤드가드가 갖추어야 할 조건을 1가지 쓰시오.

(1) 백레스트
(2) 상부틀의 각 개구의 폭 또는 길이가 16cm미만일 것

24년 1회
236 【5점】

다음 영상을 보고 사출성형을 위한 금형 방전가공기 재해에 대한 물음에 답하시오.

[동영상 설명]
금형 작업 도중 방전가공기에서 연기가 피어오른다. 이 때, 재료에서 물이 흘러나와 작업자가 맨손으로 걸레를 이용하여 기계를 닦다가 금형을 살짝 건드리는 순간 쓰러진다.

(1) 재해 발생 형태를 쓰시오.
(2) 재해 발생 원인을 2가지 쓰시오.

(1) 감전
(2)
① 공작기계의 충전부를 방호하지 않음
② 공작기계를 접지하지 않음
③ 절연용 보호구를 착용하지 않음

24년 1회
237 【6점】

다음 영상을 보고 인체에 해로운 분진, 흄, 미스트, 증기 또는 가스 상태의 물질을 배출하기 위하여 설치하는 국소 배기장치의 후드 설치 기준을 3가지 쓰시오.

[동영상 설명]
국소 배기 장치가 설치된 실내에서 연기가 피어 오르고 있다.

① 유해물질이 발생하는 곳마다 설치할 것
② 후드의 형식은 가능하면 포위식 또는 부스식 후드를 설치할 것
③ 외부식 또는 리시버식 후드는 해당 분진등의 발산원에 가장 가까운 위치에 설치할 것

24년 1회
238 【3점】

다음 영상을 보고 지시하는 물체를 설치하는 기준을 쓰시오.

[동영상 설명]
건설 현장의 가설 통로에서 발끝막이판을 확대하여 보여준다.

바닥면 등으로부터 10cm 이상의 높이를 유지할 것

24년 1회
239 【5점】
다음 영상을 보고 각 물음에 답하시오.

[동영상 설명]
위 사진의 장치가 운전되는 모습을 보여준다.

(1) 자율안전확인대상에 의거한 명칭을 쓰시오.
(2) 운전 중인 이 장치 위로 근로자가 넘어갈 수 있도록 설치하는 방호장치의 명칭을 쓰시오.

(1) 컨베이어
(2) 건널다리

24년 1회
240 【5점】
다음 영상을 보고 롤러기 청소 시 안전대책을 3가지 쓰시오.

[동영상 설명]
작업자가 가동 중인 롤러기의 전원 차단 스위치를 눌러 정지 시킨 후 스패너로 정비한다. 이후 면장갑을 낀 손으로 롤러기를 청소하다가 갑자기 작동한 롤러기에 손이 말려들어가는 사고가 발생한다.

① 정전작업을 실시
② 울 또는 가이드롤러등 방호장치를 설치
③ 회전기계에 면장갑 착용 금지

24년 1회
241 【4점】
다음 영상을 보고 아래의 표를 완성하시오.

벨트 너비 (U자형 제외)	(①) mm 이상
벨트 두께	(②) mm 이상
벨트 길이 (버클 포함)	(③) mm 이상
충격흡수장치 정하중	(④) kN 이상

① 50
② 2
③ 1100
④ 15

24년 1회 24년 3회

242 【5점】

다음 영상을 보고 재해발생형태와 불안전한 행동 및 상태를 2가지 쓰시오.

[동영상 설명]
안전모와 목장갑을 착용한 작업자가 배전반을 열고 전선을 드라이버로 고정 중에 피복상태가 불량한 전선을 건드리려고 한다. 차단기는 "켜짐" 상태 이고 누전차단기는 보이지 않는다. 드라이버가 전선에 닿는 순간 작업자가 감전되어 쓰러진다.

(1) 재해발생형태 : 감전

(2) 불안전한 행동 및 상태
① 내전압용 절연장갑 미착용
② 작업 전 정전작업 미실시
③ 감전방지용 누전차단기 미설치

24년 1회 24년 3회

243 【4점】

다음 영상을 보고 항타기·항발기의 무너짐을 방지하기 위한 사업주의 준수사항의 괄호 안을 채우시오.

[동영상 설명]
항타기·항발기로 굴착 및 전주 세우기 작업을 하고 있다.

[보기]
- 연약한 지반에 설치하는 경우에는 (①) 등 지지구조물의 침하를 방지하기 위하여 깔판 등을 사용할 것

- 궤도 또는 차로 이동하는 항타기 또는 항발기에 대해서는 불시에 이동하는 것을 방지하기 위하여 (②) 등으로 고정시킬 것

① 아웃트리거·받침
② 레일클램프 및 쐐기

24년 1회
244 【5점】
다음 영상을 보고 위험요인을 3가지 쓰시오.

[동영상 설명]
야구모자를 쓰고 보안경과 장갑을 착용하지 않은 작업자가 드릴을 하면서 나무판 위의 재료를 손으로 잡고 가공하던 중 나무판이 흔들리며 공작물이 튀어나와 사고가 일어난다.

① 안전모 미착용
② 보안경 미착용
③ 공작물을 치공구로 고정하지 않음

24년 1회
245 【4점】
다음 영상을 보고 각 물음에 답하시오.

[동영상 설명]
작업자가 프레스 앞에서 금형의 볼트를 풀고 옮기던 중 금형을 발등에 떨어뜨려 고통스러워 하고 있다.

(1) 해당 사고의 가해물을 쓰시오.
(2) 영상 속의 프레스 작업을 할 때, 근로자의 신체가 위험한계 내에 있는 경우 슬라이드가 갑자기 작동함으로써 근로자에게 발생할 우려가 있는 위험을 방지하기 위한 방호장치의 명칭을 쓰시오.

(1) 금형
(2) 안전블록

24년 1회
246 【4점】
다음 영상을 보고 A, B의 작동 기준 압력을 쓰시오.

[동영상 설명]
보일러 상단 $127kPa$ 표시가 돼있는 안전밸브에 A, B가 순서대로 표기돼있다.

A : 보일러의 최고사용압력 이하
B : 보일러의 최고사용압력의 1.05배 이하

24년 2회
247 【5점】

다음 영상을 보고 작업상의 핵심위험요인을 2가지 쓰시오.

[동영상 설명]
굴착기의 버킷에 로프를 2줄걸이로 걸고 화물을 인양하고 있다. 작업자 2명이 화물을 지지하고 있는데 이 중 한명은 한 손으로 수신호를 주고 받고 있다. 화물을 바닥에 놓으려는 순간 로프가 끊어지면서 사고가 일어난다.

① 굴착기의 퀵커플러 또는 달기구 등의 인양작업이 가능한 기계 미사용
② 작업지휘자 및 신호수 미배치

24년 2회
248 【5점】

다음 영상을 보고 「산업안전보건법령」상, 사업주가 흙막이 지보공을 설치하였을 때에 대한 각 물음에 답하시오.

[동영상 설명]
화면에서 흙막이벽을 한 바퀴 둘러 보여주고 있다.

(1) 해당 설비는 근로자를 어떠한 위험으로부터 보호하기 위한 설비인지 쓰시오.
(2) 정기적으로 점검하고 이상을 발견했을 시 즉시 보수해야하는 사항을 3가지 쓰시오.

(1) 지반 붕괴
(2)
① 부재의 손상, 변형, 부식, 변위, 탈락의 유무와 상태
② 버팀대의 긴압의 정도
③ 부재의 접속부, 부착부 및 교차부의 상태
⑤ 침하의 정도

24년 2회
249 【4점】

다음 영상을 보고 기인물과 가해물을 각각 쓰시오.

[동영상 설명]
작업자가 이동식 사다리를 올라가던 도중에 추락하였다.

① 기인물 : 이동식 사다리
② 가해물 : 바닥

24년 2회
250
【6점】

다음 영상을 보고 「산업안전보건법령」상, 고열의 정의와 다량의 고열물체를 취급하거나 매우 더운 장소에서 작업하는 근로자에게 사업주가 지급하고 착용하도록 해야하는 보호구를 3가지 쓰시오.

[동영상 설명]
작업자들이 고온의 작업 환경에서 작업을 하고 있다.

(1) 고열의 정의
열에 의하여 근로자에게 열경련·열탈진 또는 열사병 등의 건강장해를 유발할 수 있는 더운 온도

(2) 보호구
① 방열복
② 방열두건
③ 방열장갑

24년 2회
251
【5점】

다음 영상을 보고 「산업안전보건법령」상, 인화성물질 저장소에서 인체에 대전된 정전기에 의한 화재 또는 폭발 위험을 방지하기 위해 사업주가 하여야 할 조치사항을 3가지 쓰시오.

[동영상 설명]
인화성 물질이 들어있는 드럼통이 여러개 보관돼 있는 창고에서 작업자들이 운동복과 운동화를 착용하고 작업하고 있다.

① 정전기 대전방지용 안전화 착용
② 제전복 착용
③ 정전기 제전용구 사용

24년 2회

252 【4점】

다음 영상을 보고 해당 영상의 기계에 대한 보기의 빈칸을 채우시오.

[동영상 설명]
작업자들이 고소작업대를 이용하여 작업하고 있다.

[보기]
- 작업대의 정격하중 (안전율 (①)이상)을 표시할 것
- 작업대에 끼임·충돌 등의 재해를 예방하기 위한 가드 또는 (②)를 설치할 것

① 5   ② 과상승방지장치

24년 3회

253 【5점】

다음 영상을 보고 V벨트 점검 중 핵심위험요소를 3가지 쓰시오.

[동영상 설명]
작업자 2명이 안전모와 면장갑을 착용하고 작동중인 파쇄기의 V벨트를 점검하고 있다. 이 때 V벨트에는 덮개나 울이 설치돼있지 않으며 작업자들은 서로 수공구를 주고받으며 이야기를 나눈다.

① 회전하는 기계 점검 중 면장갑 착용
② 정전작업 미실시
③ 덮개 및 울이 설치되지 않음

24년 3회

254 【5점】

다음 영상을 보고 「산업안전보건법령」상, 중량물 작업계획서를 작성할 때 포함돼야할 내용 중 보기의 괄호안에 들어갈 내용을 3가지 쓰시오.

[동영상 설명]
콘크리트 타설 현장에서 보여지는 여러 작업계획서 중 "중량물 작업계획서"를 확대해서 보여준다.

[보기]
- (   )위험을 예방할 수 있는 안전대책

① 추락
② 낙하
③ 전도
④ 협착
⑤ 붕괴

24년 3회
255
【6점】

다음 영상을 보고 「해체공사표준안전작업지침」상, 쇼벨에 부착하여 사용할 수 있는 압쇄기 사용시 준수사항을 3가지 쓰시오.

[동영상 설명]
압쇄기로 건물 해체작업을 하는 도중 떨어진 해체물에 의해 주변 작업자가 사고를 당한다.

① 압쇄기의 중량, 작업충격을 사전에 고려하고, 차체 지지력을 초과하는 중량의 압쇄기부착을 금지하여야 한다.
② 압쇄기 부착과 해체에는 경험이 많은 사람으로서 선임된 자에 한하여 실시한다.
③ 압쇄기 연결구조부는 보수점검을 수시로 하여야 한다.
④ 배관 접속부의 핀, 볼트 등 연결구조의 안전 여부를 점검하여야 한다.
⑤ 절단날은 마모가 심하기 때문에 적절히 교환하여야 하며 교환대체품목을 항상 비치하여야 한다.

24년 3회
256
【4점】

다음 영상을 보고 DMF용기 외부에 부착해야하는 경고표지를 보기에서 2가지 고르시오.

[동영상 설명]
작업자가 DMF(디메틸포름아미드) 작업장에서 각종 보호구를 착용하지 않은 채 드럼(DMF라고 쓰여있음)을 통해 유해물질 DMF 작업을 하고 있다.

[보기]
- 인화성물질경고
- 산화성물질경고
- 급성독성물질경고
- 발암성물질경고
- 부식성물질경고

① 인화성물질경고
② 급성독성물질경고
③ 발암성물질경고

2025 합격비법 '산업안전기사 실기 필답+작업 기출문제'

초판발행   2025년 02월 04일
편 저 자   이태랑
발 행 처   오스틴북스
등록번호   제 396-2010-000009호
주 소   경기도 고양시 일산동구 백석동 1351번지
전 화   070-4123-5716
팩 스   031-902-5716
정 가   39,000원
I S B N   979-11-93806-64-7 (13500)

이 책 내용의 일부 또는 전부를 재사용하려면
반드시 오스틴북스의 동의를 얻어야 합니다.